无人系统技术出版工程

多传感器融合的水下重力测量关键技术

Key Technologies for Underwater Gravimetry of Multi-Sensor Fusion

熊志明　曹聚亮　吴美平　于瑞航　蔡劭琨　著

国防工业出版社

·北京·

内容简介

本书针对水下传感器多样性和水下环境复杂的特点，分别研究了水下重力测量的多源数据融合方法、考虑未知洋流流速影响的 SINS/DVL 组合导航方法、基于相关性分析的水下重力测量误差补偿方法以及非完备数据集下的水下重力测量方法，并通过试验验证了这些方法的有效性。

本书对从事捷联式动态重力测量的工程技术人员具有重要参考价值，也可作为普通高等学校导航技术和重力测量相关专业的辅助教材。

图书在版编目（CIP）数据

多传感器融合的水下重力测量关键技术／熊志明等著．—北京：国防工业出版社，2024.6

ISBN 978-7-118-13347-9

Ⅰ.①多…　Ⅱ.①熊…　Ⅲ.①智能传感器-应用-重力测量　Ⅳ.①P223-39

中国国家版本馆 CIP 数据核字（2024）第 112213 号

※

国防工业出版社出版发行

（北京市海淀区紫竹院南路 23 号　邮政编码 100048）

天津嘉恒印务有限公司印刷

新华书店经售

*

开本 710×1000　1/16　**插页** 8　**印张** 11　**字数** 188 千字

2024 年 6 月第 1 版第 1 次印刷　**印数** 1—1600 册　**定价** 80.00 元

国防书店：（010）88540777　　书店传真：（010）88540776

发行业务：（010）88540717　　发行传真：（010）88540762

《无人系统技术出版工程》
编委会名单

序

近年来，在智能化技术驱动下，无人系统技术迅猛发展并广泛应用：军事上，从中东战场到俄乌战争，无人作战系统已从原来执行侦察监视等辅助任务走上了战争的前台，拓展到察打一体、跨域协同打击等全域全时任务；民用上，无人系统在安保、物流、救援等诸多领域创造了新的经济增长点，智能无人系统正在从各种舞台的配角逐渐走向舞台的中央。

国防科技大学智能科学学院面向智能无人作战重大战略需求，聚焦人工智能、生物智能、混合智能，不断努力开拓智能时代“无人区”人才培养和科学研究，打造了一支晓于实战、甘于奉献、集智攻关的高水平科技创新团队，研发出“超级”无人车、智能机器人、无人机集群系统、跨域异构集群系统等高水平科研成果，在国家三大奖项中多次获得殊荣，培养了一大批智能无人系统领域的优秀毕业生，正在成长为国防和军队建设事业、国民经济的新生代中坚力量。

《无人系统技术出版工程》系列丛书的遴选基于学院近年来的优秀科学研究成果和优秀博士学位论文。丛书围绕智能无人系统的“我是谁”“我在哪”“我要做什么”“我该怎么做”等一系列根本性、机理性的理论、方法和核心关键技术，创新提出了无人系统智能感知、智能规划决策、智能控制、有人-无人协同的新理论和新方法，能够代表学院在智能无人系统领域攻关多年成果。第一批丛书中多部曾获评国家级学会、军队和湖南省优秀博士论文。希望通过这套丛书的出版，为共同在智能时代“无人区”拼搏奋斗的同仁们提供借鉴和参考。在此，一并感谢各位编委以及国防工业出版社的大力支持！

吴美平

2022 年 12 月

前　言

地球的重力场测量是地球物理学、地球动力学、大地测量学、海洋科学以及空间科学的重要组成部分。海洋覆盖了地球71%的表面积，因此海洋重力场的测量至关重要。与船载重力测量相比，靠近海底的水下动态重力测量可以更接近重力场源，从而获得用于小型矿床探测和海水入侵监测的短波长的重力信息。由于水下没有卫星信号，水下动态重力测量面临着许多难点和挑战，研究并解决捷联式水下动态重力测量的科学问题将为资源探测和海洋全息重力场建设发挥重大作用。

本书以国防科技大学自主研制的捷联式水下动态重力测量系统为基础，针对基于多传感器融合的水下重力测量的关键技术开展研究工作，着重对水下重力测量理论基础、融合多源异构信息的水下重力测量方法、水下重力测量误差补偿方法以及非完备数据集下的水下重力测量方法进行了研究，主要研究成果归纳如下。

（1）推导了水下重力测量模型，详细介绍了基于二级拖体的水下重力测量方式，提出了水下重力测量数据处理方法，介绍了几种常用的水下重力测量精度评估公式以便评估水下重力测量数据。

（2）针对水下传感器多样性的特点，提出了水下重力测量的多源数据融合方法。首先研究了基于SINS/DVL/USBL/DG的集中式滤波方法，可以获得较高的重力数据处理精度；其次研究了基于SINS/DVL/USBL/DG的联邦卡尔曼滤波方法和自适应联邦卡尔曼滤波方法，既能保证数据处理精度，又能提高数据处理的可靠性和稳定性；最后针对SINS的非线性误差模型，研究了基于SINS/DVL/USBL/DG的容积卡尔曼滤波方法，可以获得与线性滤波方法水平相当的精度。

（3）针对DVL输出对水速度引起的重力测量误差，提出了考虑未知洋流流速影响的SINS/DVL组合导航方法。仿真数据以及实测数据验证结果表明，该方法可以很好地补偿DVL的测速误差得到高精度的导航结果，并且可以实时估计洋流流速。

（4）针对载体动态性差引起的重力测量误差，提出了基于相关性分析的水下重力测量误差补偿方法。通过对影响载体动态性的误差源进行分析，建立了重力测量误差与动态性相关的影响因子之间的模型，并采用最小二乘拟合的方法估计模型参数。实测数据验证结果表明，采用该方法可以有效地补偿载体动态性引起的重力测量误差，为底跟踪模式下的水下重力测量提供理论基础和算法模型。

（5）以水下重力测量的误差分析为基础，提出了非完备数据集下的水下重力测量方法。首先分别研究了基于 SINS/DVL/DG 组合导航的重力测量方法和基于 SINS/USBL/DG 组合导航的重力测量方法，试验数据验证结果表明，这两种方法均可获得与基于 SINS/DVL/USBL/DG 的集中式滤波方法相当水平的重力数据处理精度。然后提出了利用轨迹约束的 SINS/DG 重力测量方法，可以在同时不使用 DVL 和 USBL 数据的情况下实现水下重力测量，摆脱了水下重力测量对多传感器的依赖，有助于节约试验成本，并且真正实现了无源水下重力测量。

（6）针对资源勘探以及水下辅助导航对水下重力测量的实时性需求，提出了水下实时重力测量方法。首先通过对传感器数据的输出特性进行分析，提出了一套适用于水下重力仪应用环境的实时数据处理方案，可以在实时评估传感器精度的同时输出高精度的重力测量结果。然后利用海试的离线数据对算法进行验证，试验结果表明该方法可以实时获得高质量的重力测量数据，为水下重力测量系统的实用化研制以及算法体系构建提供了理论支撑。

本书的出版得到了国防工业出版社和国防科技大学智能科学学院自动控制系“优秀博士学位论文丛书”的支持，本书由国家自然科学基金面上基金项目（项目编号：42276199）和青年科学基金项目（项目编号：62203456）资助，在此表示感谢！

限于作者水平和本书涉及知识的宽广性，书中难免存在不足之处，恳请广大读者批评指正。

作者

2023 年 9 月

目　录

第1章　绪　论

1.1　研究背景和意义

地球上任何物体都会受到地心引力和向心力的作用，引力加速度与向心加速度的向量差就是重力加速度。重力加速度反映重力的大小，垂线偏差表示重力的方向。地球不规则的形状和不均匀的质量分布导致每个点重力加速度各不相同。地球重力场是地球重要的基本物理特征之一，通过测量地球重力场，既可揭示地球本身内在的运动发展规律和物质分布，又可探究地球附近空间物理事件产生和发展的机理。因此，地球重力场的测量有助于推动地球动力学、地球物理学、海洋测量学、大地测量学以及空间科学等学科的发展，重力信息在资源勘探和军事领域的应用对国民经济和国防建设具有战略意义[1-3]。21 世纪是海洋的世纪，也是人类全面认识、开发、保护和经略海洋的世纪，海洋研究开发不仅关系到国家的资源战略问题，且与包括政治、经济权益在内的国家安全密切相关。21 世纪我国提出了“智慧海洋”建设工程，该工程是深度融合海洋环境、海洋装备、管理主体、人为活动四大板块信息的互联互通、融合共享、智能挖掘和智慧服务的体系工程。其中，国产化海洋装备，尤其是海洋探测装备的研制是我国智慧海洋工程建设的瓶颈技术之一。2016 年，我国围绕“深空、深海、深地、深蓝”进行一系列战略部署，作为其中一项重大举措，建立深海空间站也亟须海洋装备的系统开发与研究。近年来，我国逐渐突破了航空、海洋重力仪研制的关键技术，开发了多种平台式或捷联式重力仪样机，取得了一系列的成果，极大地推动了国产航空、船载重力仪的研发[4-8]，但对水下动态重力仪的研制目前还处于空白期。

目前获取高分辨率海洋重力数据的方法主要有船载重力测量、航空重力测量（近海）和卫星测高等。这些方法测量效率比较高，而且可以覆盖较大区域，但是其观测空间均位于水面或以上高度，使获取海底重力异常信号受限。根据谐波理论分析，海底地质体所引起的重力异常信号会根据指数衰减规律传播至海面，由于水层可以近似看作一个庞大的低通滤波器，不断增大对底观测距离，海底重力异常信号中的短波信号（高频分量）会快速衰减直至消失，这极大地限制了仪器的测量分辨率，基于水面及以上空间的重力测量方式一般只能探测到尺寸大于水深尺度的地质体结构的重力异常信号，因此水面和航空并不是海底重力测量的理想观测空间[9]。一般而言，可以通过向下延拓的方法计算出水下空间的重力异常值，但由于向下延拓计算属于不适定问题，而且结果可能会发散，因此其不是求取水下重力异常结果的最优方法。

20 世纪最伟大的战地摄影记者罗伯特·卡帕曾经说过："如果你拍得不够好，是因为你离得不够近。"水下重力测量将观测空间从水面移至水下，在近海底进行重力测量，从而可以有效抑制重力高频分量的衰减，获得更高分辨率和强度的重力信号[10]。与船载、航空重力仪相比，海底重力仪由于更接近重力场源，因而提高了信噪比，可以探测更加精细的重力异常变化。

根据重力仪的工作模式，水下重力测量又可分为水下静态重力测量和水下动态重力测量。水下静态重力测量一般是将改装后的地面静态重力仪置于海底进行测量，特点是原理简单、测量精度高，但这种逐点测量方式效率太低，作业难度大，无法满足大面积重力测量需求[11]；水下动态重力测量克服了水下静态重力测量的缺点，具有测量效率高、作业简便、可以大面积覆盖的优点。大力发展水下动态重力测量技术，其研究意义如下。

（1）在地质勘探方面，水下动态重力测量技术可以用于中小规模的地质资源勘探和海底天然气田海水侵入监测。重力信号是由不同频段的重力信息构成的，其低频分量反映深部地壳和大尺度地质体的特征结构；高频分量反映表层地壳和小尺度地质体的特征结构[12-13]。船载重力仪由于距重力场源远且受水层影响，只能测量重力低频分量，其测量数据只能用于研究深部地壳的地质结构，不能满足表层地壳特征结构的研究需求[14]。水下重力仪可以测量重力高频分量，其测量数据可以用于中小尺度矿产勘探和地壳表层的地质特征研究。在海上天然气田生产过程中，水会慢慢渗透到天然气中取代其位置。液体渗透对产量和总可开采储量有重要影响，水的密度比气体高得多，渗透过程在天然气田上空产生了一个时变的重力信号。油井监测可以观察到这个过程，但成本昂贵。水下重力测量可以作为一种无创的、低成本的监测方法。

（2）在军事应用方面，水下动态重力测量技术可以用于水下辅助导航和重力场模型构建。潜航器由于隐蔽性要求需利用无源导航进行定位，惯导系统作为无源导航的重要手段之一，具有自主性强、短时精度高、稳定性好的优点，但是其定位误差随着时间延长而增大，长期精度差。忽略重力扰动水平分量的影响，典型的单轴旋转调制航海惯性导航系统 72h 后的定位误差最大可达 1nmile[15]。为了进一步提高潜航器的定位精度，需利用重力测量结果对惯性导航进行辅助，因此水下动态重力测量对潜航器无源导航至关重要。此外，重力场图可以用于惯性/重力匹配导航，也有助于提高潜航器导航定位精度。由之前的分析可知，若采用船载重力数据向下延拓绘制水下重力场图会出现结果发散的现象，而水下重力测量技术可以直接获得高精度的水下重力场图。潜艇携带的潜射弹道导弹在发射区内飞行缓慢，对重力场的短波信号十分敏感。因此有必要在发射区周围建立精确的重力场模型[16-17]。

近年来，受益于差分全球导航卫星系统（differential global navigation satellite system，DGNSS）或精密单点定位（precise point positioning，PPP）技术的成功应用，航空、船载重力测量已成为动态重力测量的两种主要方式。卫星导航方法能够提供高精度的位置、速度和加速度信息，与惯导系统组合能提供高精度姿态信息，从而实现重力测量的各项改正计算和比力计算。但在水下没有卫星信号，需要利用已有的水下传感器替代GNSS实现水下重力测量，本书就是解决在无卫星条件下水下重力测量的方法问题。需特别指出的是，本书研究的水下重力测量均为水下动态重力测量。

1.2 水下重力测量国内外研究现状

1.2.1 国外水下重力测量研究现状

1.2.1.1 水下静态重力测量研究现状

水下静态重力测量精度高，最初主要由载人潜水钟和系留式海底重力仪实现。之后学者利用载人潜水艇和远程操纵潜水器搭载重力仪进行试验使海底站点式重力测量手段更加智能化。随着微机电系统（micro electro mechanical systems，MEMS）技术的发展，MEMS水下静态重力仪利用体积小、质量轻的优势慢慢崛起。综上所述，水下静态重力测量方式主要分为载人潜水钟、系留式海底重力仪、载人潜水艇、远程操纵潜水器以及MEMS重力仪。

1. 载人潜水钟

1923年，Vening在潜艇上首次使用海洋钟摆仪进行重力测量实验，取得了比较好的效果。海洋钟摆仪被认为是第一代海洋重力仪，它的使用标志着海洋重力测量的开始，这次实验也开创了水下重力测量的先河[8,10,18]。之后，Pepper将一台陆用的重力仪安装于平衡三脚架上在6m水深处实现水下重力测量[19]。

1946年，Frowe将载人潜水钟应用于水下重力勘测，如图1.1所示。相较于水下三脚架的测量方式，载人潜水钟能最深下潜至水下76m，并且风、浪和潮汐作用对重力仪的稳定性影响不大。然而，足够高的海浪也可能不利于载人潜水钟作业[20]。载人潜水钟由两个等长的同轴钢柱组成，直径为1.5m，高为

1.4m，在装载测量人员和重力仪的情况下重约5000磅（1磅≈0.45kg），测量人员所占面积约为0.5m²。其底部用密封件焊死，顶部有一个可拆卸的盖子。由于没有压载水的载人潜水钟是有浮力的，因此当钟下沉到水中时，测量人员需打开压载舱中的下进水阀和上排气阀，将压载舱充满水。载人潜水钟到达海底后，测量人员需将重力仪调平然后进行测量，钟内的水压计用于测量水深，双向电话通信使甲板上的船员能够跟踪潜水的进度。测量完成后，测量人员需关闭排气阀并打开高压气阀将水慢慢排出，载人潜水钟便缓慢上浮至水面。

2. 系留式海底重力仪

1965年，Beyer等用一个改进的拉克斯特-隆贝格（Lacoste and Romberg，L&R）重力仪在南加利福尼亚近海地区约900m深度进行重力测量，测量精度达到±0.51～±1.36mGal（1Gal=1cm/s²）。如图1.2所示，配备承压外壳的重力仪、声速-温度-压力传感器（sound velocity temperature and pressure，SVTP）以及配置供电系统的换能器安装在一个铝合金结构框架上，整个框架与母船通过一根13芯的导电线缆连接。SVTP信号通过导电线缆传输到母船的记录仪上，以便实时监控设备的状态；安装在框架上的换能器与母船上的换能器进行通信从而实时确定设备的位置及深度。此外，SVTP的压力传感器也可用于深度测量。当仪器到达海底后，重力仪自动调平并进行测量，每个站点测量耗时约50min[21]。

图1.1　载人潜水钟

图1.2　系留式L&R重力仪

1988年，Hildebrand等在阿克西亚尔海山附近的53个站点进行海底重力测量。水下重力测量系统的主要结构如图1.3所示，包括L&R重力仪和声呐设备。海底重力仪安装在一个标称 6000m 水深的铝制承压舱中。L&R 重力仪由重力传感器、压力计和一个声学应答器组成。重力传感器使用的是一个阻尼式零长弹簧，精度能达到 10～20μGal。重力仪和声呐设备通过一根 240m 长、2 英寸（1 英寸 = 25.4mm）直径粗的尼龙绳相连，尼龙绳核心附带一根同轴电缆。声呐设备包含一个温盐深测量仪器和一个下探声呐，并且能通过周围的声学应答器网络进行水平定位，距底深度测量通过回声探测实现，绝对的深度测量通过 Paroscientific 深度计实现。整个测量过程包括下潜重力仪到海底、进行重力测量、将重力仪拉起离开海底、将船驶向新的测量点。在海底进行重力测量时，来自船室的两个半自动的伺服电机将重力仪调平。尽管调平和读数只需 5min，但是船定位和 2km 长的线缆下放需耗时 1～2h。在航行至下一个测量点的过程中，重力仪对底距离最大为 150m，移动速度为 1m/s[22]。

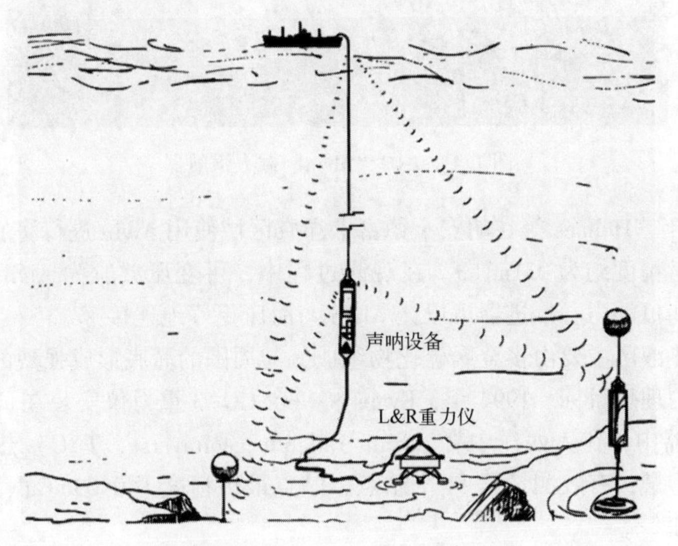

图 1.3　二级 L&R 重力仪

1990 年，Stevenson 使用海底和海面重力数据来模拟南部胡安 · 德富卡洋脊的密度结构。其中，海底重力仪一共测量了 63 个点，测量方式与 Hildebrand 等的相似。试验结果表明，海底重力测量对浅层地壳内部的密度对比和精细尺度结构非常敏感[23]。

3. 载人潜水艇

1980 年，Luyendyk 利用安装了 L&R 重力仪的载人潜航器 Alvin 在东太平洋海隆区域测量了 20 个海底站点，相邻站点间隔为几百米，每个站点测量两三次，重复度优于 0.05mGal。Alvin 是一艘能容纳三人的潜水艇，最大下潜深度为 6000m（图 1.4）。在下潜过程中，潜水艇利用一个声学应答器导航网进行导航，定位结果输出周期为 30s，精度约为 10m；此外，潜水艇还配备舱外摄像机用来记录其穿越的地形，操作人员也可用手持相机通过观察孔进行拍照，探扫声呐能显示500m范围内的地形图像。一共有四种独立的装置用于确定潜艇的深度，包括两个压力-深度传感器、一个向上（和向下）的回声测深仪以及应答器导航系统[24]。

图1.4 美国“Alvin”载人潜航器

1990年，Holmes等在胡安·德富卡洋脊区域使用Alvin进行海底站点重力测量，测量精度约为0.1mGal。在观测过程中，可变压载舱为Alvin提供最大的稳定性和负浮力；推进器可以让Alvin与海床更好地连接[25]。

海底热液区主要由多金属硫化物组成，与周围的海底形成强烈的对比，是重力测量的理想目标。1994年，Evans将一台CG-3重力仪安装在日本Shinkai 6500潜航器中，在大西洋中脊（trans-atlantic geotraverse，TAG）热液区进行海底重力测量，有效测量了11个站点，站点最优精度为0.03mGal，平均精度为0.1mGal[26]。

1995年，为了测定胡安·德富卡洋脊火山活动引起的地壳密度变化和孔隙结构，Pruis等将一台贝尔海空重力仪（Bell aerospace marine gravity meter system，BGM-3）安装在Alvin中对海底的133个站点进行重力测量。测量海底深度所用的石英压力传感器精度约为0.1m，重力数据的均方根误差约为0.2mGal[27-28]。

2000年，Nooner等使用安装在潜水艇上的远程遥控深海重力仪（remotely operated vehicle-deployed deep ocean gravimeter，ROVDOG）在亚特兰蒂斯板块收集海底重力数据。在进行测量时，ROVDOG被Alvin放置在海底，Alvin内部的操作员控制着仪器，并实时观察收集到的数据，每次测量时间为10~20min。测量完成后，测量人员收回仪器并前往下一个测点。300m水深处的重力测量结果表明，重力仪在海底的测量精度优于0.028mGal[29]。

2007年，Gilbert等展开了对美国俄勒冈附近轴海山火山浅层结构的首次研究。他们使用安装在Alvin内的BGM-3重力仪进行海底重力测量，从而确定了火山上部100m的平均密度，并检查了喷发火山口内部的小规模密度变化。重力数据以1Hz频率存储，并与Alvin的主计算机进行时钟同步。如表1.1所列，重力异常的综合测量误差约为0.2mGal[30-31]。

表1.1 海底重力异常测量误差分配表 单位：mGal

误差源	不确定性
深度	0.001
纬度	0.001
固体潮	0.05
海洋潮汐	0.02
重力仪	0.1
综合测量误差	0.2

4. 远程操纵潜水器

为了检测近海海底天然气田在生产过程中的海水渗透，Sasagawa等采用ROVDOG在得克萨斯州北海进行水下重力测量试验。拖曳式的水下静态重力测量方案如图1.5所示，远程操纵潜水器（remote operated vehicle，ROV）与母船通过一根通信电缆进行连接，船上的操作员使用图形用户界面（graphical user interface，GUI）控制仪器操作和数据记录。ROV通过一根柔性电缆对重力仪进行供电，并进行数据通信。ROVDOG重力仪核心传感器取自CG-3M重力仪，CG-3M传感器安装在由一对正交线性驱动器驱动的双框架内。控制ROVDOG的微控制器包含10个12b A/D转换器、64条数字输入/输出（I/O）线路和4个串行端口。微控制器软件控制水平常平架、监控各种系统功能、连接频率计数器和压力计、并通过ROV数据系统与远程操作员进行通信。频率计数器使用的是20MHz的过控晶体振荡器，能在1s内获得0.1×10^{-6}的分辨率；微控制器、频率计数器和接口板安装在重力仪的顶部。所有的仪器组件安装在一个密闭承压舱中，使仪器最大下潜深度为4500m[11]。

当进行重力测量时，首先将母船移动到基准位置。船上操作员随后将ROV和ROVDOG重力仪下放，ROV的操控员将ROV引导到基准位置，并通过机械手和安装支架将ROVDOG重力仪固定在适当位置。在ROVDOG重力仪固定完成后，ROV操控员将机械手释放，并远程命令重力仪自动调平。调平伺服系统首先使用一个大范围、低分辨率的倾斜仪粗略调平传感器，然后使用CG-3M传感器的倾斜仪进行精确调平，可以在30s内将重力传感器与重力垂直轴对齐到±0.020mrad范围内。调平完成后，重力仪开始进行测量，根据环境噪声条件，一般观测时间为20~30min。在测量过程中，ROV静止在距基准1~2m的底部。在测试结束时，停止数据记录，ROV驾驶员再次利用机械手取回ROVDOG[11]。

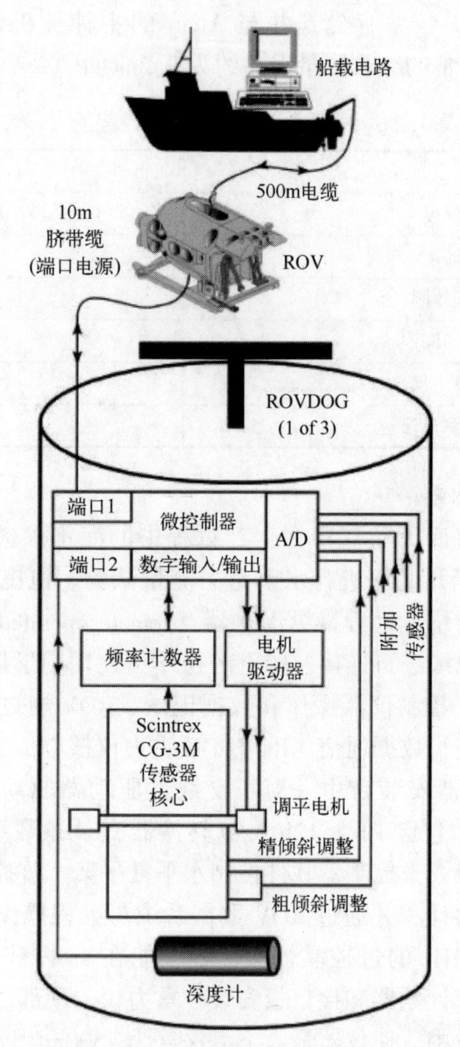

图1.5　拖曳式的水下静态重力测量方案示意图

1998年，Sasagawa等使用ROVDOG重力仪在得克萨斯州北海的32个站点共测量了75次，重力重复测量的标准差为0.026mGal；重复测量时，深度计的标准偏差为1.4cm。经过改进的仪器于2000年8月研制成功，在2000年调查期间的12天内进行了159次测量，重复测量精度达到0.019mGal，压力计的标准偏差为0.78cm。2002—2007年，系统陆续进行一系列测量，如表1.2所列，重力数据重复性均优于0.01mGal，深度测量精度优于1cm[32]。

表1.2 ROVDOG重力仪测量结果统计

测区	年份	测站点个数/个	测量次数/次	重力重复性/mGal	深度重复性/mm
Troll	2002	76	121	0.0039	6
	2005	89	134	0.0053	6
Sleipner	2002	30	111	0.0036	3
	2005	30	97	0.0044	3
Midgard	2006	50	130	0.0031	4
Mikkel	2006	20	48	0.0026	4
Snøhvit	2007	76	146	0.0049	5
Ormen Lange	2007	8	10	0.005	10

5. MEMS重力仪

2018年，格拉斯哥大学报道了正在开发的一种基于MEMS技术的重力仪，它有可能比目前最先进的重力仪更小、更轻、更便宜，同时具有相当高的灵敏度（目前为$8\mu Gal/\sqrt{Hz}$）[33]。

MEMS重力仪体积小、质量轻，因此可以将其安装在小型无人机或潜水艇上，实现机载和水下重力测量。由于单台MEMS重力仪的成本相对低，因此可以在海底大型网络阵列中部署多个重力仪进行大区域的长期重力测量。

格拉斯哥大学采用有限元分析模型研究MEMS重力仪在海洋重力测量方面的潜在能力，特别是探测潜艇和海底地形、海岸防御以及潜艇导航的能力。根据模型模拟类似潜艇的密度引起的引力场，以目前的灵敏度，MEMS重力仪能探测到80m外的潜艇。他们准备在MEMS重力仪外加装防水外壳，计划进行实验，测试其探测附近铅锤和潜水无人机的能力[33]。

1.2.1.2 水下动态重力测量研究现状

海底站点重力测量方案耗时长，每次下潜最多测20个点，效率很低，无法满足大面积测量的需求，这间接促进了水下动态重力测量的发展。同水下静态重力测量相比，水下动态重力测量发展相对较晚，但其能在短时间内完成大范围的测量，极大地提高了测量效率。根据测量载体进行分类，主流的水下动态重力测量方式可以归纳为拖体、载人潜航器以及自主水下航行器三种。

以上三种载体的优缺点对比如表1.3所列，拖体较载人潜航器和自主水下航行器通信更可靠、续航能力更强、成本也更低；载人潜航器和自主水下航行器具有更好的姿态稳定性和深度稳定性。

表 1.3　拖体、载人潜航器以及自主水下航行器的优缺点对比

特　征	类　型		
	拖　体	载人潜航器	自主水下航行器
姿态	受测量船的影响姿态不稳定	具有推进系统，姿态更稳定	具有推进系统，姿态更稳定
深度	受测量船的影响深度起伏较大	可以定深巡航，深度误差可控制在厘米级	可以定深巡航，深度误差可控制在厘米级
通信	ROV 采用脐带电缆与测量船通信，能够保证通信质量	HOV 采用声学通信系统与测量船通信，受深度和声速限制，通信时间和质量会受到影响	AUV 采用声学通信系统与测量船通信，受深度和声速限制，通信时间和质量会受到影响
续航	续航能力强	续航能力差	续航能力差
成本	成本较低	成本较高	成本较高

1. 二级拖体

加州大学圣地亚哥分校的 Zumberge 等设计了一套拖曳式系统进行连续的重力数据采集。加州大学二级拖曳式的水下动态重力测量方案如图 1.6 所示，第一级拖体为接口组件，包括下探声呐和深度计等设备，能提供水声定位信息，监控海底深度、电源状况以及遥测信号。接口组件与母船通过电缆连接，还可作为配重起到定深作用，防止重力仪下潜过深接触海底。

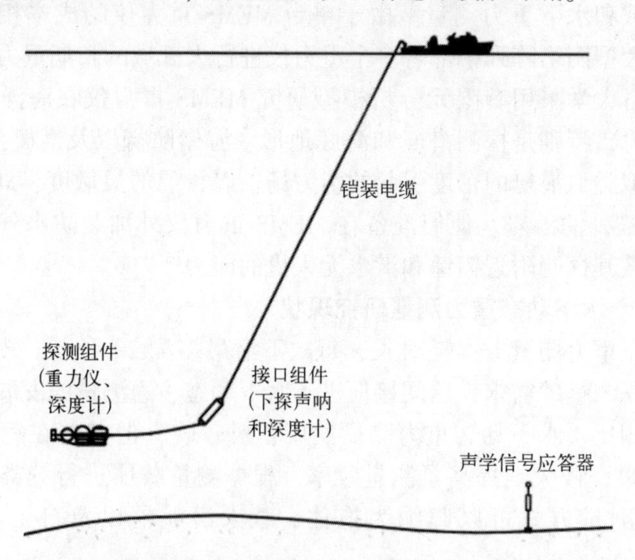

图 1.6　加州大学二级拖曳式的水下动态重力测量方案示意图

第二级拖体为探测组件，包含重力仪及深度计等设备，与接口组件通过一根 60m 长的尼龙绳相连。其结构框图如图 1.7 所示，核心传感器为 L&R-S 海空重力仪。重力仪安装在一个球形铝制承压舱内，与之相连的是同等大小的配

备控制及通信装置的承压舱，承压舱内部直径为56cm。玻璃浮球及泡沫块为探测组件提供浮力，提环方便母船吊装。前端的旋转拖索比固定拖索更稳定，能极大地抑制俯仰运动，减小运动加速度干扰，提高重力仪的动态稳定性；后端的尾翼能很好地阻尼旋转运动[34]。

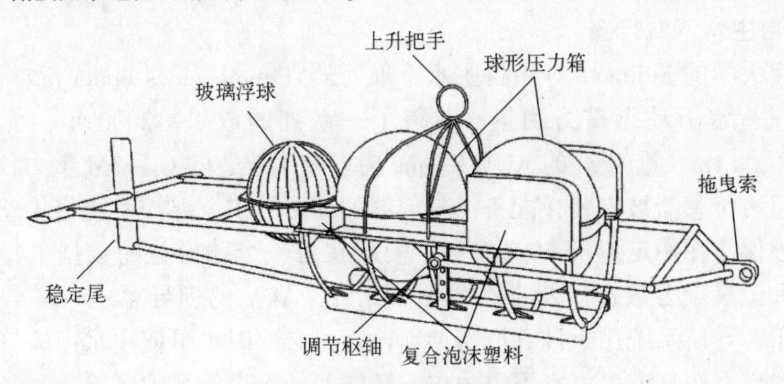

图 1.7 探测组件的结构框图

1995年，Zumberge 等用拖曳式重力测量系统（towed deep ocean gravity meter，TOWDOG）在圣迭戈海槽进行试验，由于海槽的尺寸比水深大很多，因此这个槽并不是理想的用于检验海底重力异常信号的地方。试验的主要目的是测试仪器在水下工作的性能。重力仪入水深度为935m，距海底100~200m，航速为1~2kn。为了评估重力数据的重复性，一条15km长的测线重复测量了三次，邻近的一条测线测了两次，重复测量精度为0.2~0.4mGal。然而，测量过程中的速度、位置以及姿态信息并不精确，在数据解算中进行了一些近似估计，主要包括：重力仪的位置是通过母船位置以及组件与母船之间近似的直角三角形几何关系估算出来的，并通过声呐对位置进行修正；速度估计需要综合母船的速度和绞车收放缆的速度；在测量过程中，重力仪的航向近似等于母船的航向角；此外，在重力解算时也没有考虑水平运动加速度。Zumberge 等将重力数据用于探测横向范围小于或等于水深的海底结构的密度异常，但由于缺乏精确的位置信息，数据结果无法用于重力场建模等应用场合[34]。

2. 载人潜航器

1995年，Cochran 等使用 BGM-3 型重力仪在东太平洋海岭附近采集连续的水下近海底重力数据，搭载重力仪的载人潜航器 Alvin 沿着8km长的测线进行重复测量。相邻测点间隔20~30m，距离海底高度为3~10m，平均航速为1kn，重力数据的空间分辨率为130~160m。试验结果显示同一测点不同航次的重复性为0.3mGal。水下定位导航依靠3个沿东西测线安装在海底的应答器，导航中的短暂丢帧可以通过插值法进行数据补齐，高精度压力计测量的深度数据用于垂直加速度计算。与二级拖曳式的水下动态重力测量方式相比，用潜航器进行水下重力测量能够更靠近海底（小于10m），可以观测更高分辨率的浅层地壳结构以及底部形态与地质结构的相关性[14]。总体来说，Cochran等采用水声应答器和DVL实现了水下导航，但对相应导航算法没有展开研究。后续由于换了研究方向对近海底重力测量方法没有展开研究。

3. 自主水下航行器

东京大学的Fujimoto等用自主水下航行器（autonomous underwater vehicle, AUV）进行水下动态重力测量，取得了一系列的成果。2000年，他们在长8m、直径1.1m、重4.3t的AUV R-one内安装了改造的CG-3M重力仪来进行试验，重力传感器被安装在配备了减震器的球形舱中，温控系统将传感器的温度精确地保持在额定温度60℃左右，安装在另一个球形舱的数据采集系统用于处理和记录重力数据以及姿态数据。此外，AUV的惯导系统与多普勒测速仪构成组合导航系统用于计算厄特弗斯改正，必要时也可使用水声应答器进行定位。他们在东京港口将水下重力仪安装在船舶上进行系泊试验，测量结果表明，重力测量的精度可达1mGal，但垂直平台存在一些问题，重力仪偶尔会倾斜约400秒。受试验条件和海况影响，水下重力测量试验未能实现[35-36]。

2009年，他们放弃重力仪CG-3M，改用Micro-G Lacoste公司的海空重力仪S-174，将其量程缩小为±20Gal，使其获得比原仪器高10倍的灵敏度，去除了磁屏蔽和温控的外罩以减少重力仪的体积[37]。为了获得精确的重力数据，他们将重力传感器安装在隔热的金属外壳里并用电热器保持温度稳定在60.4℃；双轴稳定平台能将重力传感器保持竖直（静态精度为±0.0004°），其俯仰角和横滚角的转幅分别为±30°和±15°；传感器和平台框架安装在一个直径50cm的球形钛合金承压舱中，使其最深下潜至水下4200m。重力仪月漂移率为0.5mGal，数据输出频率为100Hz；重力仪通过AUV上的锂电池供电，母船与AUV通过声学通信链路进行通信，在测量过程中，AUV定时向重力仪发送时间同步信号和导航数据[38-39]。

2012年9月，AUV搭载水下重力仪在日本东京西南部的相模湾进行了第一次试验，试验区地势平坦，水深约1300m，AUV及水下重力仪的实物图如图1.8所示。AUV共下潜了两次，第一次潜水沿着光滑的海底，以免重力沿轨迹发生大的变化，重力仪在1250m水深层沿南北测线进行两次重复测量；第二次潜水沿着起伏的海底，以确认重力仪可以探测到由地形引起的重力变化。试验结果表明，相比船载重力仪，水下重力测量系统能敏感到由地形引起的更精细的重力场变化；重力仪重复线测量精度约为0.1mGal，足以用于矿床勘探[40]。2014年，第二代系统在冲绳海槽中部进行了第二次海试，下潜了8h，以定速恒深测量了15条测线，获得了高质量的重力数据[13]。2015年，重力仪在伊豆小笠原岛附近下潜了两次，以2kn的速度保持550~700m深度或者对底 50m 高度航行，试验结果表明重复测线的重力异常标准偏差为 0.2～0.3mGal。之后，系统又在冲绳海槽中部下潜了一次，沿着南北 14 条测线和东西 21 条测线进行测量，AUV 以 1550m 的固定深度进行航行，重力数据调平后交叉点的内符合精度为 0.1mGal。2017 年，他们再次在相模湾使用水下重力仪进行了观测，系统在定深航行时的精度为 0.1mGal[41-42]。东京大学采用组合导航的方法实现水下定位测速，采用高斯低通滤波方法对重力数据进行处理，达到了较高的测量精度。

图 1.8 AUV 及水下重力仪实物图

综上所述，目前国外近海海底重力测量数据处理方法发展得并不完善。其主要存在以下问题：一是数据处理方法不成体系，没有一套完整的数据处理理论和方案；二是没有精确的定位信息，所获得的重力数据无法进行进一步的深入研究，没有办法开展全球重力数据资料的融合工作。

1.2.2 国内水下重力测量研究现状

国内水下重力测量开始于 20 世纪 50 年代，最初，浅滩重力测量采用国产的三脚架、潜水重力钟。随着遥控重力仪以及 SG 海底重力仪问世，重力测量手段也丰富起来。但由于此类重力仪测量效率低，不能满足实际测量需求[8]。

1958—1961 年，中原和广东物探大队等单位使用由陆用重力仪改装而成的海底重力仪，在南海沿海进行海底重力勘测。1965 年，由石油部组成的海洋地质调查一大队在渤海海域利用西安石油地质仪器厂的海底重力仪进行了海底重力测量试验，该重力仪由金属弹簧重力仪改装而成。一大队根据重力数据资料研究和解释了测区的含油构造[43]。

1981 年，中国科学院海洋研究所的范世清等在“海燕”号调查船上安装了 КДГ-Ⅱ型和国产 ZH641 型海底重力仪探测了渤海的基地结构特征，一共测量了 49 个测点，重力测量精度为±1.06mGal[44]。

为了满足近浅海区域高精度重力勘测的需求，罗壮伟等在国外的先进仪器基础上进行开发研究，于 1992 年成功研制出我国首批用于浅海高精度重力测量的仪器。海底高精度重力测量系统如图 1.9 所示，主要包括 CG-3 型海底高精度重力仪、水深测量设备、导航定位设备、工作船以及验潮系统。CG-3 型全自动重力仪将石英弹簧结构作为灵敏系统，用电子线路测量静电电压从而自动获取重力值。精密的恒温系统保证石英灵敏系统和电子线路不受外界环境影响，微机系统自动处理重力仪输出的所有数据，密封舱保证重力仪在水下的密封性和耐压性。他们使用海底高精度测量系统在 6 个实际工区进行了长期试验研究，累计测线长 9000km，测点 20000 多个。试验结果表明系统稳定可靠，实测布格重力异常总精度优于±0.15mGal，水深测量设备的精度为±0.2m[45]。

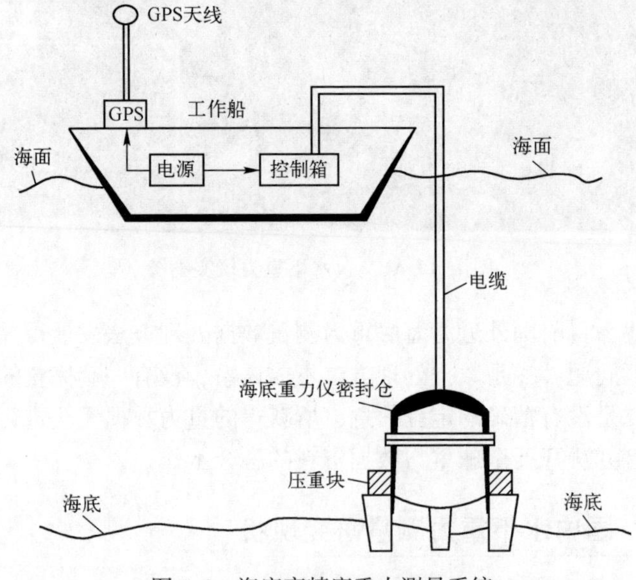

图 1.9　海底高精度重力测量系统

中国地质科学院地球物理地球化学勘查研究所的卢景奇依靠自己大量海上作业积累的经验，提出了提高重力仪操作的稳定性和超浅海区域重力测量精度的工程应用方法，并成功应用于浅海重力测量任务中[46]。

文献［43-46］均为水下静态重力测量的国内研究现状。目前，国内已经开始进行水下动态重力测量相关理论工作的研究，但未见水下动态重力测量仪器或设备的报道，也未看到水下动态重力测量试验技术的相关文献[8]。东南大学基于 SAG-2M 捷联式重力仪开展了 AUV 水下动态重力测量时捷联式重力仪标定、初始对准等关键技术研究[47]。

2020年1月，武汉大学开展了dgship捷联式重力仪的AUV水下动态重力测量理论方法研究，通过直接将dg-M捷联式重力仪外挂于BQR800型AUV的方式在木兰湖进行了水面和水下1m定深航行的AUV水下动态重力测量试验（图1.10），其获得的水面重复线内符合精度为0.38mGal，水下精度为0.33mGal，水面和水下数据整体精度为0.42mGal，证实了AUV水下动态重力测量方案的可行性。但试验中AUV与母船处于系缆状态，并未完全实现自主测量[163]。

图1.10　武汉大学在木兰湖进行水下重力测量试验

2020年8月，自然资源部第二海洋研究所地球物理与地质建模团队联合中国科学院沈阳自动化研究所和中国船舶重工集团公司第七〇七研究所，成功完成了我国首次基于AUV平台的近底重力测量湖试（图1.11）。该团队对重力仪加载至AUV平台进行了重新设计集成，在湖试中采用惯性导航系统和多普勒计程仪组合导航的方式，通过设计重复线、交叉点来评估试验的精度情况，测试的各项指标均优于《海洋调查规范第8部分：海洋地质地球物理调查》（GB/T 12763.8—2007）标准，能够为我国海底构造环境研究、海底硫化物等矿产资源勘查提供高分辨率数据支持[163]。

2016年，由广州海洋地质调查局牵头，联合全国多家单位承担了国家重点研发计划项目“深水油气近海底重磁高精度探测关键技术”。国防科技大学承担了其中的一个子课题——水下动态重力测量系统研制，在SGA系列捷联式航空重力仪的基础上进行水下适应性改进工作，研制水下动态重力仪。项目组采用的是基于二级拖体的水下重力测量方式，与采用AUV的水下重力测量方式相比，多级拖体系统具有成本低、续航能力强、通信和同步可靠等优点，

图 1.11 基于 AUV 平台的近底重力测量湖试

其姿态稳定性和干扰加速度可以接受。捷联式水下重力测量方案介绍详见 2.2 节，拖曳系统主要包括重磁数据采集分析单元、甲板测控单元、光电复合缆、定深拖体、轻质复合缆和探测拖体等。其中，水下动态重力测量系统安装在探测拖体上，定深拖体和探测拖体的外观图分别如图 1.12 和图 1.13 所示。

图 1.12 定深拖体外观图

捷联式水下重力仪外观图如图 1.14 所示，包含姿态传感器、重力传感器、精密温控和电气部分等。捷联式水下动态重力仪于 2018 年 11 月在南海某海域进行了国内首次水下动态重力测量试验（详见附录 A），重复线内符合精度优于 1mGal/230m。2019 年 11 月底，水下重力测量系统在南海某深海区域再次进行了水下重力测量试验（详见附录 B），重复测线内符合精度达到 1.1mGal/180m。

图 1.13 探测拖体外观图

图 1.14 捷联式水下动态重力仪实物图

1.2.3 捷联式水下动态重力测量存在的问题

与航空、船载以及车载重力测量不同，水下动态重力测量由于没有卫星信号，无法采用基于捷联式惯性导航系统（strapdown inertial navigation system, SINS）/GNSS 的方法实现水下重力测量；由于水下环境的特殊性，实际数据处理过程与其他重力测量方式略有差别。要实现高精度水下动态重力测量，需从以下几个方面研究相关问题。

（1）多传感器是水下重力测量系统独有的优势，如何有效融合多源异构信息实现水下动态重力测量是亟须解决的一大难题。传统的基于 SINS/GNSS 组合导航的重力测量方案是单一的无源 SINS 与单一的有源 GNSS 组合的方式。但是在水下动态重力测量时，科考船一般配备多种传感器用于水下重力测量，既有多普勒测速仪（Doppler velocity log，DVL）和超短基线水声定位系统（ultra-short baseline acoustic positioning system，USBL）这些有源导航手段，也有SINS和深度计（depth gauge，DG）这些无源导航系统，有效利用多传感器信息有利于提高水下重力测量的精度。在良好的水下测量环境下，各种导航方式工作正常，数据完整，能够达到仪器的标称精度。但是，各个传感器之间的测量原理不同、质量互异，这给重力数据处理带来很大挑战，因此如何有效融合这些多源异构信息及高灵活性提取水下重力数据是值得深入挖掘的问题之一。

（2）水下重力测量误差包括模型误差和载体水下起伏运动带来的非模型误差，亟须研究相对应的误差补偿方法以实现高精度的水下重力测量。捷联式水下重力测量系统的器件误差对重力测量精度有很大影响，因此需针对不同器件的特性，研究如何对器件误差进行补偿。此外，水下重力仪安装在拖体中，工作环境比陆地、水面都要复杂。拖体受流体阻力影响，很难保持稳定的运动状态，因此需研究拖体动态性对水下重力测量的影响，以及如何补偿载体动态性引起的重力测量误差。

（3）在跨海域恶劣环境下，有源导航系统会出现数据异常或者丢失的现象，迫切需要研究高容错性的水下动态重力测量方法。在实际工程应用中，载体从浅海域到深海域作业过程中，受水下恶劣环境以及仪器本身工作特性影响，DVL和USBL这些有源导航系统具有不可避免的数据非完备性，这样将使系统丢失大量有用的观测信息，从而给水下重力测量带来巨大挑战。为了应对该挑战，水下动态重力测量方法需考虑水下传感器数据非完备的情况，以提高算法的容错性。

1.3 研究目标、内容和组织结构

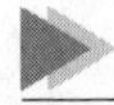

1.3.1 研究目标

与平台式重力仪相比，捷联式重力仪具有体积小、操作便捷、易安装在小型潜航器或无人机上的优点。经过多年的发展，捷联式重力仪已经成熟应用于航空、船载以及车载重力测量中。为了提高水下重力测量的精度和可靠性，构建基于多传感器融合的水下重力测量方法理论和算法体系，为水下重力仪的实用化研制奠定技术基础，本书主要的研究目标如下。

（1）研究水下重力测量的基本原理，综合利用水下多传感器的数据信息，实现高精度的水下重力测量。

（2）研究融合多源异构信息的水下重力测量方法，分别采用线性卡尔曼滤波方法和非线性卡尔曼滤波方法进行水下重力数据处理，根据实际应用需求选取最优的滤波算法。

（3）研究水下重力测量误差补偿方法，对水下重力测量的各个误差源进行分析，并对 DVL 和 DG 的误差进行补偿；利用相关性分析方法补偿由载体动态性引起的非模型误差。

（4）研究非完备数据集下的水下重力测量方法，提高重力数据处理的可靠性和稳定性，满足实际工程应用需求。

1.3.2　研究内容及组织结构

本书以水下动态重力测量为具体研究背景，基于当前国内外研究现状，研究基于多传感器融合的水下重力测量方法，本书的组织结构如图 1.15 所示。

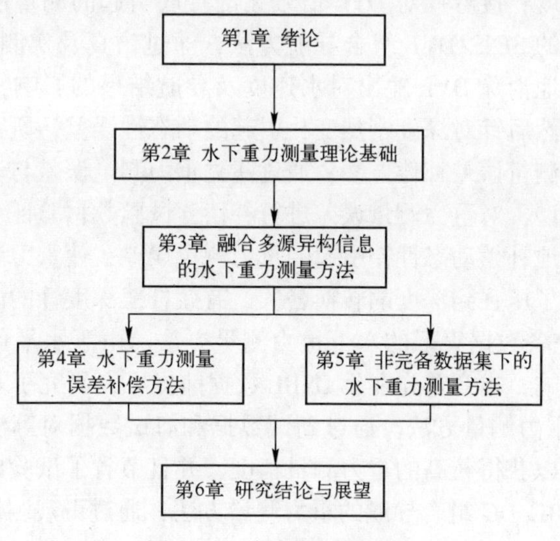

图 1.15　本书的组织结构

本书分为六章，具体安排如下。

第 1 章 绪论。首先论述了开展水下重力测量相关的研究背景和意义；其次分析了国内外水下重力测量研究现状；最后结合现阶段捷联式水下动态重力测量存在的问题，确定了本书的研究目标和研究内容，并介绍了本书的组织结构。

第 2 章 水下重力测量理论基础。首先推导了水下重力测量模型，介绍了水下重力测量改正项；其次介绍了基于二级拖体的水下重力测量方式、水下重力测量方法以及系统组成结构；再次对水下重力测量数据处理方法进行了研究；最后给出了水下重力测量精度的评估公式。

第 3 章 融合多源异构信息的水下重力测量方法。首先研究了基于集中式滤波的重力测量方法，通过实测数据对方法进行验证，试验结果表明该方法能获得较高的重力测量精度；随后研究了利用联邦卡尔曼滤波方法实现多源数据融合，在保证数据处理稳定性的同时获得了不错的重力测量结果；接着研究了基于自适应联邦卡尔曼滤波的重力测量方法，提高了数据处理的可靠性；然后针对 SINS 的非线性误差模型研究了基于容积卡尔曼滤波的重力测量方法，实测数据结果表明该方法能获得与自适应联邦卡尔曼滤波方法相同的精度；最后对这四种滤波方法进行了对比分析。

第 4 章 水下重力测量误差补偿方法。首先以水下重力测量的数学模型为基础，推导了水下重力测量的误差模型；随后分析了各个误差源对水下重力测量精度的影响，结果表明速度误差对重力测量精度影响较大，水平位置误差对水下重力测量影响很小，深度误差主要影响天向运动加速度的估计精度，从而影响重力测量精度；接着针对 DVL 信号无法打底引起的测量误差，研究了考虑未知洋流流速的 SINS/DVL 组合导航方法，通过仿真及实测数据验证表明，该算法可以很好地消除 DVL 输出对水速度及导航结果的影响，并且能实时估计出洋流流速；然后针对深度剧烈变化引起的动态性误差，研究了基于相关性分析的水下重力测量误差补偿方法，通过建立重力测量误差与动态性相关的影响因子之间的模型，对重力测量误差进行补偿，试验数据验证结果表明，采用新方法可以有效地补偿动态性差引起的重力测量误差，使重力测量结果曲线更平滑；最后给出了压强到深度的转换公式，有效补偿深度计的测量误差。

第 5 章 非完备数据集下的水下重力测量方法。由于水平位置误差对重力测量几乎没有影响，本章首先在无 USBL 数据前提下，研究了基于 SINS/DVL/DG 组合导航的重力测量方法。通过湖试数据和海试数据对算法进行验证，结果表明该方法可以获得较高的重力测量精度，并且节省了试验成本。其次研究了基于 SINS/USBL/DG 组合导航的重力测量方法，通过可观测性分析验证了该方法的可行性，又通过实测数据进一步验证了该方法可以获得较高质量的重力测量数据。然后在同时不使用 USBL 和 DVL 数据的前提下，研究了仅使用 SINS 和 DG 的数据实现水下重力测量，提出了基于轨迹拟合的 SINS/DG 重力测量方法，并将此方法应用于海试数据处理。虽然重力数据处理精度有所下降，但能满足水下油气探测的需求。最后为满足实际工程应用需求，研究了水下实时重力测量算法，并通过海试数据对算法进行验证。

第 6 章 研究结论与展望。首先对全书的工作进行了总结，随后对后续研究工作提出展望和建议。

第2章 水下重力测量理论基础

水下重力测量由于其环境特殊性与航空、船载以及车载重力测量略有不同，推导和建立水下重力测量模型是数据处理的基础，同时也为后续各章的研究提供理论支撑。由绪论的国外研究现状可知，主流的水下动态重力测量方式可以分为三种，本书采用捷联式重力仪进行水下适应性改进后进行水下重力测量，因此如何选择适用于捷联式重力仪的水下重力测量方式是本章需要研究的重要问题之一。水下由于无卫星信号，需要借助水下传感器，怎样选择合适的水下传感器实现水下重力测量也是本章研究的重点之一，同时研究无卫星条件下的水下重力测量方法是本章亟须解决的问题之一。精度评估是重力数据处理的重要组成部分，因此本章拟研究水下重力测量精度评估方法，以便为后续各章的重力测量精度评估提供理论依据。

2.1 水下重力测量原理

2.1.1 常用坐标系定义

水下重力测量涉及不同坐标系之间的转换，常用的坐标系包括惯性坐标系（inertial frame）、导航坐标系（navigation frame）、地心地固坐标系（earth-centered earth-fixed，ECEF）以及载体坐标系（body frame），各个坐标系的具体定义如表2.1所列。

表2.1 常用坐标系定义

定 义	坐 标 系
惯性坐标系（i系）	坐标系以地心为原点O^i；其x^i轴指向春分点；z^i轴与地球自转轴重合，指向北极点；y^i轴与x^i轴、z^i轴构成右手坐标系
导航坐标系（n系）	坐标系以载体的质心为原点O^n，其x^n轴沿当地参考椭球的卯酉圈方向指向东，y^n轴沿当地参考椭球的子午圈方向指向北，z^n轴沿当地参考椭球的法线方向指向天
地心地固坐标系（e系）	坐标系以地心为原点O^e；其x^e轴指向赤道平面与平均格林尼治子午圈的交点；z^e轴与地球自转轴重合，并且指向北极点；y^e轴与x^e轴、z^e轴构成右手坐标系

续表

定　义	坐 标 系
载体坐标系（b系）	坐标系以载体的质心为原点 O^b，其 x^b 轴沿载体的横向轴指向右，y^b 轴沿载体的纵向轴指向前，z^b 轴与 x^b 轴、y^b 轴构成右手坐标系

2.1.2 水下重力测量模型

水下重力测量的数学模型根据牛顿运动学公式推导得出。在 i 系下，引力加速度矢量 $\boldsymbol{G}^i$ 可以表示为[7]

$$\boldsymbol{G}^i=\ddot{\boldsymbol{x}}^i-\boldsymbol{f}^i \tag{2.1}$$

式中：$\ddot{\boldsymbol{x}}^i$ 为载体在 i 系下的运动加速度；$\boldsymbol{f}^i$ 为 i 系下的比力，由重力传感器测量得到。

将式（2.1）推导至 n 系下，得到重力矢量的数学模型[1],[7]

$$\boldsymbol{g}^n=\dot{\boldsymbol{v}}^n+(2\boldsymbol{\omega}_{ie}^n+\boldsymbol{\omega}_{en}^n)\times\boldsymbol{v}^n-\boldsymbol{f}^n \tag{2.2}$$

式中：$\boldsymbol{g}^n$ 为重力矢量；$\boldsymbol{v}^n$ 为载体相对地球的速度矢量；$\dot{\boldsymbol{v}}^n$ 为载体运动加速度；$\boldsymbol{\omega}_{ie}^n$为地球自转角速度在 n 系下的投影；$\boldsymbol{\omega}_{en}^n$ 为 n 系相对 e 系的角速度在 n 系下的投影；$\boldsymbol{f}^n$为 n 系下的比力。

$\boldsymbol{g}^n$ 可以表示为正常重力矢量 $\boldsymbol{\gamma}^n$ 与扰动重力矢量 $\boldsymbol{\delta g}^n$ 之和，因此重力矢量测量的数学模型可以表示为

$$\boldsymbol{\delta g}^n=\dot{\boldsymbol{v}}^n+(2\boldsymbol{\omega}_{ie}^n+\boldsymbol{\omega}_{en}^n)\times\boldsymbol{v}^n-\boldsymbol{C}_b^n\boldsymbol{f}^b-\boldsymbol{\gamma}^n \tag{2.3}$$

式中：$\boldsymbol{C}_b^n$ 为由 b 系到 n 系的姿态转移矩阵；$\boldsymbol{f}^b$ 为加速度计测量的 b 系下的比力；$(2\boldsymbol{\omega}_{ie}^n+\boldsymbol{\omega}_{en}^n)\times\boldsymbol{v}^n$ 为科里奥利加速度。

展开式（2.3），可得

$$\begin{cases}\delta g_E=\dot{V}_E-\left(\dfrac{V_E\tan L}{R_N+h}+2\omega\sin L\right)\cdot V_N+\left(\dfrac{V_E}{R_N+h}+2\omega\cos L\right)\cdot V_U-f_E\\ \delta g_N=\dot{V}_N+\left(\dfrac{V_E\tan L}{R_N+h}+2\omega\sin L\right)\cdot V_E+\dfrac{V_N}{R_M+h}V_U-f_N\\ \delta g_U=\dot{V}_U-\left(\dfrac{V_E^2}{R_N+h}+2\omega V_E\cos L\right)-\dfrac{V_N^2}{R_M+h}-f_U-\gamma_U\end{cases} \tag{2.4}$$

式中：δg_E、δg_N 和 δg_U 分别为东向、北向和天向重力扰动；f_E、f_N 和 f_U 分别为东向比力、北向比力和天向比力（$\boldsymbol{C}_b^n\boldsymbol{f}^b$的垂直分量）；$h$ 为深度（向上为正）；ω 为地球自转角速率；L 为地理纬度；V_E、V_N 和 V_U 分别为对地东速、北速和天速；R_M、R_N 分别为子午圈和卯酉圈半径；γ_U 为向上的正常重力。

本书提及的水下重力测量是标量重力测量，只估计扰动重力矢量的垂直分

量。令 $\delta g=-\delta g_U$、$\gamma=-\gamma_U$ 以及 $\ddot{h}=\dot{V}_U$，即可得到水下重力测量的数学模型：

$$\delta g=f_U-\ddot{h}+2\omega V_E\cos L+\frac{V_E^2}{R_N+h}+\frac{V_N^2}{R_M+h}-\gamma \tag{2.5}$$

式中：δg 为扰动重力矢量的垂向分量；$\ddot{h}$ 为天向运动加速度；γ 为正常重力值。

与航空、船载以及车载重力测量不同，水下重力测量的正常重力表示为[34]

$$\gamma=\gamma_0-\gamma_w\Delta h \tag{2.6}$$

式中：γ_0 为与纬度相关的正常重力；Δh 为 h 与标称深度之差；γ_w 为自由海水重力梯度，与海水密度相关，根据相关公式，一般取 0.223mGal/m。

$$\gamma_0=9.780327\times[1+5.3024\times10^{-3}\sin^2L-5.9\times10^{-6}\sin^2(2L)] \tag{2.7}$$

2.1.3 水下重力测量改正项

水下重力测量改正项包括厄特弗斯改正、天向运动加速度改正、偏心改正、自由海水重力梯度改正以及布格改正[34,42]。本书仅对前四项改正项进行阐述，不考虑布格改正影响。

2.1.3.1 厄特弗斯改正

厄特弗斯效应是科里奥利力对重力仪所施加的影响，其计算公式为厄特弗斯改正，具体表达式为

$$\delta a_E=2\omega V_E\cos L+\frac{V_E^2}{R_N+h}+\frac{V_N^2}{R_M+h} \tag{2.8}$$

由式（2.8）可知，厄特弗斯改正主要受东速和纬度影响。在同等速度前提下，纬度越高，厄特弗斯改正值越小；受厄特弗斯效应影响，重力仪由东向西测量的重力值总大于由西向东测得的重力值。

2.1.3.2 天向运动加速度改正

在水下重力测量中，由于没有 GNSS 数据，天向运动加速度只能通过深度计测量数据差分实现，采用一阶中心差分滤波器，可以得到[48]：

$$\dot{h}(t)=\frac{h(t+\Delta t)-h(t-\Delta t)}{2\Delta t} \tag{2.9}$$

$$\begin{aligned}\ddot{h}(t)&=\frac{\dot{h}(t+\Delta t)-\dot{h}(t-\Delta t)}{2\Delta t}\\&=\frac{h(t+2\Delta t)+h(t-2\Delta t)-2h(t)}{4\Delta t^2}\end{aligned} \tag{2.10}$$

其中：Δt 为相邻时间间隔；$\dot{h}(t)$ 为天向运动速度；$\ddot{h}(t)$ 为载体的天向运动加

速度。

2.1.3.3 偏心改正

在分析水下重力测量的数学模型时，始终默认 SINS 和其他传感器在空间上是一致的。而在实际工程应用中，重力仪与 DVL、DG 无法安装在同一框架中，因此重力仪和 DVL、DG 所测得的是不同点的速度、位置和加速度。在进行数据处理时，需要首先将 DVL 与 DG 的测量值归算到重力传感器的位置，这一过程称为“偏心改正”。

杆臂矢量在 n 系下的投影 L^n 可以表示为

$$L^n = \boldsymbol{C}_b^n L^b \tag{2.11}$$

式中：L^b 为重力仪与其他传感器之间的杆臂在 b 系下的投影，可以直接测量得到。

得出 L^n 后，对其进行一次差分以及二次差分即可得到速度和加速度的改正量，此方法同样适用于航空、船载以及车载重力测量。

2.1.3.4 自由海水重力梯度改正

水下重力测量不同于航空、船载以及车载重力测量，其重力梯度改正表示为 $\gamma_w \Delta h$，其中 γ_w 的表达式为[9,34]

$$\gamma_w = \gamma_a - 4\pi G\rho \tag{2.12}$$

式中：$\gamma_a = 0.3086\text{mGal/m}$ 为自由空气重力异常；G 为牛顿引力常数，通常取 $G = 6.67\times10^{-11}\text{N}\cdot\text{m}^2/\text{kg}^2$；$\rho$ 为海水密度，一般取 1.02g/cm^3。

2.2 捷联式水下重力测量方案

2.2.1 基于二级拖体的水下重力测量方式

由于搭载高精度重力仪的拖体在拖曳时深度及姿态变化会对设备的测量精度产生严重影响，因此拖曳探测系统拟采用“母船-一级拖缆-一级拖体-二级拖缆-二级拖体”的二级拖曳方式，其中一级拖缆为作业母船上的光电复合缆，一级拖体为定深拖体，二级拖缆为轻质复合缆，二级拖体为装载水下重力测量系统的探测拖体。由于定深拖体的存在，采用二级拖曳方式使探测拖体受到母船升沉影响较小，母船的姿态和航速变化对探测拖体运动的影响较小，有利于实现探测拖体的定深和姿态稳定，从而保证探测拖体上的捷联式重力仪在拖曳缆牵引下稳定前进，并且减少上下左右的偏移与晃动。由以上分析可知，二级拖曳系统的最大优点在于削弱了作业母船波动对探测拖体的扰动，从而减小了水下重力测量系统的不稳定性。同时，由于一级拖体质量大于二级拖体，二级拖体可以调整到始终处于一级拖体的后上方，从而降低了探测拖体与海底碰撞的风险，保证了探测拖体以及水下重力测量系统的安全。

基于二级拖体的水下动态重力测量方式示意图如图 2.1 所示，靠近母船的拖体是定深拖体，内含深度计用于确定整个系统的深度；与其相连的拖体为探测拖体，装载水下重力测量系统。母船通过光电复合电缆为定深拖体供电以及与其进行通信，定深拖体与探测拖体通过轻质复合缆连接。母船上的绞车通过收放缆控制拖体下潜深度，数据采集系统可以采集水下重力测量系统的数据，并对其进行实时监控。系统在距离海底 20~200m 的高度进行测量，最大下潜深度为 2000m 左右。

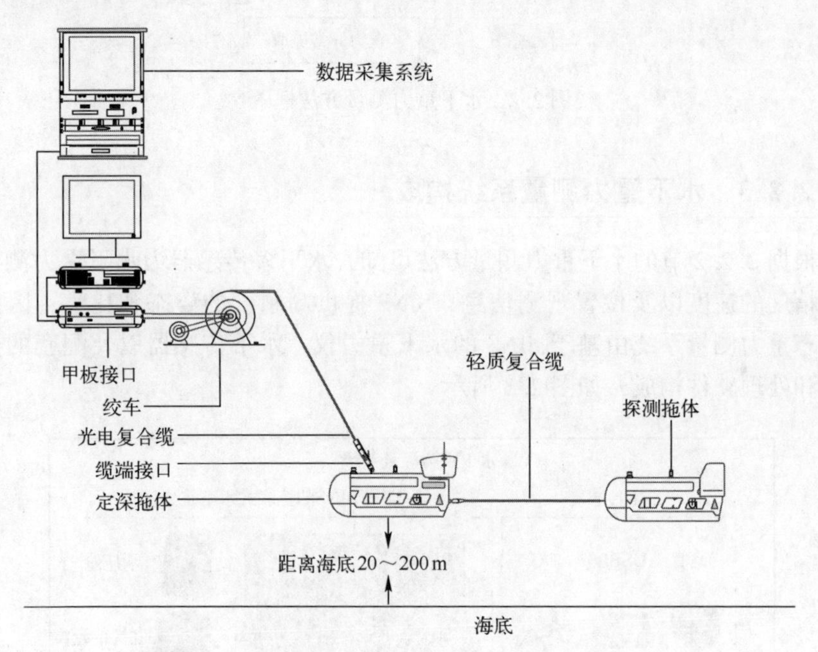

图 2.1　基于二级拖体的水下动态重力测量方式示意图

2.2.2　水下重力测量方法

由于卫星信号在水下发生衰减，无法采用差分 GNSS 或者精密单点定位获得高精度的位置速度信息进行水下重力测量模型计算。由式（2.5）可知，与水下重力测量相关的变量可以分为两部分：一部分为高精度的水平位置、深度以及速度信息，这部分变量可以通过水下传感器获得，从而替代 GNSS 为水下重力测量系统提供外部观测信息；另一部分为 b 系下的比力以及姿态矩阵等，均来自 SINS。水下重力测量方法框图如图 2.2 所示，以水下传感器的信息为观测量，与 SINS 进行卡尔曼滤波得到组合导航后的结果并对 SINS 进行反馈校正；之后利用组合导航的位置、速度以及 SINS 的姿态、比力信息进行重力异常提取。具体数据处理和融合方法详见 2.3 节。

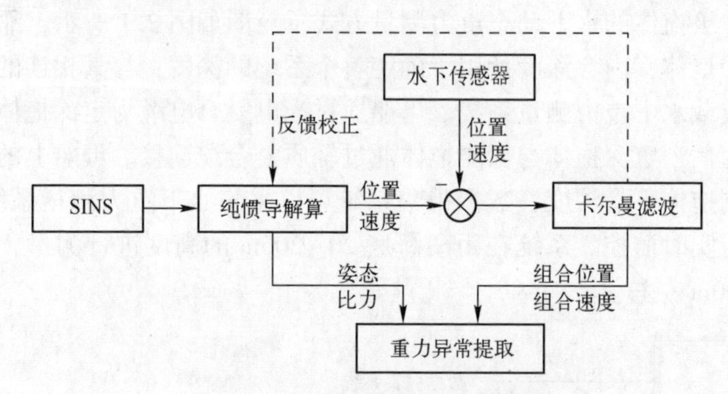

图 2.2 水下重力测量方法框图

2.2.3 水下重力测量系统构成

根据 2.2.2 节的水下重力测量方法可知，水下多传感器为水下重力测量提供高精度的速度以及位置观测信息，SINS 提供高精度的姿态和比力，因此水下动态重力测量系统由基于 SINS 的水下重力仪、水下传感器以及配套的数据采集和处理软件构成，如图 2.3 所示。

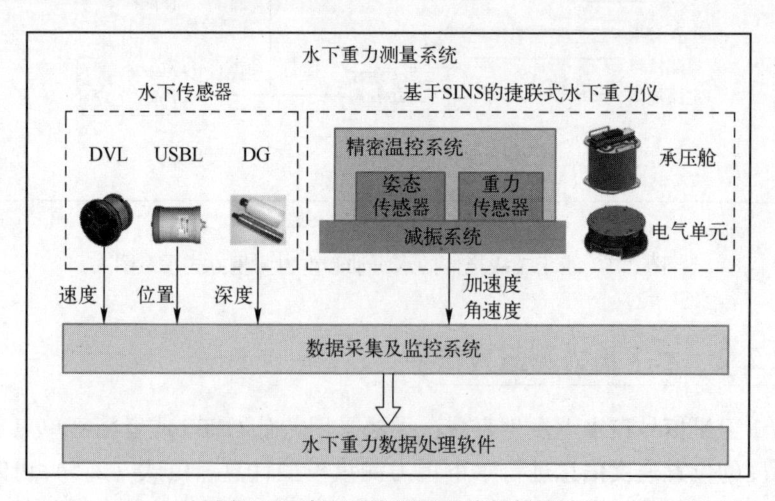

图 2.3 水下重力测量系统结构图

其中，基于 SINS 的捷联式水下重力仪包含姿态传感器、重力传感器、精密温控系统、减震系统、承压舱以及电气单元等。水下传感器主要由 DVL、USBL 以及 DG 组成。

2.2.3.1　姿态传感器

姿态传感器采用 3 个正交的光纤陀螺仪，其性能指标如表 2.2 所列。

表 2.2　光纤陀螺仪性能指标

项　目	指标
零偏稳定性/(°/h, 1σ)	≤0.005
零偏重复性/(°/h)	≤0.002
标度因数不对称性/($\times10^{-6}$)	≤5
标度因数非线性度/($\times10^{-6}$)	≤5
标度重复性/($\times10^{-6}$)	≤5

2.2.3.2　重力传感器

重力传感器的核心部件为石英挠性加速度计，其性能指标如表 2.3 所列。

表 2.3　石英挠性加速度计性能指标

项　目	指标
测量范围/g	-5~5
偏值/mg	≤5
标度因数重复性/$\times10^{-6}$	10
3h 偏值稳定性/mGal	3
24h 偏值稳定性/mGal	5

2.2.3.3　精密温控系统

加速度计的测量精度易受外界温度变化影响，本书采用三级温控系统，为系统提供恒温的环境，从而保证加速度计测量精度。其中第一级温控将传感器箱体的温度变化控制在 1℃以内；第二级温控的精度为 0.1℃；第三级温控保证核心传感器的温控精度为 0.02℃。

重力仪的工作环境为水下 2000m，设计外温控为纯加热模式。在实验室或下水前甲板上调试及测试时，外散热器散热效果差、拆装复杂，导致系统内部温度持续升高，传感器内部温度不稳定，系统精度降低。

为了保证重力仪内部仪器工作在适应的温度范围内，并保证系统精度，在机体外壳上装载低功率风扇和半导体致冷器（thermo electric cooler）以达到制冷效果。在实际的操作中，该方案并没有形成良好的制冷效果。于甲板上工作时，重力仪温度与不添加外散热器时基本一致，因此，必须进行更好的散热，才能够保证实验的顺利进行。

结合具体实验环境，在重力仪风冷散热效果不理想的情况下，可以使用水冷的方式进行散热，根据水冷散热公式：

$$T_{\mathrm{OUT}}=T_{\mathrm{IN}}+\frac{Q}{\rho\cdot v\cdot C_p} \tag{2.13}$$

式中：T_{OUT}为冷却液体出口温度；T_{IN}为冷却液体进口温度；Q 为仪器工作时发热功率；ρ 为冷凝液密度；C_p 为冷凝液比热容；v 为冷凝液流速。

考虑到航海时的工作环境，可以选择净水为冷凝液：水的比热容较大，而且在船上较易获取。根据式（2.13）可得，$Q=\rho\cdot v\cdot C_p\cdot\Delta T$，在冷凝液确定的情况下，使用循环冷水机，一方面可以对流动的液体加压以增大流速，另一方面可以增大 ΔT，增大散热效率。

针对上述问题，根据水冷散热理论公式，首先需要解决传感器箱内温度持续升高问题，再对外散热的结构进行改进。为解决原方案的散热效果不佳的问题，新的设计中采用系统整体水冷降温处理，在系统侧面及顶部缠绕硅胶软管，并通过冷水机为软管持续循环供冷水，以达到系统整体降温的目的。

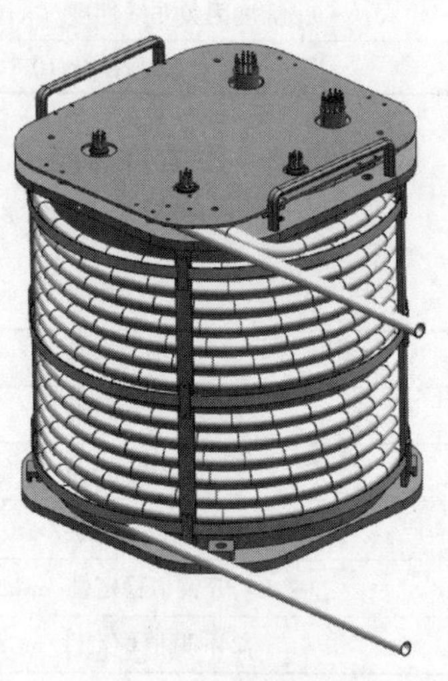

图 2.4　改进后外温控方案示意图

改进后外温控方案示意图如图 2.4 所示，此设计方案首先摆脱了原设计方案中散热装置拆装的问题：在保证长度的情况下，水软管可以随设备下水作业；其次通过对水温的调节做到了重力仪工作温度二级可控。

此外，重力仪还配有磁屏蔽系统隔离磁干扰。为了验证加速度计的精度，项目组在实验室进行了静态测试。试验结果如图 2.5 所示，对约 11h 的加速度计静态数据求标准差，得到加速度计在静态环境下的精度为±0.4mGal。

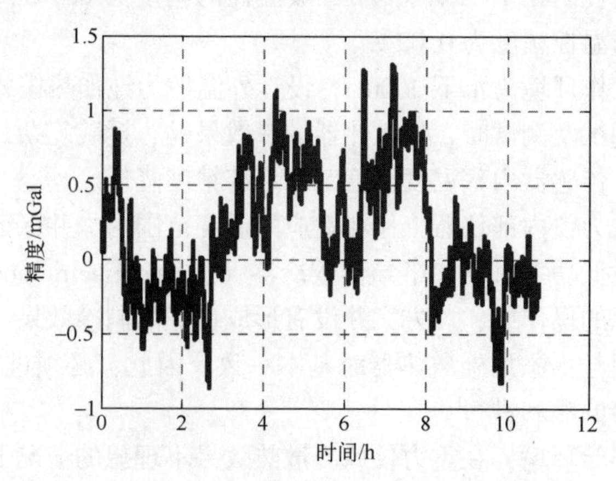

图 2.5　加速度计静态测试结果（100s 滤波）

2.2.3.4　承压舱

重力仪外壳是一个圆柱形的钛合金承压舱，如图 2.6 所示。承压舱厚 10mm，高 330mm，最大承压 25MPa 以保证重力仪下潜到水下 2000m。承压舱上盖安装一个气密检测口、一个网络接口、一个电源开关、一个电源接口、一个通信接口以及一个备用接口。

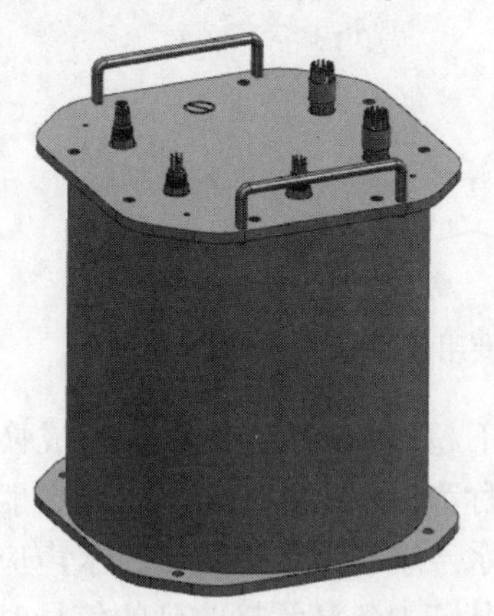
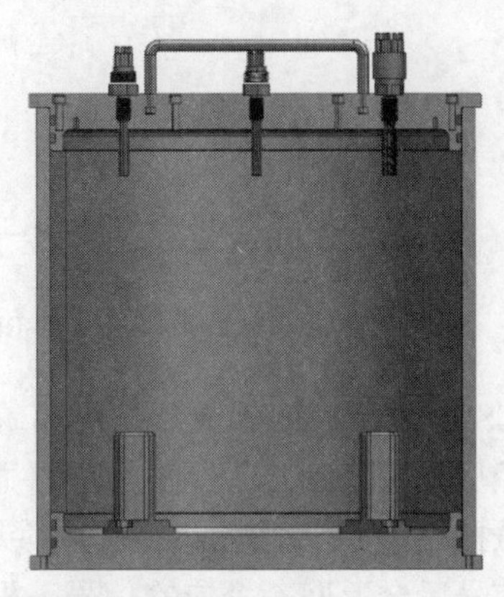

图 2.6　承压舱外形图

2.2.3.5　DVL

DVL 利用多普勒原理，通过向海底或水层发射超声波信号测量其传感器探头与水层或海底的相对运动速度。由于水下无卫星信号，DVL 可以作为水下测速设备为水下重力测量系统提供高精度的速度信息，本书选用 DVL 的速度作为数据融合的观测量之一，通过实时修正 SINS 的误差得到高精度的导航结果。DVL 测量误差为 0.2% V±2mm/s，其中 V 为 DVL 测量的载体速度；采样频率与对底高度有关，高度越高，采样频率越低。其外观如图 2.7 所示。

图 2.7　DVL 外观

2.2.3.6　USBL

USBL 主要由水面和水下两部分组成，常被称为“干端”和“湿端”，“干端”主要包括船载全球定位系统（GPS）、姿态传感器和数据处理计算机，“湿端”主要包括换能器基阵和水声应答器，具体参照图 2.8。其中：船载 GPS 能够精确地定位船的位置；换能器基阵和水声应答器通过水声信息能够确定两者的相对位置；姿态传感器能够精确地测量船的姿态，以便能够准确地将 GPS 定位信息引至被测目标上，从而获得目标的绝对位置；数据处理计算机能够实时处理测量信息，计算并输出目标的位置结果。

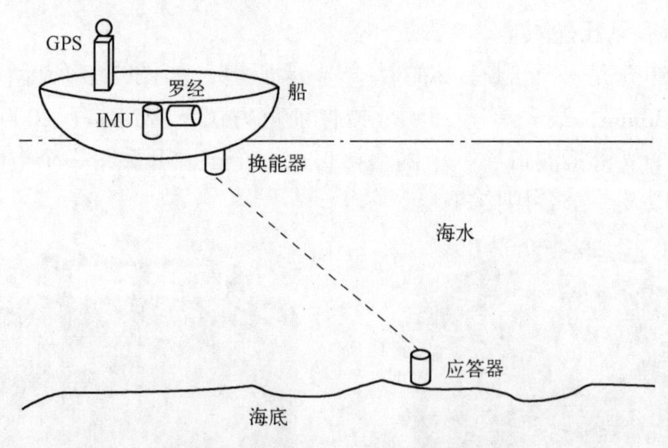

图 2.8　USBL 主要组成部分

在 USBL 中，换能器一般一组布置于不超过 1m 的范围内，组成换能器基阵，直径从几厘米到几十厘米不等，通常称为声头，声头可以安装在船体底部也可以悬挂在小型水面船的一侧。声头向水声应答器发出信号，水声应答器接收到该信号后会返回一个应答信号，根据基阵中各基元接收到的信号时延可以计算出水声应答器在基阵坐标系中的坐标。其测量原理[49]可以参见图 2.9 和图 2.10。

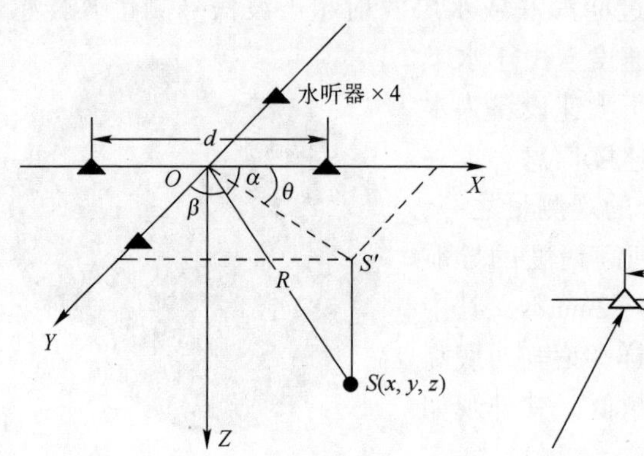

图 2.9　USBL 测量原理

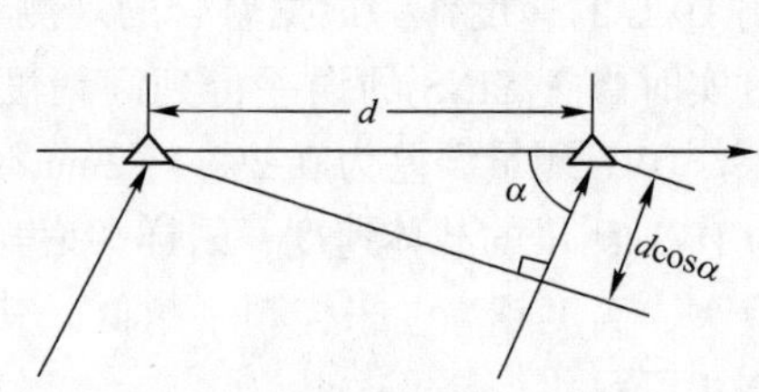

图 2.10　同轴两基元声线平行定位原理

在图 2.9 中，声头由 4 个基元组成，互相垂直安装在 X 轴和 Y 轴上，水声应答器 S 安装在水下载体上，斜距与 X 轴、Y 轴的夹角分别为 α 和 β，斜距 R 可以利用水声传播时间确定，表达式为

$$R=\frac{vt}{2} \tag{2.14}$$

式中：v 为水中的声速；t 为声头从发出信号到接收到反馈信号的时间。

S' 是 S 在 XOY 面上的投影，OS' 与 X 轴之间的夹角为 θ，声头能够测量出

α、β 和 R，根据这些测量结果，可以计算得到：

$$\begin{cases} x = R\cos\alpha, y = R\cos\beta \\ z = \sqrt{R^2 - x^2 - y^2} \\ \theta = \arctan\dfrac{y}{x} = \arctan\dfrac{\cos\beta}{\cos\alpha} \end{cases} \tag{2.15}$$

USBL 基元之间距离远小于斜距，因此可以认为 4 个基元接收的声线相互平行，参考图 2.10，$\tau_x = \dfrac{d\cos\alpha}{v}$，$\tau_y = \dfrac{d\cos\beta}{v}$，其中 d 为基元间距，τ_x 和 τ_y 分别为 X 轴两基元接收信号时延和 Y 轴两基元接收信号时延，参考式（2.15）可以得到 $x = \dfrac{v\tau_x R}{d}$，$y = \dfrac{v\tau_y R}{d}$，因此，只需测得 τ_x 和 τ_y 以及 R 便可算得水声应答器在基阵坐标系下的坐标位置。

综上所述，USBL 测量的是载体的绝对位置坐标。

USBL 定位精度与母船和拖体之间的直线距离有关，距离越远精度越低。由于仅利用 DVL 的速度观测得到组合导航的位置精度与 SINS 的姿态误差相关，因此位置误差随时间延长越来越大。而 USBL 输出的位置是稳定的，不随时间发散，本书利用 USBL 的水平位置作为观测量之一，进行组合导航得到高精度水平位置信息。

2.2.3.7 DG

天向运动加速度作为水下重力测量模型的重要组成部分，由深度进行二次差分得到，因此深度测量精度对水下重力测量精度至关重要。深度计能测量得到高精度的水压值，利用相关公式转换得到高精度的深度信息。USBL 能输出深度信息，但是其测量精度低于 DG，本书选用 DG 作为深度测量仪器进行自由海水重力梯度改正和天向运动加速度改正。DG 的采样频率为 5Hz，精度为全量程的 0.01%。其外观如图 2.11 所示。

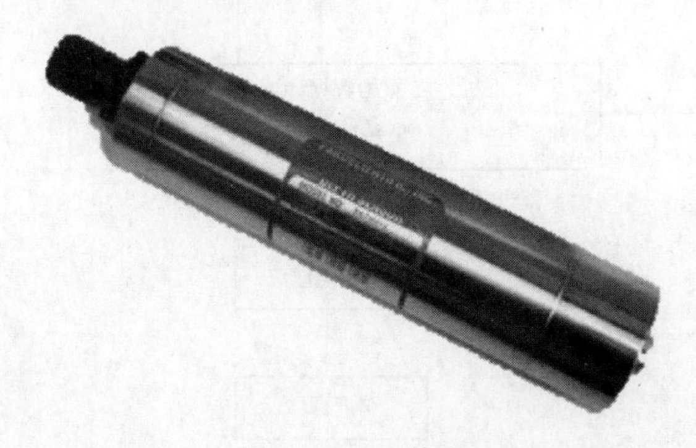

图 2.11 DG 外观

2.3 水下重力测量数据处理方法

水下动态重力测量数据处理框图如图 2.12 所示。数据处理分为 5 个部分：数据预处理、动基座对准、组合导航、重力基准点传递和重力提取。数据预处理是指将惯性器件和水下多传感器的原始数据进行处理得到有效的数据。动基座对准是指确定系统初始的速度、位置和姿态角信息。组合导航以惯导系统为主导航系统，以 DVL、USBL 以及 DG 的数据为观测信息，实时修正惯导系统

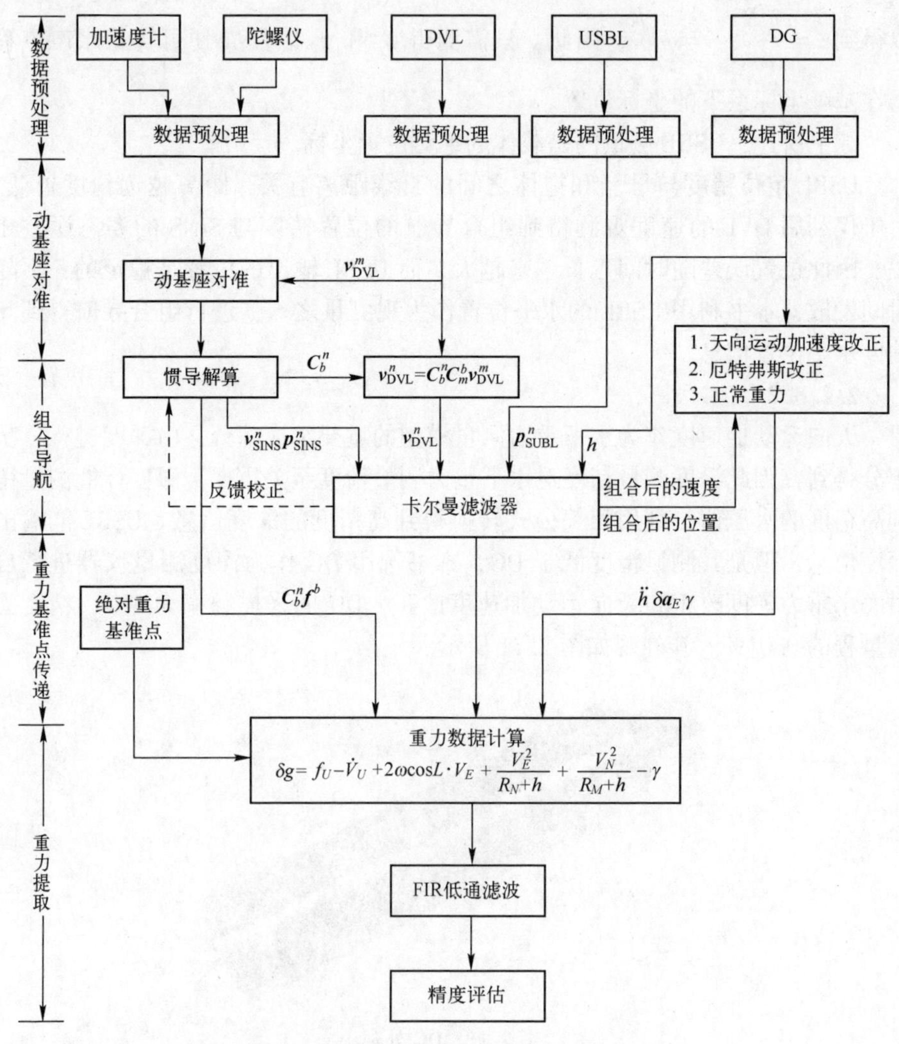

图 2.12 水下动态重力测量数据处理框图

的姿态、速度以及位置信息，从而得到精确的导航结果。重力基准点传递是指将岸基的重力基准点传递至水下获得绝对重力数据。重力提取主要包括重力测量结果计算和精度评估，重力测量结果计算分为原始重力数据计算和 FIR 低通滤波。

2.3.1 数据预处理

在进行数据处理之前，需对各个传感器的原始数据进行预处理，得到有效的传感器数据。数据预处理的方法框图如图 2.13 所示。

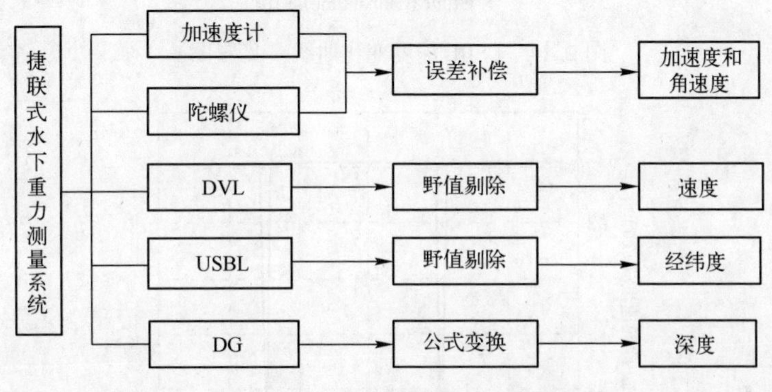

图 2.13 数据预处理的方法框图

数据预处理步骤如下。

（1）加速度计和陀螺仪的原始数据输出均为脉冲数，需进行误差补偿得到加速度和角速度，误差补偿公式的参数通过实验室标定获得。

（2）USBL 的野值剔除。当拖体转弯时，由于 USBL 的换能器接收不到水下信标的信号，其数据输出是不可靠的，不可靠的 USBL 数据会导致 USBL 的深度信息发生剧烈变化（图 2.14 红色椭圆虚线）。USBL 的野值剔除方法：当前时刻的 USBL 深度值与相邻时刻的 USBL 深度值之差，或者当前时刻的 USBL 深度值与 SINS 解算的深度之差超过某个阈值时，当前时刻的 USBL 数据应被剔除。

（3）DVL 的野值剔除。一般而言，DVL 在距离海底 200m 以内的范围可以正常工作。如果拖体距离海底超过 200m，DVL 发出的超声波无法到达海底，导致 DVL 输出无效速度（图 2.15 红色椭圆虚线）。可以通过判断 DVL 的前向速度是否为-9999 来剔除 DVL 的野值。

（4）DG 输出的原始数据为压强值，需通过公式变换得到有效的深度值。公式变换详见 4.4 节。

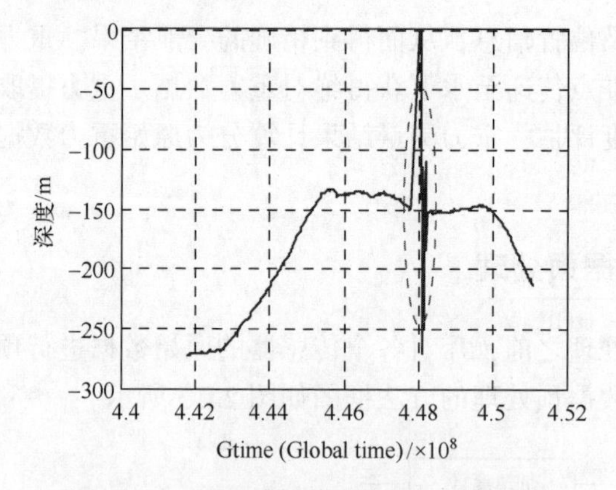

图 2.14　USBL 深度变化曲线（见彩图）

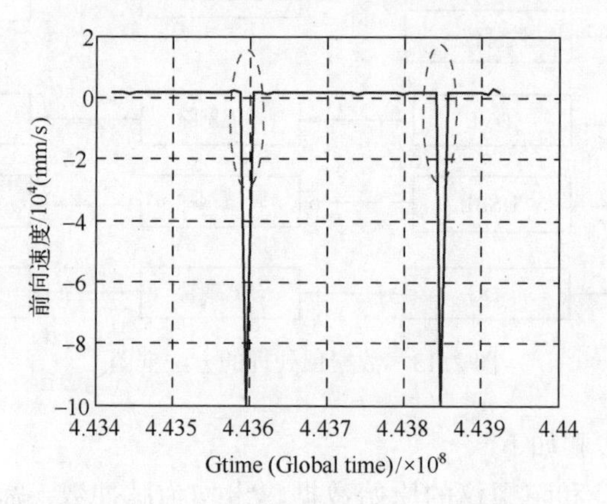

图 2.15　DVL 的前向速度曲线（见彩图）

2.3.2　动基座对准

对于捷联式重力仪而言，初始对准是确定系统初始的速度、位置和姿态角信息。对于航空、船载以及车载重力测量而言，重力仪可以保持静止或者准静止状态，因此系统可以通过静态对准进行初始化。然而，重力仪在水下不能保持静止状态，因此不能进行静基座对准，需采用 DVL 辅助 SINS 进行动基座对准以确定初始信息。

姿态转移矩阵 $\boldsymbol{C}_b^n$ 可以分解为[49-50]

$$\boldsymbol{C}_b^n = \boldsymbol{C}_{n_0}^n \boldsymbol{C}_{i_{n_0}}^{n_0} \boldsymbol{C}_{i_{b_0}}^{i_{n_0}} \boldsymbol{C}_b^{i_{b_0}} \tag{2.16}$$

式中：n_0 系为初始时刻的导航坐标系，其不随载体的运动而运动，但是随着地球自转而运动；i_{n_0} 系为初始时刻的导航惯性坐标系，不随地球自转而运动；b_0 系为初始载体坐标系，不随载体的运动而运动；i_{b_0} 系为初始时刻的载体惯性系，不随地球运动而运动；$C_{n_0}^{n}$ 为 n_0 系到 n 系的转换矩阵；$C_{i_{n_0}}^{n_0}$ 为 i_{n_0} 系到 n_0 系的方向余弦矩阵；$C_{i_{b_0}}^{i_{n_0}}$ 为 i_{b_0} 系到 i_{n_0} 系的姿态转换矩阵；$C_b^{i_{b_0}}$ 为 b 系到 i_{b_0} 系的变换矩阵。

动基座对准为惯导系统确定初始姿态转移矩阵 $C_{i_{b_0}}^{i_{n_0}}$，其分为粗对准和精对准。粗对准只能通过解析法粗略估计载体的初始姿态角，其具体方法参照文献[51-52]；精对准在粗对准的基础上，建立初始姿态角的误差方程，采用卡尔曼滤波方法进行误差估计和补偿，从而得到精确的姿态角。卡尔曼滤波器的状态方程为

$$\begin{cases}\dot{\boldsymbol{X}}=\boldsymbol{F}\boldsymbol{X}+\boldsymbol{G}\boldsymbol{W}\\ \boldsymbol{X}=[\boldsymbol{\phi}\quad \delta\boldsymbol{v}^{i_{b_0}}]^{\mathrm{T}}\\ \boldsymbol{F}=\begin{bmatrix}\boldsymbol{0}_{3\times3} & \boldsymbol{0}_{3\times3}\\ (\boldsymbol{C}_{i_{n_0}}^{i_{b_0}}\boldsymbol{C}_{n_0}^{i_{n_0}}\boldsymbol{C}_{n}^{n_0}\boldsymbol{g}_n)\times & \boldsymbol{0}_{3\times3}\end{bmatrix}\\ \boldsymbol{G}=\begin{bmatrix}\boldsymbol{C}_b^{i_{b_0}} & \boldsymbol{0}_{3\times3}\\ \boldsymbol{0}_{3\times3} & \boldsymbol{C}_b^{i_{b_0}}\end{bmatrix}\end{cases} \tag{2.17}$$

式中：$\boldsymbol{X}$ 为六维的状态变量；$\boldsymbol{F}$ 为状态转移矩阵；$\boldsymbol{W}$ 为高斯白噪声；ϕ 为 $\boldsymbol{C}_{i_{b_0}}^{i_{n_0}}$ 的姿态误差角；$\delta\boldsymbol{v}^{i_{b_0}}$为重力仪与 DVL 在 i_{b_0} 系下的速度误差；$\boldsymbol{g}_n$ 为 n 系下的引力加速度，其表达式如下：

$$\boldsymbol{g}_n=\boldsymbol{g}_l+\boldsymbol{\omega}_{ie}^{n}\times[\boldsymbol{\omega}_{ie}^{n}\times\boldsymbol{r}^{n}] \tag{2.18}$$

式中：$\boldsymbol{g}_l=[0\quad 0\quad -g]^{\mathrm{T}}$；$\boldsymbol{r}^n=[0\quad 0\quad R_N]^{\mathrm{T}}$

以 DVL 在 i_{b_0}系下的速度为观测量，观测方程如下：

$$\begin{cases}\boldsymbol{Z}=\boldsymbol{H}\boldsymbol{X}+\boldsymbol{V}\\ \boldsymbol{H}=[\boldsymbol{M}_2\quad \boldsymbol{I}_{3\times3}]\\ \boldsymbol{M}_2=(-\boldsymbol{C}_{i_{n_0}}^{i_{b_0}}\boldsymbol{C}_{n_0}^{i_{n_0}}\boldsymbol{C}_{n}^{n_0}\boldsymbol{v}_r)\times\end{cases} \tag{2.19}$$

式中：$\boldsymbol{V}$ 为高斯白噪声；$\boldsymbol{v}_r$ 为由地球自转引起的相对于惯性空间的 n 系下的速度，其表达式如下：

$$\boldsymbol{v}_r=[\omega\cdot R_N\cdot \cos L\quad 0\quad 0]^{\mathrm{T}} \tag{2.20}$$

2.3.3　组合导航

惯导系统利用动基座对准的初始姿态信息进行纯惯导解算。由于加速度计零偏和陀螺漂移影响，惯导系统解算的速度 $\boldsymbol{v}_{\mathrm{SINS}}^{n}$、位置 $\boldsymbol{p}_{\mathrm{SINS}}^{n}$ 以及姿态角是随着时间的变化发散的。本书利用 USBL 的水平位置 $\boldsymbol{p}_{\mathrm{USBL}}^{n}$、DVL 的速度 $\boldsymbol{v}_{\mathrm{DVL}}^{m}$ 以及

DG 的深度作为观测值，采用卡尔曼滤波方法估计和补偿惯导系统的误差，从而得到精确的导航信息。由于 DVL 输出的速度 $\boldsymbol{v}_{\mathrm{DVL}}^{m}$ 是在自身坐标系（m 系）下的速度，因此需将其转换到 n 系下作为观测量，转换方程如下：

$$\boldsymbol{v}_{\mathrm{DVL}}^{n}=\boldsymbol{C}_{b}^{n}\boldsymbol{C}_{m}^{b}\boldsymbol{v}_{\mathrm{DVL}}^{m} \tag{2.21}$$

式中：m 系为 DVL 坐标系，定义为右-前-上；$\boldsymbol{v}_{\mathrm{DVL}}^{n}$ 为 DVL 在 n 系下的速度；$\boldsymbol{C}_{m}^{b}$ 为 DVL 与重力仪之间的安装角矩阵，一般通过离线标定可以得到。

2.3.4 重力基准点传递

捷联式水下重力测量的本质是相对重力测量，而要获得水下绝对重力数据，需要从岸基的重力基准点进行联测。本节首先通过建立捷联式水下重力仪天向加速度计长期漂移模型，探索岸基—水下重力联测方法，解决水下重力测量无绝对重力基准点以及无法进行静态前后校的问题。

2.3.4.1 捷联式水下重力仪加速度计长期漂移模型构建

在长航时的水下重力测量中，捷联式水下重力仪加速度计的长期漂移特性对水下绝对重力基准传递和水下重力测量结果有重要影响，因此需要构建适用于长航时水下重力测量的加速度计长期漂移模型，该模型构建实施过程如图 2.16 所示，关键是进行捷联式水下重力仪的加表静态长期稳定性实验，找到合适的加表长期漂移建模方法。

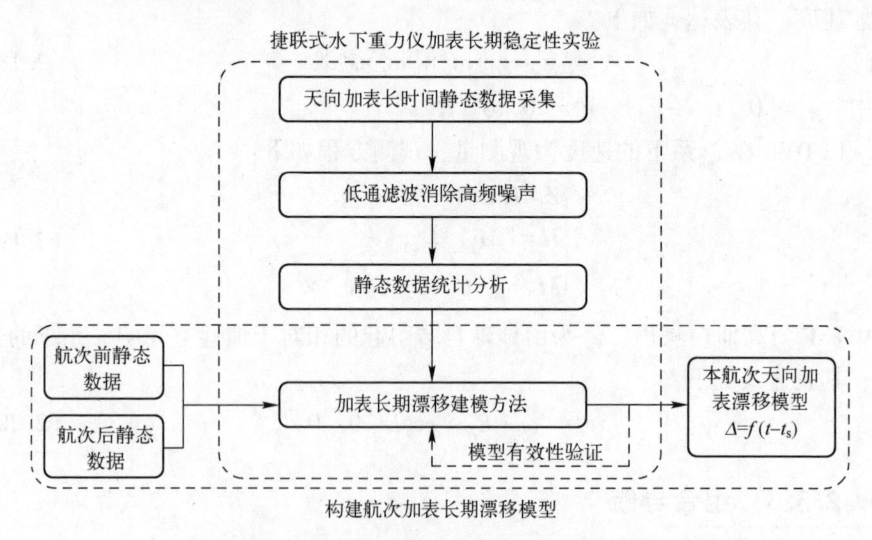

图 2.16 捷联式水下重力仪加速度计长期漂移模型构建过程

捷联式水下重力仪加表长期稳定性实验包括天向加表长时间静态数据采集、低通滤波消除高频噪声、静态数据统计分析、加表长期漂移建模方法及验证。在实际的水下重力测量实验中，系统从离岸开始到回到码头结束会一直处在动态测量状态中，而只有静态数据才能反映出加速度计的漂移情况，在一个完整的航次中，重力仪只有在出海前和返航后的码头上才有条件进行静态数据采集，因此需要充分利用这两个时间窗口尽可能多地采集静态数据，采集的静态数据越多越可以拟合出更精确的漂移模型。

依照实验室中长期稳定性实验获得的建模方法，利用航次前和航次后静态数据构建本航次水下重力仪天向加速度计漂移模型，如式（2.22）所示，该模型描述的是天向加速度计从航次前静止开始到航次后静止结束加表漂移量随时间变化的情况。

$$\Delta = f(t - t_s) \tag{2.22}$$

式中：Δ 为重力仪天向加速度计漂移量；$f(t-t_s)$ 为捷联式水下重力仪天向加速度计长期漂移模型；t 为测线时间点；t_s 为航次前静止开始时间点。

2.3.4.2 岸基—水下重力联测方法

由于水下重力测量没有绝对重力基准点，也无法满足静态基准传递的条件，本项目拟将岸上绝对重力值传递到水下，实现岸基—水下重力联测，其研究方案如图2.17所示，主要包括两部分内容：水下重力测量测线前后校和基于岸上绝对重力点的基准传递。

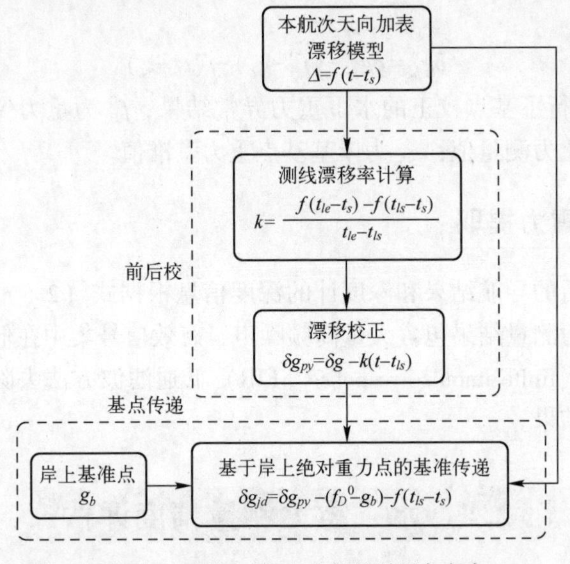

图2.17 岸基—水下重力联测研究方案

1. 水下重力测量测线前后校

在航空重力测量和车载重力测量中，前后校是通过出发前和返回后的静止测量来实现的，但在水下重力测量中，进入测线之前和离开测线之后不具备静止条件，无法实现静态前后校。

本项目通过研究重力仪天向加速度计长期漂移特性，建立整个航次的加速度计长期漂移模型，通过漂移模型估算天向加速度计从测线起始点至结束点的漂移率，测线漂移率的计算公式如下：

$$k=\frac{f(t_{le}-t_s)-f(t_{ls}-t_s)}{t_{le}-t_{ls}} \tag{2.23}$$

式中：$f(t_{ls}-t_s)$为该航次天向加速度计漂移模型计算的测线起始时刻的加表漂移；$f(t_{le}-t_s)$为该航次天向加速度计漂移模型计算的测线结束时刻的加表漂移；t_{ls}为测线起始时刻；t_{le}为测线结束时刻；t_s 为航次前静止开始时间点；k 为加表在测量过程中的线性漂移率。

最后按照式（2.24）对水下重力测量测线数据进行前后校：

$$\delta g_{py}=\delta g-k(t-t_{ls}) \tag{2.24}$$

式中：δg_{py}为进行了漂移校正的重力异常；δg 为水下直接测量的重力异常；t 为测线上任意时间点。

2. 基于岸上绝对重力点的基准传递

本项目利用所构建模型计算该航次任意时间点的天向加速度计漂移量，结合式（2.25）将岸上基准点的绝对重力值传递给前后校过的水下重力测量结果：

$$\delta g_{jd}=\delta g_{py}-(f_D^0-g_b)-f(t_{ls}-t_s) \tag{2.25}$$

式中：δg_{jd}为进行了基点校正的水下重力异常结果；f_D^0 为重力仪在岸基基准点上的静态天向比力测量值；g_b 为岸基基点重力基准值。

2.3.5 重力提取

利用组合后的导航结果和深度计的深度信息根据式（2.5）进行重力数据计算，原始重力测量结果包含大量高频噪声，有效信号集中在低频段，需采用有限脉冲响应（finite impulse response，FIR）低通滤波方法去除噪声，得到有效的重力测量结果。

2.4 水下重力测量精度评估

对于水下重力测量，精度评估分为内符合精度评估和外符合精度评估。内符合精度是通过重复测线不符值的标准差或交叉点不符值的标准差来计算的，可以很好地评估仪器的性能。外符合精度评估是在有外界参考信息的基础上对测量数据进行评估，用于检验重力测量数据与标准数据的符合程度。

2.4.1 内符合精度评估

2.4.1.1 重复测线内符合精度评估

重复测线内符合精度评估通过多次重复测量同一条测线来实现，其单条测线的内符合精度评估方程如下[53]：

$$\varepsilon_j = \pm\sqrt{\frac{\sum_{i=1}^{M_2}\delta_{ij}^2}{M_2}} \quad (j=1,2,\cdots,M_1) \quad \delta_{ij} = g_{ij} - g_i,\ g_i = \sum_{j=1}^{M_1} g_{ij}/M_1 \tag{2.26}$$

式中：ε_j 为第 j 条测线的重复线内符合精度；M_2 为每条重复测线的观测点个数；M_1 为重复测线的总条数；g_{ij} 为第 j 条测线第 i 个点的重力观测值；g_i 为第 i 点重力观测的平均值；δ_{ij} 为 g_{ij} 与 g_i 的差值。

所有重复测线总的内符合精度表达式如下：

$$\varepsilon = \pm\sqrt{\frac{\sum_{j=1}^{M_1}\sum_{i=1}^{M_2}\delta_{ij}^2}{M_1 \times M_2}} \tag{2.27}$$

2.4.1.2 交叉点内符合精度评估

在求得测线的交叉点重力不符值后，采用式（2.28）进行交叉点内符合精度评估[2]，表达式为

$$\varepsilon = \pm\sqrt{\frac{\sum_{i=1}^{N} v_{ij}^2}{2N}} \tag{2.28}$$

式中：ε 为交叉点内符合精度；v_{ij} 为测线 i 与测线 j 在交叉点的重力不符值；N 为测线网交叉点的总个数。

2.4.2 外符合精度评估

当有外部重力参考时，测线上的重力数据可以通过式（2.29）进行外符合精度评估，表达式为

$$\varepsilon = \pm\sqrt{\frac{\sum_{i=1}^{M} w_i^2}{M}} \tag{2.29}$$

式中：ε 为外符合精度；w_i 为重力实测值与外部重力参考值之差；M 为测线的采样点数。

由于本书描述的水下重力测量试验没有外部重力参考信息，因此精度评估主要采用重复线内符合精度评估或者交叉点内符合精度评估。

2.5 小　　结

本章论述了水下重力测量的理论基础。首先推导了水下重力测量模型和改正项，介绍了基于二级拖体的水下重力测量方式，给出了水下重力测量方法并详细介绍了水下重力测量系统构成；然后在水下重力测量方法的基础上给出了具体的数据处理和融合算法基本思路，为后续重力数据处理提供算法模型；最后给出了常用的水下重力测量精度评估方法。

第3章 融合多源异构信息的水下重力测量方法

水下重力测量系统配备多个传感器，本书将不同传感器的数据进行组合得到高精度的导航结果称为多源数据融合。在水下重力数据处理过程中，多传感器融合方法对于数据解算至关重要，因此如何有效利用多传感器信息进行数据融合提高重力测量精度是需要解决的重要问题之一。本书的 2.3 节中介绍了水下重力测量数据处理方法，其中通过卡尔曼滤波方法可以实现多传感器数据融合。卡尔曼滤波方法包括线性卡尔曼滤波和非线性卡尔曼滤波，常用的线性卡尔曼滤波有集中式卡尔曼滤波和联邦卡尔曼滤波等，非线性滤波主要包括粒子滤波、容积卡尔曼滤波以及无迹卡尔曼滤波等。本章将以 2.3 节的水下重力测量数据处理为基础，在同时具备 SINS、DVL、USBL 以及 DG 的数据前提下，探索 4 种典型的卡尔曼滤波方法进行数据融合，给出最具实用价值的方法。

3.1 基于集中式滤波的重力测量方法

3.1.1 SINS 的误差方程

水下重力测量数据处理方法详见 2.3 节，SINS 进行纯惯性导航解算时误差不断累积，需通过其他水下传感器的信息抑制导航结果发散，从而得到精确的速度、位置和姿态信息。SINS 的误差方程为[7,54-56]

$$\begin{cases}\dot{\boldsymbol{\psi}}=\boldsymbol{\psi}\times\boldsymbol{\omega}_{in}^{n}+\delta\boldsymbol{\omega}_{in}^{n}-\boldsymbol{C}_{b}^{n}\boldsymbol{\varepsilon}^{b}\\ \delta\dot{\boldsymbol{v}}^{n}=-\boldsymbol{\psi}\times\boldsymbol{f}^{n}-(2\delta\boldsymbol{\omega}_{ie}^{n}+\delta\boldsymbol{\omega}_{en}^{n})\times\boldsymbol{v}^{n}-(2\boldsymbol{\omega}_{ie}^{n}+\boldsymbol{\omega}_{en}^{n})\times\delta\boldsymbol{v}^{n}+\boldsymbol{C}_{b}^{n}\nabla^{b}\\ \delta\dot{\boldsymbol{p}}=\delta\boldsymbol{v}^{n}\end{cases} \tag{3.1}$$

式中：$\boldsymbol{\psi}$ 为姿态误差向量；$\boldsymbol{\omega}_{in}^{n}$ 为 n 系相对 i 系的角速度在 n 系下的投影；$\delta\boldsymbol{\omega}_{in}^{n}$ 为 n 系相对 i 系的角速度误差在 n 系下的投影；$\boldsymbol{\varepsilon}^{b}$ 为陀螺仪在 b 系下的常值漂移；$\delta\boldsymbol{v}^{n}$ 为 n 系下的速度误差矢量；$\delta\boldsymbol{\omega}_{ie}^{n}$ 为地球自转角速度误差在 n 系下的投影；$\delta\boldsymbol{\omega}_{en}^{n}$ 为 n 系相对 e 系的角速度误差在 n 系下的投影；∇^{b} 为加速度计在 b 系

下的常值零偏；$\delta\boldsymbol{p}$ 为位置误差矢量。

3.1.2 集中式滤波模型

集中式滤波是用一个卡尔曼滤波器集中地处理所有导航信息，理论上能给出误差状态的最优估计。

3.1.2.1 状态方程

系统状态量为 SINS 的 15 维误差向量，即

$$\boldsymbol{X}=[\boldsymbol{\psi} \quad \delta\boldsymbol{v}^n \quad \delta\boldsymbol{p} \quad \boldsymbol{\varepsilon}^b \quad \nabla^b]^{\mathrm{T}} \tag{3.2}$$

将式（3.1）的 SINS 误差方程展开，即可得到误差状态方程为

$$\begin{aligned}\dot{\boldsymbol{X}}(t)&=\boldsymbol{A}(t)\boldsymbol{X}(t)+\boldsymbol{B}(t)\boldsymbol{W}(t)\\ \dot{\boldsymbol{X}}(t)&=\begin{bmatrix}\boldsymbol{A}_{11} & \boldsymbol{A}_{12} & \boldsymbol{A}_{13} & \boldsymbol{C}_b^n & \boldsymbol{0}\\ \boldsymbol{A}_{21} & \boldsymbol{A}_{22} & \boldsymbol{A}_{23} & \boldsymbol{0} & \boldsymbol{C}_b^n\\ \boldsymbol{0} & \boldsymbol{A}_{32} & \boldsymbol{A}_{33} & \boldsymbol{0} & \boldsymbol{0}\\ \boldsymbol{0} & \boldsymbol{0} & \boldsymbol{0} & \boldsymbol{0} & \boldsymbol{0}\\ \boldsymbol{0} & \boldsymbol{0} & \boldsymbol{0} & \boldsymbol{0} & \boldsymbol{0}\end{bmatrix}\boldsymbol{X}(t)+\begin{bmatrix}\boldsymbol{C}_b^n & \boldsymbol{0}\\ \boldsymbol{0} & \boldsymbol{C}_b^n\\ \boldsymbol{0} & \boldsymbol{0}\\ \boldsymbol{0} & \boldsymbol{0}\\ \boldsymbol{0} & \boldsymbol{0}\end{bmatrix}\begin{bmatrix}\boldsymbol{w}_g\\ \boldsymbol{w}_a\end{bmatrix}\end{aligned} \tag{3.3}$$

式中：$\boldsymbol{A}(t)$ 为状态转移矩阵；$\boldsymbol{B}(t)$ 为系统噪声转移矩阵；$\boldsymbol{W}(t)$ 为系统状态噪声；$\boldsymbol{w}_g$ 为陀螺仪随机噪声；$\boldsymbol{w}_a$ 为加速度计随机噪声。

矩阵 $\boldsymbol{A}_{11}$、$\boldsymbol{A}_{12}$、$\boldsymbol{A}_{13}$、$\boldsymbol{A}_{21}$、$\boldsymbol{A}_{22}$、$\boldsymbol{A}_{23}$、$\boldsymbol{A}_{32}$ 以及 $\boldsymbol{A}_{33}$ 的具体形式如式（3.4）~式（3.11）所示：

$$\boldsymbol{A}_{11}=\begin{bmatrix}0 & \omega_{ie}\sin L+\dfrac{V_E\tan L}{R_N+h} & -\left(\omega_{ie}\cos L+\dfrac{V_E}{R_N+h}\right)\\ -\left(\omega_{ie}\sin L+\dfrac{V_E\tan L}{R_N+h}\right) & 0 & -\dfrac{V_N}{R_M+h}\\ \omega_{ie}\cos L+\dfrac{V_E}{R_N+h} & \dfrac{V_N}{R_M+h} & 0\end{bmatrix} \tag{3.4}$$

$$\boldsymbol{A}_{12}=\begin{bmatrix}0 & -\dfrac{1}{R_M+h} & 0\\ \dfrac{1}{R_N+h} & 0 & 0\\ \dfrac{\tan L}{R_N+h} & 0 & 0\end{bmatrix} \tag{3.5}$$

$$\boldsymbol{A}_{13}=\begin{bmatrix} 0 & 0 & \dfrac{V_N}{(R_M+h)^2} \\ -\omega_{ie}\sin L & 0 & -\dfrac{V_E}{(R_N+h)^2} \\ \omega_{ie}\cos L+\dfrac{V_E\sec^2 L}{R_N+h} & 0 & -\dfrac{V_E\tan L}{(R_N+h)^2} \end{bmatrix} \tag{3.6}$$

$$\boldsymbol{A}_{21}=\begin{bmatrix} 0 & -f_U & f_N \\ f_U & 0 & -f_E \\ -f_N & f_E & 0 \end{bmatrix} \tag{3.7}$$

$$\boldsymbol{A}_{22}=\begin{bmatrix} \dfrac{V_N\tan L-V_U}{R_N+h} & 2\omega_{ie}\sin L+\dfrac{V_E\tan L}{R_N+h} & -\left(2\omega_{ie}\cos L+\dfrac{V_E}{R_N+h}\right) \\ -2\left(\omega_{ie}\sin L+\dfrac{V_E\tan L}{R_N+h}\right) & -\dfrac{V_U}{R_M+h} & -\dfrac{V_N}{R_M+h} \\ 2\left(\omega_{ie}\cos L+\dfrac{V_E}{R_N+h}\right) & 2\dfrac{V_N}{R_M+h} & 0 \end{bmatrix} \tag{3.8}$$

$$\boldsymbol{A}_{23}=\begin{bmatrix} 2\omega_{ie}V_N\cos L+\dfrac{V_EV_N\sec^2 L}{R_N+h}+2\omega_{ie}V_U\sin L & 0 & \dfrac{V_EV_U-V_EV_N\tan L}{(R_N+h)^2} \\ -\left(2\omega_{ie}\cos L+\dfrac{V_E\sec^2 L}{R_N+h}\right)V_E & 0 & \dfrac{V_NV_U+V_EV_E\tan L}{(R_N+h)^2} \\ -2\omega_{ie}V_E\sin L & 0 & -\dfrac{V_NV_N+V_EV_E}{(R_N+h)^2} \end{bmatrix} \tag{3.9}$$

$$\boldsymbol{A}_{32}=\begin{bmatrix} 0 & \dfrac{1}{R_M+h} & 0 \\ \dfrac{\sec L}{R_N+h} & 0 & 0 \\ 0 & 0 & 1 \end{bmatrix} \tag{3.10}$$

$$\boldsymbol{A}_{33}=\begin{bmatrix} 0 & 0 & -\dfrac{V_N}{(R_M+h)^2} \\ \dfrac{V_E\sec L\tan L}{R_N+h} & 0 & -\dfrac{V_E\sec L}{(R_N+h)^2} \\ 0 & 0 & 0 \end{bmatrix} \tag{3.11}$$

3.1.2.2　观测方程

DVL 在 n 系下的测量速度$\widetilde{\boldsymbol{v}}^n_{\mathrm{DVL}}$受 SINS 姿态误差影响，可以表示为

$$\tilde{\boldsymbol{v}}_{\mathrm{DVL}}^{n}=(\boldsymbol{I}-\boldsymbol{\psi}\times)\boldsymbol{C}_{b}^{n}(\boldsymbol{I}-\boldsymbol{\eta}\times)\boldsymbol{C}_{m}^{b}(1+\delta k)\boldsymbol{v}_{\mathrm{DVL}}^{m} \tag{3.12}$$

式中：$\boldsymbol{\eta}$ 为 DVL 安装角误差；δk 为 DVL 标度因数误差，$\boldsymbol{v}_{\mathrm{DVL}}^{m}$ 为 DVL 测量的对底速度或者对水速度。

将式（3.12）展开，并忽略二阶小量，可得

$$\begin{aligned}\tilde{\boldsymbol{v}}_{\mathrm{DVL}}^{n}&=\boldsymbol{v}_{\mathrm{DVL}}^{n}+(\boldsymbol{v}_{\mathrm{DVL}}^{n}\times)\boldsymbol{\psi}+\boldsymbol{C}_{b}^{n}(\boldsymbol{v}_{\mathrm{DVL}}^{b}\times)\boldsymbol{\eta}+\boldsymbol{v}_{\mathrm{DVL}}^{n}\delta k\\&=\boldsymbol{v}_{\mathrm{DVL}}^{n}+(\boldsymbol{v}_{\mathrm{DVL}}^{n}\times)\boldsymbol{\psi}+(\boldsymbol{v}_{\mathrm{DVL}}^{n}\times)\boldsymbol{C}_{b}^{n}\boldsymbol{\eta}+\boldsymbol{v}_{\mathrm{DVL}}^{n}\delta k\end{aligned} \tag{3.13}$$

由于 $\boldsymbol{\eta}$ 和 δk 一般可以通过离线标定得出，忽略安装角误差和标度因数的影响，带误差的 DVL 导航系下的速度表示为

$$\tilde{\boldsymbol{v}}_{\mathrm{DVL}}^{n}=\boldsymbol{v}_{\mathrm{DVL}}^{n}+(\boldsymbol{v}_{\mathrm{DVL}}^{n}\times)\boldsymbol{\psi} \tag{3.14}$$

根据式（3.14），SINS 解算的速度 $\tilde{\boldsymbol{v}}_{\mathrm{SINS}}^{n}$ 与 DVL 在 n 系下的速度之差表示为

$$\tilde{\boldsymbol{v}}_{\mathrm{SINS}}^{n}-\tilde{\boldsymbol{v}}_{\mathrm{DVL}}^{n}=\boldsymbol{v}_{\mathrm{SINS}}^{n}+\delta\boldsymbol{v}^{n}-(\boldsymbol{v}_{\mathrm{DVL}}^{n}+\boldsymbol{v}_{\mathrm{DVL}}^{n}\times\boldsymbol{\psi}) \tag{3.15}$$

本节仅考虑 DVL 输出的速度为对底速度，可以得到：

$$\boldsymbol{v}_{\mathrm{SINS}}^{n}=\boldsymbol{v}_{\mathrm{DVL}}^{n} \tag{3.16}$$

将式（3.16）代入式（3.15）中，得到：

$$\tilde{\boldsymbol{v}}_{\mathrm{SINS}}^{n}-\tilde{\boldsymbol{v}}_{\mathrm{DVL}}^{n}=\delta\boldsymbol{v}^{n}-(\boldsymbol{v}_{\mathrm{DVL}}^{n}\times)\boldsymbol{\psi} \tag{3.17}$$

不考虑 USBL 的水平位置测量误差，SINS 解算的纬度 $\tilde{L}_{\mathrm{SINS}}$ 与 USBL 的纬度 L_{USBL} 之差表示为

$$\tilde{L}_{\mathrm{SINS}}-L_{\mathrm{USBL}}=L_{\mathrm{SINS}}+\delta L-L_{\mathrm{USBL}}=\delta L \tag{3.18}$$

式中：δL 为 SINS 的纬度误差。

SINS 解算的经度 $\tilde{\lambda}_{\mathrm{SINS}}$ 与 USBL 测量的经度 $\boldsymbol{\lambda}_{\mathrm{USBL}}$ 之差表示为

$$\tilde{\boldsymbol{\lambda}}_{\mathrm{SINS}}-\boldsymbol{\lambda}_{\mathrm{USBL}}=\boldsymbol{\lambda}_{\mathrm{SINS}}+\delta\boldsymbol{\lambda}-\boldsymbol{\lambda}_{\mathrm{USBL}}=\delta\boldsymbol{\lambda} \tag{3.19}$$

式中：$\delta\lambda$ 为 SINS 的经度误差。

不考虑 DG 的深度测量误差，SINS 解算的深度信息 $\tilde{h}_{\mathrm{SINS}}$ 与 DG 的深度 h_{DG} 之差表示为

$$\tilde{h}_{\mathrm{SINS}}-h_{\mathrm{DG}}=h_{\mathrm{SINS}}+\delta h-h_{\mathrm{DG}}=\delta h \tag{3.20}$$

式中：δh 为 SINS 的深度误差。

集中式滤波将 SINS 解算的速度与 DVL 在 n 系下的速度之差、SINS 解算的水平位置与 USBL 测量的水平位置之差以及 SINS 解算的深度与 DG 测量的深度之差合并成一个大的矢量，作为卡尔曼滤波器的观测量。观测量为六维的矢量，结合式（3.17）~式（3.20），系统的观测方程可以表示为

$$\boldsymbol{Z}(t)=\begin{bmatrix}\tilde{\boldsymbol{v}}_{\mathrm{SINS}}^{n}-\tilde{\boldsymbol{v}}_{\mathrm{DVL}}^{n}\\\tilde{L}_{\mathrm{SINS}}-L_{\mathrm{USBL}}\\\tilde{\boldsymbol{\lambda}}_{\mathrm{SINS}}-\boldsymbol{\lambda}_{\mathrm{USBL}}\\\tilde{h}_{\mathrm{SINS}}-h_{\mathrm{DG}}\end{bmatrix}=\boldsymbol{H}(t)\boldsymbol{X}(t)+\boldsymbol{V}(t) \tag{3.21}$$

式中：$\boldsymbol{Z}(t)$为观测量；$\boldsymbol{H}(t)$为观测矩阵；$\boldsymbol{V}(t)$为高斯白噪声。

观测矩阵可以表示为

$$\boldsymbol{H}(t)=\begin{bmatrix} -(\boldsymbol{v}_{\mathrm{DVL}}^{n}\times) & \boldsymbol{I}_{3\times3} & \boldsymbol{0} & \boldsymbol{0} & \boldsymbol{0} \\ \boldsymbol{0} & \boldsymbol{0} & \boldsymbol{I}_{3\times3} & \boldsymbol{0} & \boldsymbol{0} \end{bmatrix} \tag{3.22}$$

其中，$\boldsymbol{v}_{\mathrm{DVL}}^{n}\times$为$\boldsymbol{v}_{\mathrm{DVL}}^{n}$的反对称矩阵；$\boldsymbol{I}_{3\times3}$为单位阵。

3.1.3　集中式滤波方法试验验证

集中式滤波方法试验验证采用2018年11月的南海某海域试验，试验具体情况见附录A。由于水下传感器实际数据的输出频率不一致，本书将DVL、USBL以及DG的数据插值到同一频率进行数据处理。本书选取载体匀速直航路段进行动基座对准，粗对准时间为1200s，精对准时间为3600s，对准过程如图3.1所示。其中，图3.1（a）为粗对准过程，图3.1（b）为精对准过程，精对准完成后才能得到精确的姿态角。

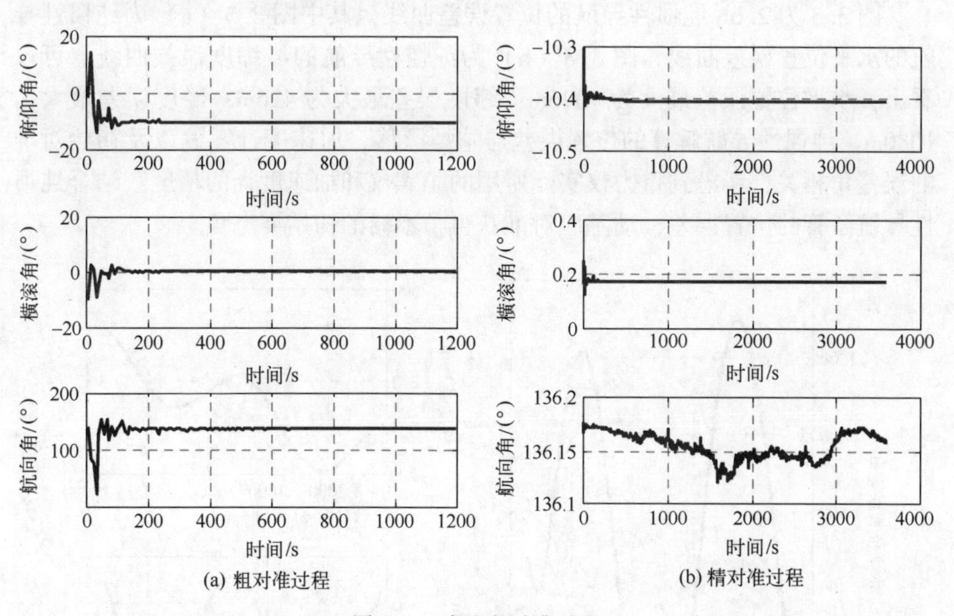

图3.1　动基座对准过程

为了验证动基座对准的精度，使用动基座精对准的结果进行了2.6h的纯惯性导航解算。以USBL的轨迹为基准，图3.2为纯惯性导航轨迹与USBL轨迹的对比图，其中蓝色曲线为纯惯性导航轨迹图，红色曲线为USBL轨迹图，图中的经纬度为相对值。将二者同一时刻的经纬度作差，即可求得纯惯性导航的水平位置误差曲线。

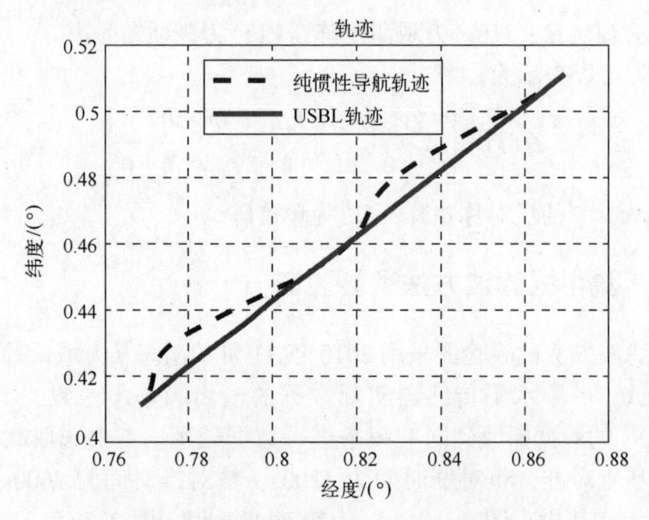

图 3.2　纯惯性导航轨迹与 USBL 轨迹的对比图

图 3.3 为 2.6h 纯惯性导航的位置误差曲线，其中图 3.3（a）为纯惯性导航的水平位置误差曲线，图 3.3（b）为纯惯性导航的经纬度误差曲线。可以看出，水平位置误差最大为 1096m；纬度误差最大为 426m；经度误差最大为 1080m。纯惯性导航解算的位置误差与陀螺漂移、加速度计零偏以及初始对准的误差角相关，考虑到重力仪实际所用的陀螺仪和加速度计的精度，结合纯惯性导航解算的位置误差，动基座对准获得了不错的初始姿态角。

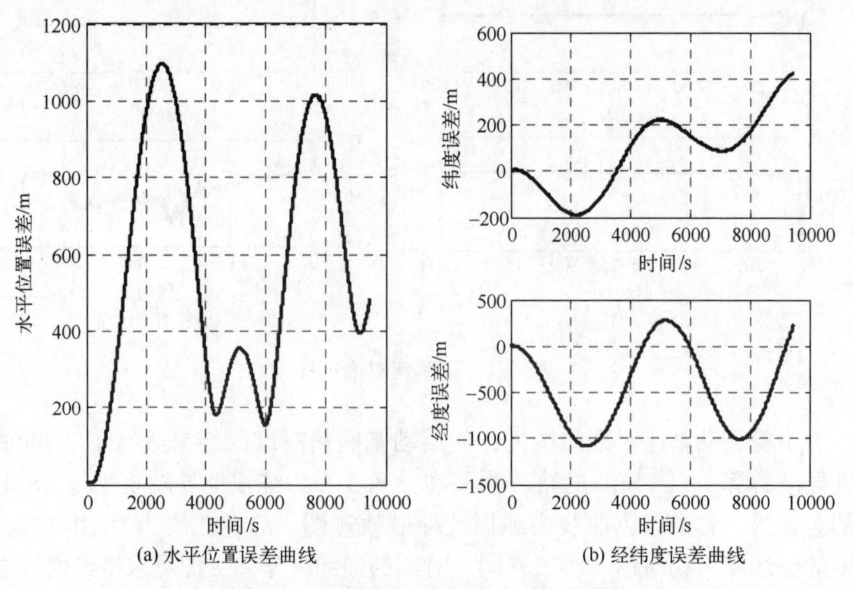

(a) 水平位置误差曲线　(b) 经纬度误差曲线

图 3.3　2.6h 纯惯性导航的位置误差曲线

通过集中式卡尔曼滤波获得了精确的姿态、速度和位置信息。组合后的姿态角如图 3.4 和图 3.5 所示。

图 3.4 显示了测线 ML1 的两条重复线（ML1-1 和 ML1-2）的姿态角，其中，图 3.4（a）为测线 ML1-1 的姿态角，图 3.4（b）为测线 ML1-2 的姿态角，绿色曲线为航向角变化曲线，红色曲线为俯仰角变化曲线，蓝色曲线为横滚角变化曲线。为了便于比较，测线 ML1-1 和测线 ML1-2 的航向角均被减去了一个常值。

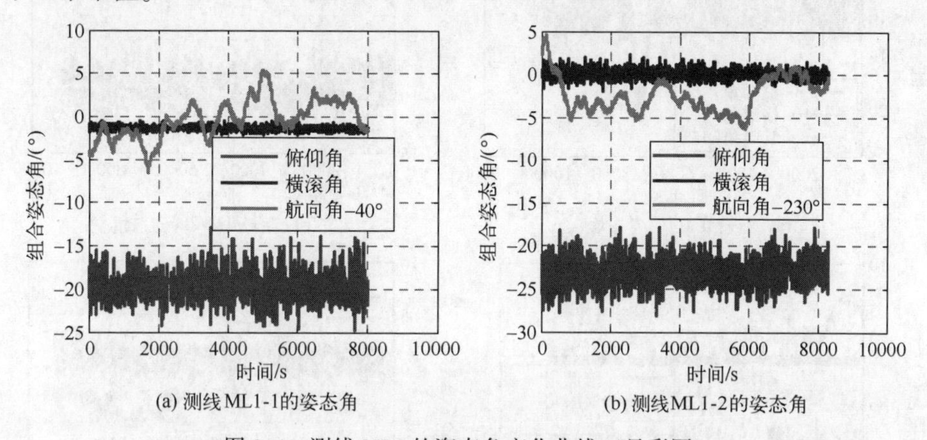

图 3.4　测线 ML1 的姿态角变化曲线（见彩图）

图 3.5 为测线 ML2 的 4 条重复线（ML2-1、ML2-2、ML2-3 和 ML2-4）的姿态角变化曲线，其中，图 3.5（a）为测线 ML2-1 的姿态角，图 3.5（b）为测线 ML2-2 的姿态角，图 3.5（c）为测线 ML2-3 的姿态角，图 3.5（d）为测线 ML2-4 的姿态角。测线 ML2 的航向角数值也都被减去了一个常数，以方便与其他姿态角进行对比。

从图 3.6 测线 ML1 和测线 ML2 的姿态角标准差可以看出，俯仰角和航向角的标准差比横滚角大，说明重力仪在测量过程中俯仰角和航向角的变化更大，这是因为拖体在水下航行时前端被线缆不断拉扯，在水平轴上产生了更多的角运动。

图 3.7 和图 3.8 为测线的天向比力曲线。其中，图 3.7（a）为测线 ML1 两条重复线的原始天向比力，图 3.7（b）为测线 ML1 经过 300s FIR 低通滤波后的天向比力；图 3.8（a）为测线 ML2 四条重复线的原始天向比力，图 3.8（b）为测线 ML2 经过 300s FIR 低通滤波后的天向比力。受加速度计的特性影响，原始天向比力中包含了大量高频噪声，需对其进行低通滤波才能得到有效的天向比力。

图 3.9 为测线 ML1 和测线 ML2 的深度变化曲线。当重力仪在测线 ML2-1 上进行测量时，由于母船上的换能器无法正常接收水下信标的信号，项目组不

得不收放缆以方便母船更好地接收信标信号，这样就导致了测线 ML2-1 的深度变化异常剧烈。由表 3.1 看出，测线 ML2-1 的深度标准差远大于其他测线的深度标准差。

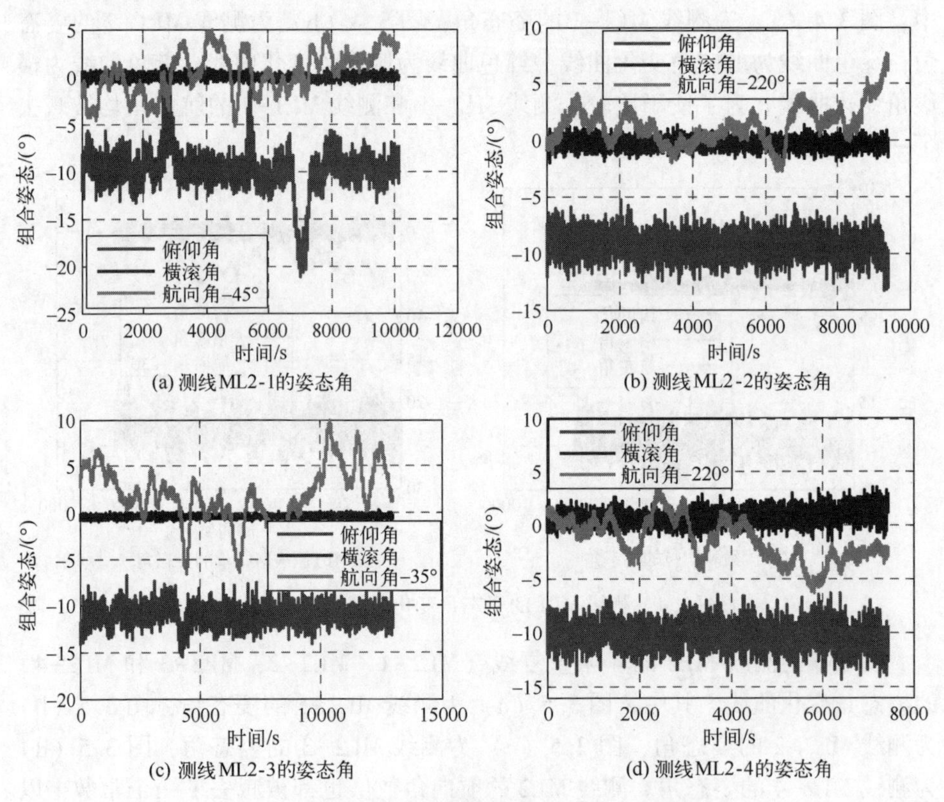

(a) 测线ML2-1的姿态角 (b) 测线ML2-2的姿态角
(c) 测线ML2-3的姿态角 (d) 测线ML2-4的姿态角

图 3.5 测线 ML2 的姿态角变化曲线（见彩图）

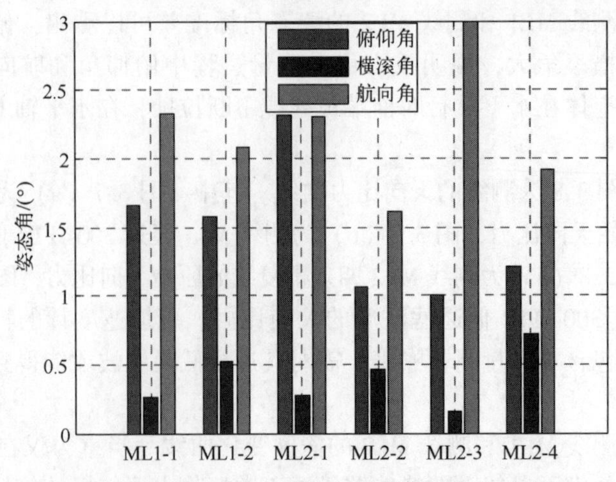

图 3.6 测线 ML1 和测线 ML2 的姿态角标准差

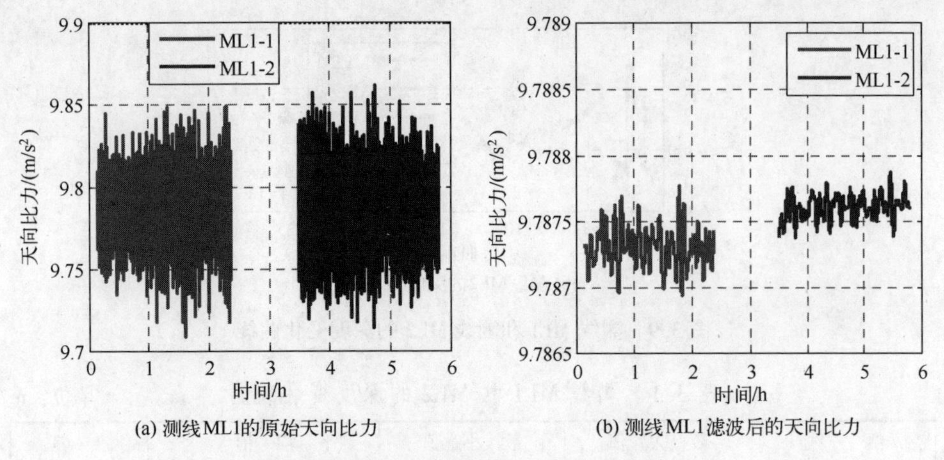

(a) 测线ML1的原始天向比力　　(b) 测线ML1滤波后的天向比力

图 3.7　测线 ML1 的天向比力曲线（见彩图）

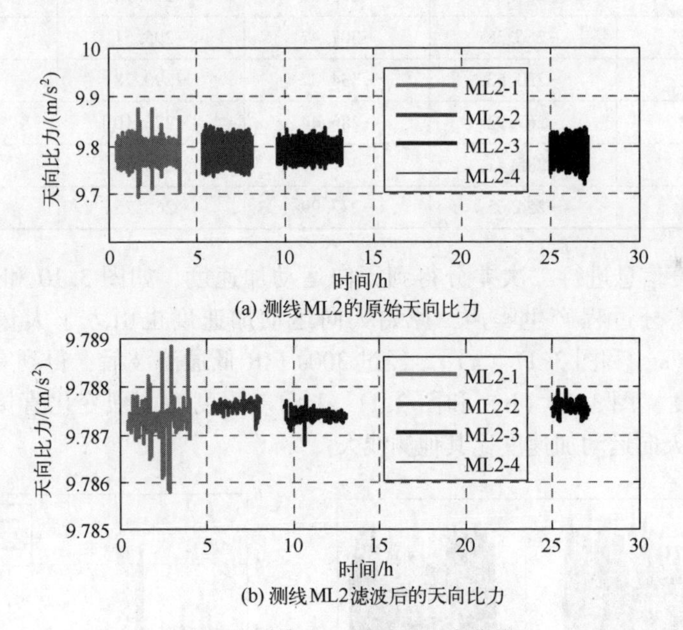

(a) 测线ML2的原始天向比力

(b) 测线ML2滤波后的天向比力

图 3.8　测线 ML2 的天向比力曲线

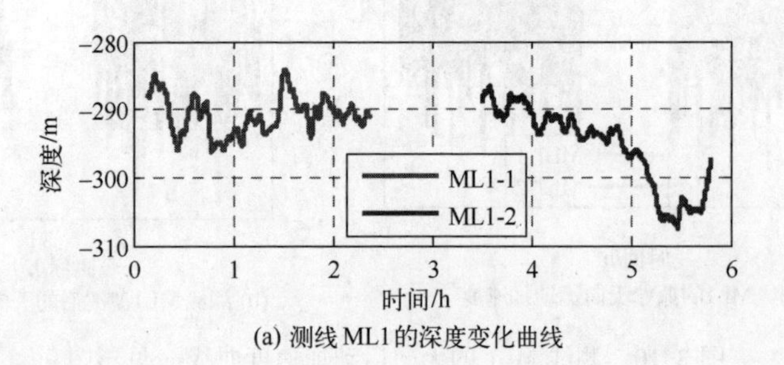

(a) 测线ML1的深度变化曲线

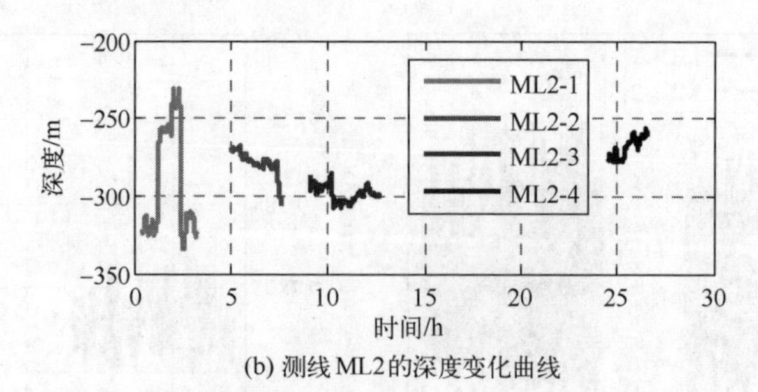

(b) 测线ML2的深度变化曲线

图 3.9 测线 ML1 和测线 ML2 的深度变化曲线

表 3.1 测线 ML1 和 ML2 的深度变化统计 单位：m

测线	最大值	最小值	平均值	标准差
ML1-1	−284.05	−296.37	−290.93	2.80
ML1-2	−286.58	−307.42	−295.51	5.87
ML2-1	−230.53	−334.37	−290.78	34.76
ML2-2	−267.93	−286.44	−276.10	4.40
ML2-3	−285.41	−307.89	−298.44	5.28
ML2-4	−256.65	−277.99	−268.25	6.54

对深度信息进行二次差分得到天向运动加速度，如图 3.10 和图 3.11 所示。由于差分过程产生噪声，原始天向运动加速度也引入了大量高频噪声［图 3.10（a）和图 3.11（a）］。经过 300s FIR 低通滤波后，得到有效的天向运动加速度［图 3.10（b）和图 3.11（b）］。深度的剧烈变化直接导致测线 ML2-1 的天向运动加速度比其他测线大。

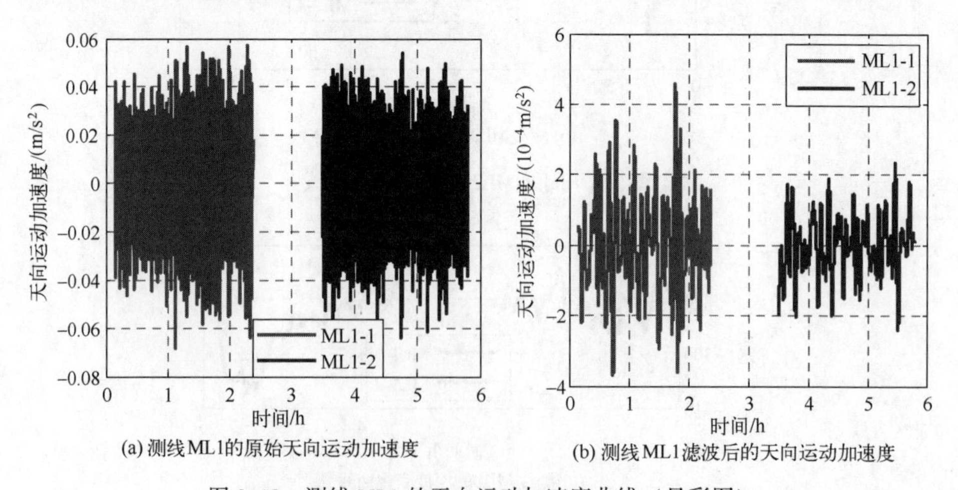

(a) 测线ML1的原始天向运动加速度 (b) 测线ML1滤波后的天向运动加速度

图 3.10 测线 ML1 的天向运动加速度曲线（见彩图）

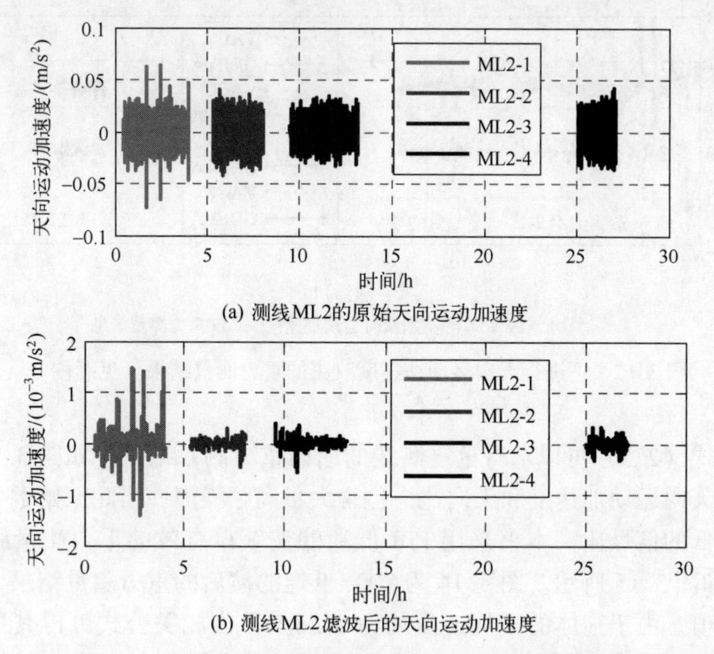

图 3.11　测线 ML2 的天向运动加速度曲线（见彩图）

为了进一步验证天向运动加速度在解算水下重力测量结果的重要性，计算了不加天向运动加速度改正的重力测量结果（300s FIR 低通滤波），如图 3.12 所示。其中，点线“VACC”表示天向运动加速度；实线“GDEVA”表示不进行天向运动加速度改正的重力测量结果。由该图可知，天向运动加速度和不进行天向运动加速度改正的重力测量结果具有高度一致性。与船载重力测量不同，水下重力测量不进行天向运动加速度改正无法获得有效的重力测量结果。

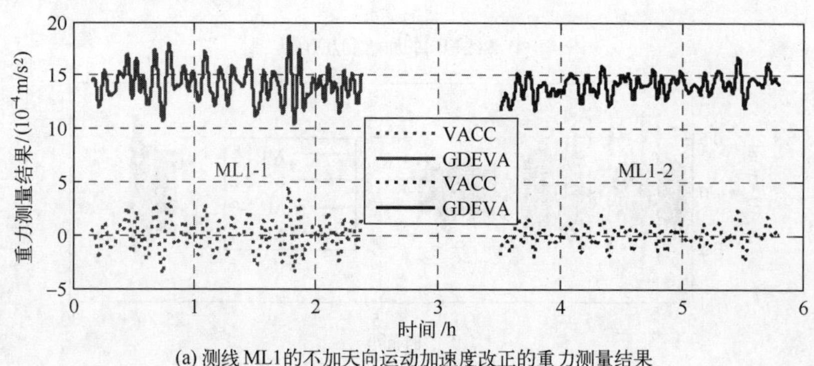

(a) 测线 ML1 的不加天向运动加速度改正的重力测量结果

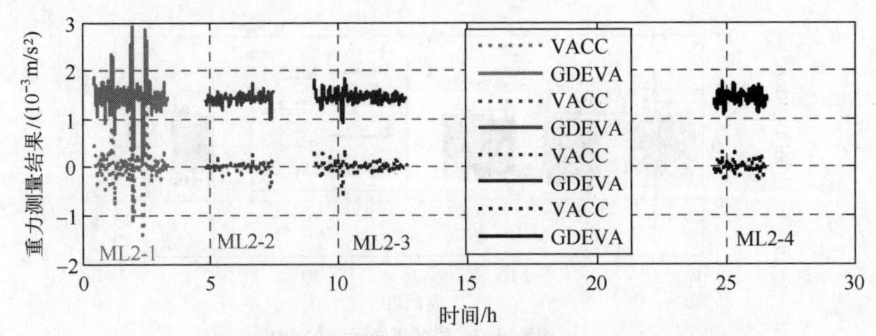

(b) 测线ML2的不加天向运动加速度改正的重力测量结果

图 3.12　不进行天向运动加速度改正的重力测量结果（见彩图）

根据式（2.5）可以求得重复测线的原始重力测量结果，如图 3.13 所示。由于原始天向运动加速度和天向比力包含大量高频噪声，因此原始重力测量结果具有很低的信噪比。本书采用 FIR 低通滤波获得有效的重力测量结果，如图 3.14 和图 3.15 所示。图 3.14 为 200s 低通滤波后的重力测量结果，其中经度为相对值。由于拖体的平均速度约为 1.5m/s，由相关公式可得其半波长分辨率约为 150m。200s FIR 低通滤波后集中式卡尔曼滤波的重力测量精度统计结果如表 3.2 所列，根据式（2.27），重复测线 ML1 和 ML2 的内符合精度分别为 1.00mGal 和 0.87mGal。

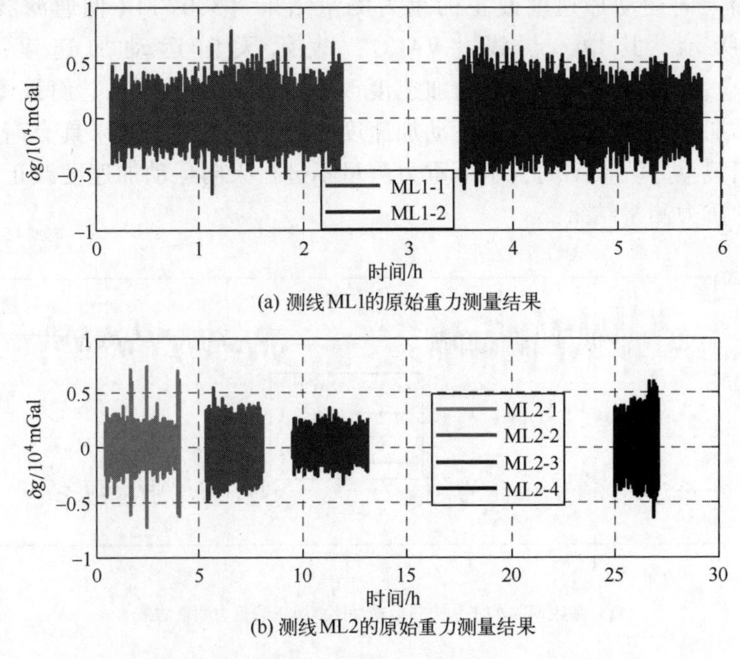

(a) 测线ML1的原始重力测量结果

(b) 测线ML2的原始重力测量结果

图 3.13　重复测线的原始重力测量结果（见彩图）

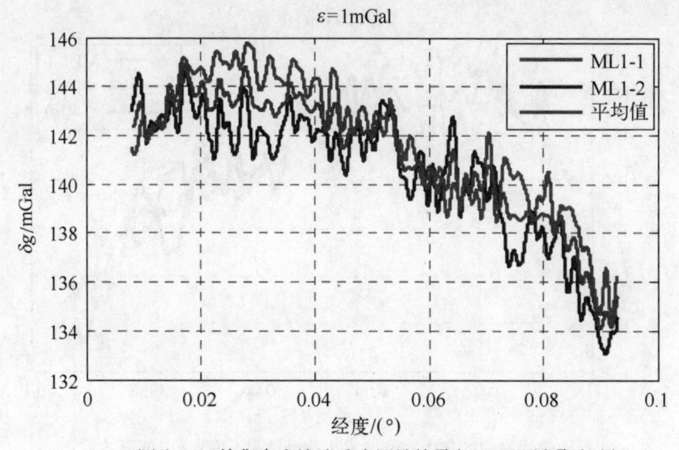

(a) 测线ML1的集中式滤波重力测量结果(200s FIR低通滤波)

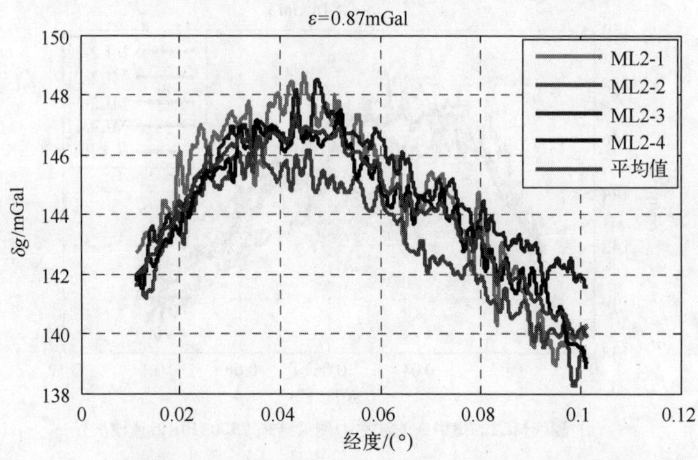

(b) 测线ML2的集中式滤波重力测量结果(200s FIR低通滤波)

图3.14　重复测线的集中式滤波重力测量结果（200s FIR低通滤波）（见彩图）

表3.2　集中式滤波的重力测量精度统计结果（200s FIR滤波）

单位：mGal

测　线	最大值	最小值	平均值	ε_j	ε
ML1	2.23	−1.48	0.61	1.00	1.00
	1.48	−2.23	−0.61	1.0	
	1.86	−1.57	0.38	0.830	
ML2	0.48	−2.08	−1.02	1.13	0.87
	2.35	−0.44	0.72	0.94	
	1.09	−1.22	−0.08	0.41	

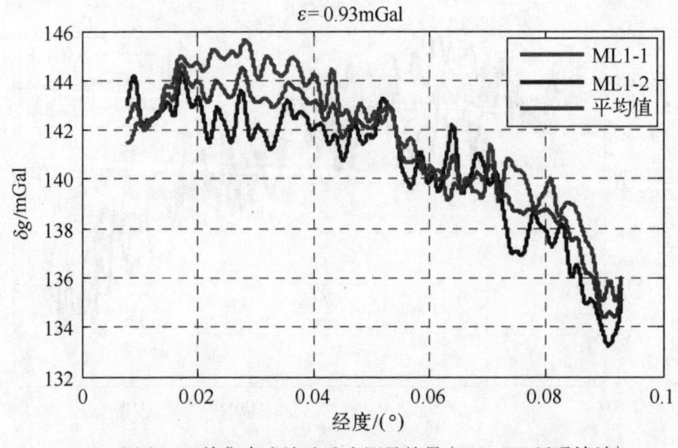

(a) 测线ML1的集中式滤波重力测量结果（300s FIR低通滤波）

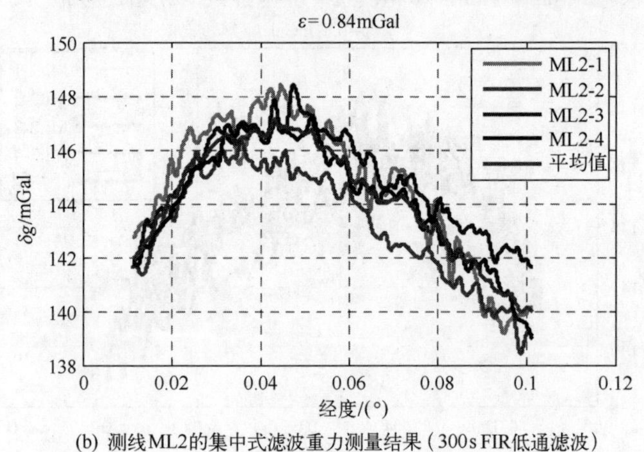

(b) 测线ML2的集中式滤波重力测量结果（300s FIR低通滤波）

图 3.15 重复测线的集中式滤波重力测量结果（300s FIR 低通滤波）（见彩图）

图 3.15 为 300s FIR 低通滤波后的重力测量结果，由相关公式可得其半波长分辨率约为 230m。300s FIR 低通滤波后集中式滤波的重力测量精度统计结果如表 3.3 所列，重复测线 ML1 和 ML2 的内符合精度分别为 0.93mGal 和 0.84mGal。

表 3.3 集中式滤波的重力测量精度统计结果（300s FIR 低通滤波）

单位：mGal

测线	最大值	最小值	平均值	ε_j	ε
ML1	1.86	−1.34	0.61	0.93	0.93
	1.34	−1.86	−0.61	0.93	
	1.59	−1.38	0.38	0.78	

续表

测　线	最大值	最小值	平均值	ε_j	ε
ML2	0.22	-1.87	-1.02	1.11	0.84
	2.16	-0.36	0.72	0.93	
	0.76	-0.97	-0.08	0.35	

为了进一步验证水下重力测量结果的准确性，本书对比了 300s FIR 低通滤波后的水下重力测量结果和船载重力测量结果，如图 3.16 和图 3.17 所示。其中，红线“GDUG”表示水下重力测量结果，其重力值被减去了一个常值以便进行比较；蓝线“GDMG”表示船载重力测量结果，经度为相对值。所用的船载重力仪经过了基点校正，内符合精度优于 1mGal，其具体介绍详见文献［57］。

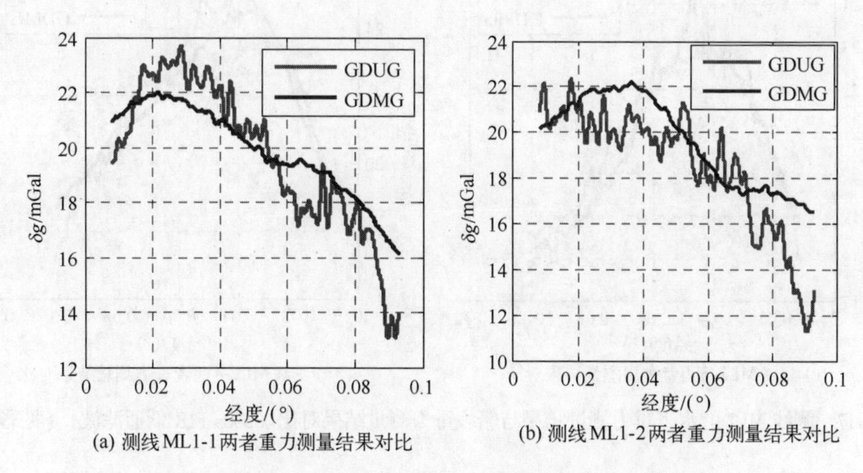

(a) 测线 ML1-1 两者重力测量结果对比　(b) 测线 ML1-2 两者重力测量结果对比

图 3.16　测线 ML1 的水下重力测量结果与船载重力测量结果对比（300s FIR 低通滤波）（见彩图）

从比较结果可以看出，水下重力测量结果与船载重力测量结果具有很好的一致性。水下重力仪由于更接近海底，其数据结果的幅值要略大于船载重力测量结果，也能反映海底重力信息的更多细节；由于船载重力仪安装在母船上，且没有大的垂向运动，因此船载重力测量结果曲线要比水下重力测量结果曲线更平滑。无论是内符合精度评估，还是与船载重力测量结果进行比较，试验结果均表明水下重力测量系统具有资源勘探和深海油气探测的潜力，间接证明了水下重力测量方法的可行性。

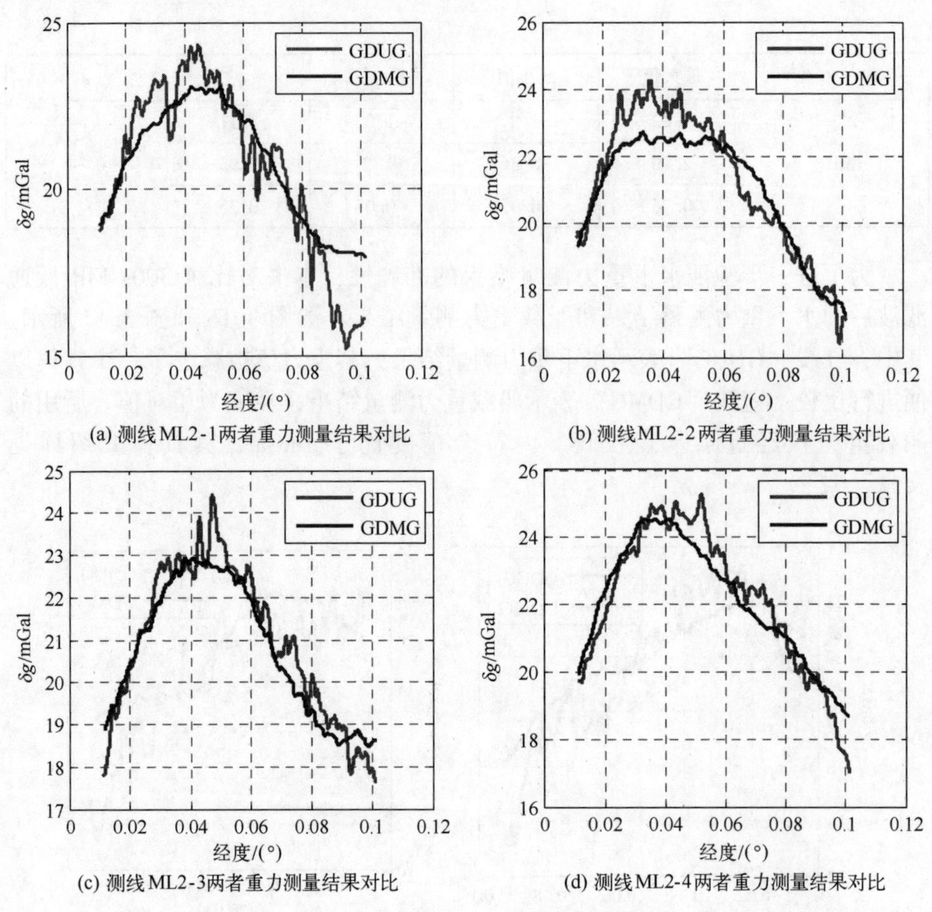

图 3.17 测线 ML2 的水下重力测量结果与船载重力测量结果对比（300s FIR 低通滤波）（见彩图）

3.2 基于联邦卡尔曼滤波的重力测量方法

3.2.1 联邦卡尔曼滤波器

与集中式滤波相比，联邦卡尔曼滤波具有设计灵活、计算简单以及容错性好的优点。联邦卡尔曼滤波器采用两步级联以及分块滤波估计的数据融合技术，由一个主滤波器和若干子滤波器构成。子滤波器并行工作，获得各自的局部估计；主滤波器对这些局部估计进行数据融合，从而获得全局最优估计[56,58-59]。

假设有 N 个子滤波器，状态空间模型如下：

$$\begin{cases} \boldsymbol{X}_i(k)=\boldsymbol{\Phi}_i(k,k-1)\boldsymbol{X}_i(k-1)+\boldsymbol{\Gamma}_i(k,k-1)\boldsymbol{W}_i(k-1) \\ \boldsymbol{Z}_i(k)=\boldsymbol{H}_i(k)\boldsymbol{X}_i(k)+\boldsymbol{V}_i(k) \end{cases} \tag{3.23}$$

其中

$$\begin{cases} E[\boldsymbol{W}_i(k)]=0, \quad E[\boldsymbol{W}_i(k)\boldsymbol{W}_i^{\mathrm{T}}(j)]=\boldsymbol{Q}_i(k)\delta_{kj} \\ E[\boldsymbol{V}_i(k)]=0, \quad E[\boldsymbol{V}_i(k)\boldsymbol{V}_i^{\mathrm{T}}(j)]=\boldsymbol{R}_i(k)\delta_{kj} \\ E[\boldsymbol{W}_i(k)\boldsymbol{V}_i^{\mathrm{T}}(j)]=0 \end{cases} \tag{3.24}$$

$$\delta_{kj}=\begin{cases} 1, & k=j \\ 0, & k\neq j \end{cases}$$

式中：$\boldsymbol{X}_i(k)$为第i个子滤波器的状态变量；$\boldsymbol{\Phi}_i(k,k-1)$为第$i$个子滤波器的$t_{k-1}$时刻到$t_k$时刻的一步状态转移阵；$\boldsymbol{\Gamma}_i(k,k-1)$为子滤波器$i$的系统噪声状态转移矩阵；$\boldsymbol{Z}_i(k)$为子滤波器$i$的观测量；$\boldsymbol{H}_i(k)$为第$i$个子滤波器的量测阵；$\boldsymbol{W}_i(k-1)$为子滤波器$i$的系统状态噪声序列；$\boldsymbol{V}_i(k)$为子滤波器$i$的量测噪声序列；$\boldsymbol{Q}_i(k)$为第$i$个子滤波器的状态噪声序列的方差阵；$\boldsymbol{R}_i(k)$为第$i$个子滤波器的量测噪声序列的方差阵；$\delta_{kj}$为单位冲激函数。

联邦卡尔曼滤波包括四个工作过程：信息的分配过程、信息的时间更新过程、信息的量测更新过程以及信息的融合过程。

1. 信息的分配过程

已知起始时刻全局状态初始值$\boldsymbol{X}_0$、均方误差阵$\boldsymbol{P}_0$和系统噪声协方差阵$\boldsymbol{Q}_0$，$\hat{\boldsymbol{X}}_i$、$\boldsymbol{P}_i$、$\boldsymbol{Q}_i$分别为子滤波器i的状态估计、均方误差阵和子系统噪声协方差阵，$\hat{\boldsymbol{X}}_m$、$\boldsymbol{P}_m$、$\boldsymbol{Q}_m$为主滤波器的状态估计、均方误差阵和系统噪声协方差阵。信息按照以下分配原则进行分配：

$$\begin{cases} \boldsymbol{Q}_0^{-1}=\boldsymbol{Q}_1^{-1}+\boldsymbol{Q}_2^{-1}+\cdots+\boldsymbol{Q}_N^{-1}+\boldsymbol{Q}_m^{-1}, \boldsymbol{Q}_i^{-1}=\beta_i\boldsymbol{Q}_0^{-1} \\ \boldsymbol{P}_0^{-1}=\boldsymbol{P}_1^{-1}+\boldsymbol{P}_2^{-1}+\cdots+\boldsymbol{P}_N^{-1}+\boldsymbol{P}_m^{-1}, \boldsymbol{P}_i^{-1}=\beta_i\boldsymbol{P}_0^{-1} \end{cases} \tag{3.25}$$

式中：β_i为信息分配系数，需满足信息守恒原则，即

$$\begin{cases} \beta_i > 0 \\ \sum_i \beta_i = 1 \quad (i=1,2,\cdots,N,m) \end{cases} \tag{3.26}$$

2. 信息的时间更新过程

$$\hat{\boldsymbol{X}}_i(k+1/k)=\boldsymbol{\Phi}_i(k+1,k)\hat{\boldsymbol{X}}_i(k) \quad (i=1,2,\cdots,N,m)$$
$$\boldsymbol{P}_i(k+1/k)=\boldsymbol{\Phi}_i(k+1,k)\boldsymbol{P}_i(k/k)\boldsymbol{\Phi}_i^{\mathrm{T}}(k+1,k)+\boldsymbol{\Gamma}_i(k+1,k)\boldsymbol{Q}_i(k)\boldsymbol{\Gamma}_i^{\mathrm{T}}(k+1,k) \tag{3.27}$$

3. 信息的量测更新过程

$$\begin{aligned}
&\boldsymbol{K}_i(k+1)=\boldsymbol{P}_i(k+1/k)\boldsymbol{H}_i^{\mathrm{T}}(k+1)[\boldsymbol{H}_i((k+1)\boldsymbol{P}_i(k+1/k)\boldsymbol{H}_i^{\mathrm{T}}(k+1)+\hat{\boldsymbol{R}}_i(k)]^{-1}\\
&\hat{\boldsymbol{X}}_i(k+1/k+1)=\hat{\boldsymbol{X}}_i(k+1/k)+\boldsymbol{K}_i(k+1)[\boldsymbol{Z}_i(k+1)-\boldsymbol{H}_i(k+1)\hat{\boldsymbol{X}}_i(k+1/k)]\\
&\boldsymbol{P}_i(k+1/k+1)=[\boldsymbol{I}-\boldsymbol{K}_i(k+1)\boldsymbol{H}_i(k+1)]\boldsymbol{P}_i(k+1/k)
\end{aligned} \tag{3.28}$$

4. 信息的融合过程

$$\begin{aligned}
&\hat{\boldsymbol{X}}(k+1)=\boldsymbol{P}\sum_{i=1}^{N,m}\boldsymbol{P}_i^{-1}\hat{\boldsymbol{X}}_i=\boldsymbol{P}\boldsymbol{P}_1^{-1}\hat{\boldsymbol{X}}_1+\boldsymbol{P}\boldsymbol{P}_2^{-1}\hat{\boldsymbol{X}}_2+\cdots+\boldsymbol{P}\boldsymbol{P}_N^{-1}\hat{\boldsymbol{X}}_N+\boldsymbol{P}\boldsymbol{P}_m^{-1}\hat{\boldsymbol{X}}_m\\
&\boldsymbol{P}(k+1)=\left(\sum_{i=1}^{N,m}\boldsymbol{P}_i^{-1}\right)^{-1}=(\boldsymbol{P}_1^{-1}+\boldsymbol{P}_2^{-1}+\cdots+\boldsymbol{P}_N^{-1}+\boldsymbol{P}_m^{-1})
\end{aligned} \tag{3.29}$$

式中：$\hat{\boldsymbol{X}}(k+1)$为全局最优的状态估计值；$\boldsymbol{P}(k+1)$为全局估计的误差协方差阵。

联邦卡尔曼滤波器根据信息分配系数取值的不同有多种结构形式，需要根据计算精度、计算性能以及容错性等实际需求，综合考虑选取合适的分配因子。常用的几种结构如下。

1. $\boldsymbol{\beta}_m=1,\boldsymbol{\beta}_i=0$

在这类结构中，主滤波器分配全部的信息，子滤波器的状态方程无信息。子滤波器不需要使用状态方程只需用量测方程进行最小二乘估计，其协方差变为无穷大，因此不需要时间更新计算，提高了计算效率。

2. $\boldsymbol{\beta}_m=\boldsymbol{\beta}_i=1/(N+1)$

主滤波器与子滤波器的信息是平均分配的，这类结构的主滤波器信息融合精度高，子滤波器因为有主滤波器的反馈校正，滤波精度也较高。但是，由于单个子滤波器的故障可通过主滤波器的反馈影响到其他良好的子滤波器，因此这类结构的联邦滤波器容错性有所下降。

3. $\boldsymbol{\beta}_m=0,\boldsymbol{\beta}_i=1/N$

这类结构的主滤波器没有信息分配，因此不需要主滤波器进行时间更新和量测更新，只需进行信息融合即可得到全局最优估计。如果主滤波器的信息反馈校正到各个子滤波器中，就会存在容错性差的问题。

3.2.2 基于 SINS/DVL/USBL/DG 的联邦卡尔曼滤波模型

在水下动态重力测量系统中，选用 SINS 作为主导航系统，SINS 与 DVL 组合构成 SINS/DVL 子滤波器，SINS 与 USBL 组合构成 SINS/USBL 子滤波器，

SINS 与 DG 组合构成 SINS/DG 子滤波器。三个子滤波器的信息在主滤波器中进行数据融合，得到最优的误差估计，相应的联邦卡尔曼滤波器结构框图如图 3.18 所示。其中，主滤波器不进行信息分配，三个子滤波器根据滤波器的权重按照式（3.30）选择分配因子。

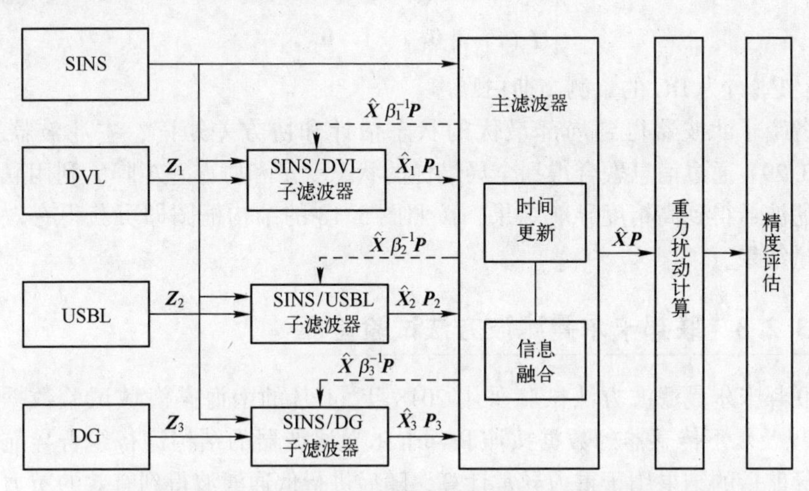

图 3.18　基于 SINS/DVL/USBL/DG 的联邦卡尔曼滤波器结构框图

$$\sum_{i=1}^{3}\beta_i = 1 \quad (i=1,2,3) \tag{3.30}$$

三个子滤波器均选取 SINS 的 15 维误差向量作为状态变量，如式（3.2）所示，误差状态方程如式（3.3）所示。

SINS/DVL 子滤波器的量测信息选取 SINS 解算的速度与 DVL 投影到 n 系下的速度之差，量测方程如下：

$$\begin{cases}\boldsymbol{Z}_1(t)=\boldsymbol{H}_1(t)\boldsymbol{X}(t)+\boldsymbol{V}_1(t)\\ \boldsymbol{Z}_1(t)=\tilde{\boldsymbol{v}}_{\mathrm{SINS}}^n-\tilde{\boldsymbol{v}}_{\mathrm{DVL}}^n\\ \boldsymbol{H}_1(t)=[-(\boldsymbol{v}_{\mathrm{DVL}}^n\times)\quad \boldsymbol{I}_{3\times3}\quad \boldsymbol{0}_{3\times9}]\end{cases} \tag{3.31}$$

式中：$\boldsymbol{V}_1(t)$ 为 DVL 的量测高斯白噪声。

SINS/USBL 子滤波器的量测信息选取 SINS 解算的经纬度与 USBL 测量的经纬度之差，量测方程如式（3.32）所示。

$$\begin{cases}\boldsymbol{Z}_2(t)=\boldsymbol{H}_2(t)\boldsymbol{X}(t)+\boldsymbol{V}_2(t)\\ \boldsymbol{Z}_2(t)=\begin{bmatrix}\tilde{L}_{\mathrm{SINS}}-L_{\mathrm{USBL}}\\ \tilde{\lambda}_{\mathrm{SINS}}-\lambda_{\mathrm{USBL}}\end{bmatrix}\\ \boldsymbol{H}_2(t)=[\boldsymbol{0}_{2\times6}\quad \boldsymbol{I}_{2\times2}\quad \boldsymbol{0}_{2\times7}]\end{cases} \tag{3.32}$$

式中：$\boldsymbol{V}_2(t)$ 为 USBL 的量测高斯白噪声。

SINS/DG 子滤波器的量测信息选取 SINS 解算的深度与 DG 测量的深度之差，量测方程如下：

$$\begin{cases}\boldsymbol{Z}_3(t)=\boldsymbol{H}_3(t)\boldsymbol{X}(t)+\boldsymbol{V}_3(t)\\ \boldsymbol{Z}_3(t)=\widetilde{h}_{\mathrm{SINS}}-h_{\mathrm{DG}}\\ \boldsymbol{H}_3(t)=[\boldsymbol{0}_{1\times8}\quad 1\quad \boldsymbol{0}_{1\times6}]\end{cases}\tag{3.33}$$

式中：$\boldsymbol{V}_3(t)$为 DG 的量测高斯白噪声。

各个子滤波器得到局部最优的状态估计和协方差矩阵，主滤波器按照式（3.29）通过信息融合得到全局最优的状态变量和协方差矩阵。利用联邦卡尔曼滤波器得到高精度导航结果，按照图 3.18 的结构框图即可获得有效的重力测量结果。

3.2.3 联邦卡尔曼滤波方法试验验证

联邦卡尔曼滤波方法试验采用 2018 年 11 月的南海某海域试验数据，将 SINS 以及水下传感器的数据按照联邦卡尔曼滤波器的结构进行组合导航。将组合导航后的结果用于重力异常计算，随后进行低通滤波得到有效的重力测量结果，重力测量结果按照重复测线内符合精度评估公式进行数据评估。200s FIR 低通滤波后的重复测线的联邦卡尔曼滤波重力测量结果如图 3.19 所示。

200s FIR 低通滤波后的联邦卡尔曼滤波的重力测量精度统计结果如表 3.4 所列，测线 ML1 的内符合精度为 1.03mGal，测线 ML2 的内符合精度为 0.88mGal。使用联邦卡尔曼滤波进行重力数据处理得到的内符合精度要略低于使用集中式滤波方法得到的重力测量精度，但是联邦卡尔曼滤波要比集中式滤波设计灵活、更稳定。

表 3.4 联邦卡尔曼滤波的重力测量精度统计结果（200s FIR 低通滤波）

单位：mGal

测线	最大值	最小值	平均值	ε_j	ε
ML1	2.31	−1.52	0.64	1.03	1.03
	1.52	−2.31	−0.64	1.03	
	1.88	−1.56	0.38	0.84	
ML2	0.48	−2.08	−1.02	1.13	0.88
	2.35	−0.42	0.74	0.95	
	1.10	−1.22	−0.10	0.43	

300s FIR 低通滤波后的重复测线的联邦卡尔曼滤波重力测量结果如图 3.20 所示。

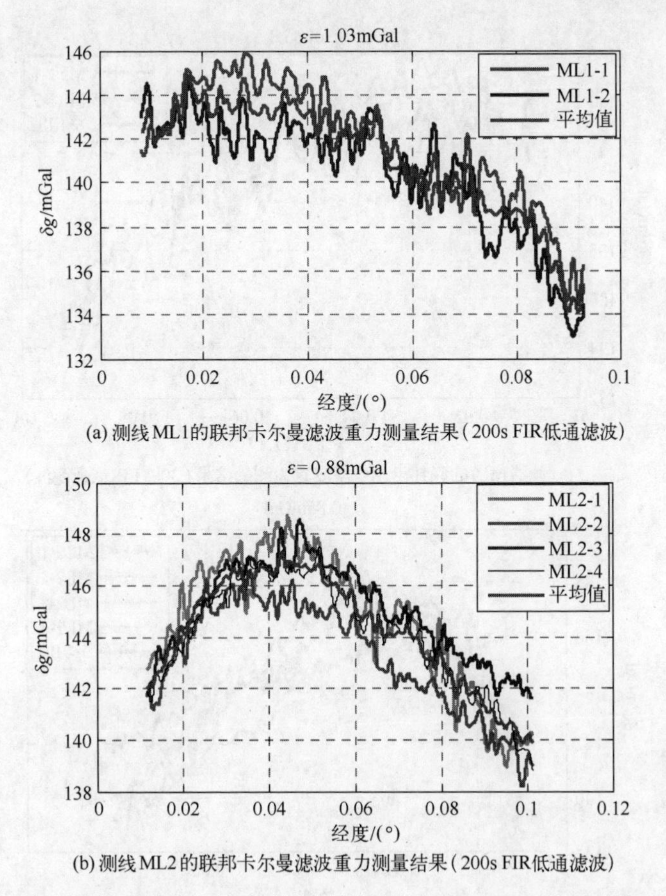

(a) 测线 ML1 的联邦卡尔曼滤波重力测量结果（200s FIR 低通滤波）

(b) 测线 ML2 的联邦卡尔曼滤波重力测量结果（200s FIR 低通滤波）

图 3.19　重复测线的联邦卡尔曼滤波重力测量结果（200s FIR 低通滤波）（见彩图）

300s 低通滤波后的联邦卡尔曼滤波的重力测量重复线内符合精度统计结果如表 3.5 所列，测线 ML1 的内符合精度为 0.96mGal，测线 ML2 的内符合精度为 0.85mGal。

表 3.5　联邦卡尔曼滤波的重力测量重复线内符合精度统计结果（300s FIR 低通滤波）

单位：mGal

测　线	最大值	最小值	平均值	ε_j	ε
ML1	1.94	−1.38	0.64	0.96	0.96
	1.38	−1.94	−0.64	0.96	
	1.62	−1.38	0.38	0.79	
ML2	0.24	−1.88	−1.02	1.11	0.85
	2.15	−0.33	0.74	0.94	
	0.77	−0.98	−0.10	0.38	

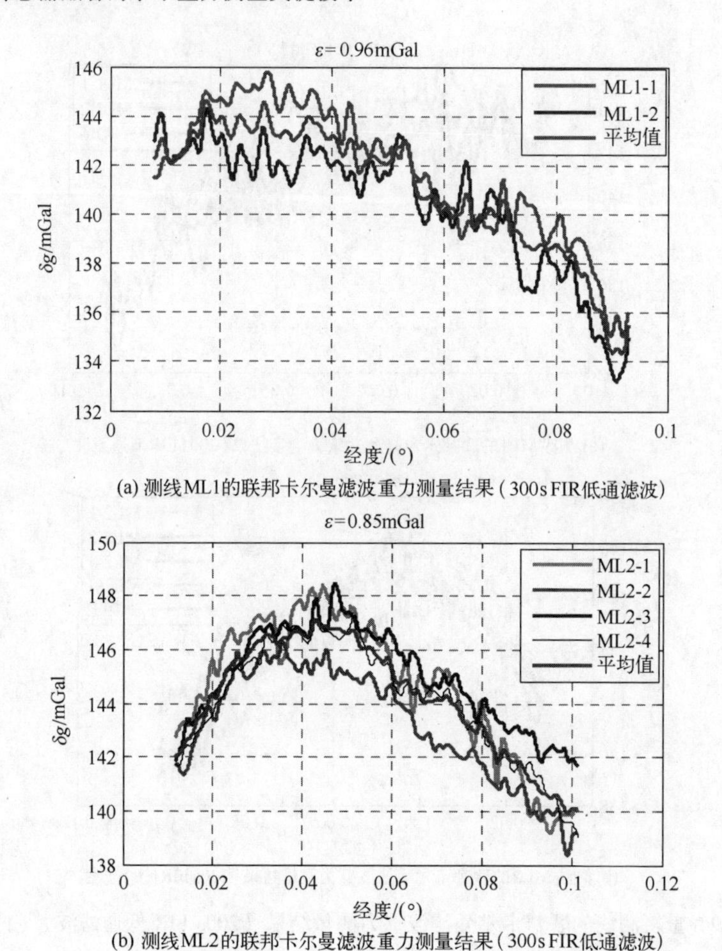

(a) 测线ML1的联邦卡尔曼滤波重力测量结果(300s FIR低通滤波)

(b) 测线ML2的联邦卡尔曼滤波重力测量结果(300s FIR低通滤波)

图 3.20 重复测线的联邦卡尔曼滤波重力测量结果（300s FIR 低通滤波）（见彩图）

3.3 基于自适应联邦卡尔曼滤波的重力测量方法

受水下复杂环境影响，水下传感器的噪声大多是时变的。无论是集中式滤波还是联邦卡尔曼滤波，其观测噪声都被认为是恒定不变的，这样会影响数据处理的可靠性。自适应滤波能够自动调节滤波器的参数，可以很好地解决量测噪声时变的问题。由 3.2 节可知，联邦卡尔曼滤波器设计灵活，适合处理量测信息多样的系统。将自适应滤波和联邦卡尔曼滤波结合使用能否既能保证数据处理的稳定性，又能提高数据处理精度呢？针对这一问题，本节将探索自适应联邦卡尔曼滤波方法，以求达到更好的滤波效果。

3.3.1 自适应滤波器

在水下重力测量系统中，SINS 的误差状态方程是准确已知的，但是外界传感器的噪声模型参数是变化的，因此标准卡尔曼滤波理论上很难获得状态误差的最优估计，严重时还会导致滤波发散。A. P. Sage 和 G. W. Husa 提出了一种自适应滤波方法（Sage-Husa 自适应滤波），可以在状态估计的同时实时估计系统的量测噪声参数，从而提高了滤波器的的鲁棒性[60-61]。

假设离散时间系统的状态方程和量测方程如下

$$\begin{cases} \boldsymbol{X}_k = \boldsymbol{\Phi}_k \boldsymbol{X}_{k-1} + \boldsymbol{\Gamma}_k \boldsymbol{W}_{k-1} \\ \boldsymbol{Z}_k = \boldsymbol{H}_k \boldsymbol{X}_k + \boldsymbol{V}_k \end{cases}$$
$$\boldsymbol{E}\{\boldsymbol{W}_{k-1}\} = 0, \boldsymbol{E}\{\boldsymbol{W}_{k-1}\boldsymbol{W}_{k-1}^{\mathrm{T}}\} = \boldsymbol{Q}_k \tag{3.34}$$
$$\boldsymbol{E}\{\boldsymbol{V}_{k-1}\} = 0, \boldsymbol{E}\{\boldsymbol{V}_k \boldsymbol{V}_k^{\mathrm{T}}\} = \boldsymbol{R}_k$$

式中：系统噪声方差阵 $\boldsymbol{Q}_k$ 是已知的，量测噪声方差阵 $\boldsymbol{R}_k$ 是时变的。

Sage-Husa 自适应滤波的一步状态预测为 $\hat{\boldsymbol{X}}_{k,k-1}$：

$$\hat{\boldsymbol{X}}_{k,k-1} = \boldsymbol{\Phi}_{k,k-1} \hat{\boldsymbol{X}}_{k-1} \tag{3.35}$$

k 时刻真实的量测 $\boldsymbol{Z}_k$ 与一步预测量测之差 $\widetilde{\boldsymbol{Z}}_k$ 可以表示为

$$\widetilde{\boldsymbol{Z}}_k = \boldsymbol{Z}_k - \boldsymbol{H}_k \hat{\boldsymbol{X}}_{k,k-1} \tag{3.36}$$

状态一步预测的误差方差阵 $\boldsymbol{P}_{k,k-1}$ 为

$$\boldsymbol{P}_{k,k-1} = \boldsymbol{\Phi}_{k,k-1} \boldsymbol{P}_{k-1} \boldsymbol{\Phi}_{k,k-1}^{\mathrm{T}} + \boldsymbol{\Gamma}_{k-1} \boldsymbol{Q}_{k-1} \boldsymbol{\Gamma}_{k-1}^{\mathrm{T}} \tag{3.37}$$

量测噪声方差阵是随时间变化的，可以表示为

$$\begin{aligned} &\boldsymbol{R}_k = (1-\beta_{k-1})\boldsymbol{R}_{k-1} + \beta_{k-1}(\widetilde{\boldsymbol{Z}}_k \widetilde{\boldsymbol{Z}}_k^{\mathrm{T}} - \boldsymbol{H}_k \boldsymbol{P}_{k,k-1} \boldsymbol{H}_k^{\mathrm{T}}) \\ &\beta_{k-1} = (1-b)/(1-b^k) \end{aligned} \tag{3.38}$$

式中：β_{k-1} 的初值为 1；$0<b<1$ 为渐消因子。一般地，渐消因子取值越大，对陈旧噪声依赖越大，b 常取 0.9~0.999。

滤波增益阵 $\boldsymbol{K}_k$ 可以表示为

$$\boldsymbol{K}_k = \boldsymbol{P}_{k,k-1} \boldsymbol{H}_k^{\mathrm{T}} [\boldsymbol{H}_k \boldsymbol{P}_{k,k-1} \boldsymbol{H}_k^{\mathrm{T}} + \boldsymbol{R}_k]^{-1} \tag{3.39}$$

估计的状态变量 $\hat{\boldsymbol{X}}_k$ 和均方误差 $\boldsymbol{P}_k$ 分别为

$$\begin{cases} \boldsymbol{P}_k = [\boldsymbol{I} - \boldsymbol{K}_k \boldsymbol{H}_k] \boldsymbol{P}_{k,k-1} \\ \hat{\boldsymbol{X}}_k = \hat{\boldsymbol{X}}_{k,k-1} + \boldsymbol{K}_k \widetilde{\boldsymbol{Z}}_k \end{cases} \tag{3.40}$$

由于水下传感器的噪声水平是不同的，为了避免 $\boldsymbol{R}_k$ 失去正定性，导致滤波异常，本书采用序贯滤波方法对 $\boldsymbol{R}_k$ 的每个元素进行限制。

将观测方程分解为

$$\begin{bmatrix} \boldsymbol{Z}_k^{(1)} \\ \boldsymbol{Z}_k^{(2)} \\ \vdots \\ \boldsymbol{Z}_k^{(N)} \end{bmatrix} = \begin{bmatrix} \boldsymbol{H}_k^{(1)} \\ \boldsymbol{H}_k^{(2)} \\ \vdots \\ \boldsymbol{H}_k^{(N)} \end{bmatrix} \boldsymbol{X}_k + \begin{bmatrix} \boldsymbol{V}_k^{(1)} \\ \boldsymbol{V}_k^{(2)} \\ \vdots \\ \boldsymbol{V}_k^{(N)} \end{bmatrix} \tag{3.41}$$

由于各个传感器的噪声之间互不相关，此时量测噪声方差阵可表示为对角阵形式，即

$$\boldsymbol{R}_k = \begin{bmatrix} \boldsymbol{R}_k^{(1)} & & & \\ & \boldsymbol{R}_k^{(2)} & & \\ & & \ddots & \\ & & & \boldsymbol{R}_k^{(N)} \end{bmatrix} \tag{3.42}$$

自适应序贯滤波按照量测更新的分解进行 N 次递推最小二乘估计，其具体过程如下：

第一级更新如式（3.43）~式（3.50）所示：

$$\hat{\boldsymbol{X}}_{k,k-1} = \boldsymbol{\Phi}_{k,k-1} \hat{\boldsymbol{X}}_{k-1} \tag{3.43}$$

$$\boldsymbol{P}_{k,k-1} = \boldsymbol{\Phi}_{k,k-1} \boldsymbol{P}_{k-1} \boldsymbol{\Phi}_{k,k-1}^{\mathrm{T}} + \boldsymbol{\Gamma}_{k-1} \boldsymbol{Q}_{k-1} \boldsymbol{\Gamma}_{k-1}^{\mathrm{T}} \tag{3.44}$$

$$\hat{\boldsymbol{X}}_k^{(0)} = \hat{\boldsymbol{X}}_{k,k-1}, \boldsymbol{P}_k^{(0)} = \boldsymbol{P}_{k,k-1} \tag{3.45}$$

$$\widetilde{Z}_{k,k-1}^{(1)} = \boldsymbol{Z}_k^{(1)} - \boldsymbol{H}_k^{(1)} \hat{\boldsymbol{X}}_k^{(0)} \tag{3.46}$$

$$\rho_k^{(1)} = (\widetilde{Z}_{k,k-1}^{(1)})^2 - \boldsymbol{H}_k^{(1)} \boldsymbol{P}_k^{(0)} (\boldsymbol{H}_k^{(1)})^{\mathrm{T}} \tag{3.47}$$

$$\hat{R}_k^{(1)} = \begin{cases} (1-\beta_k) \hat{R}_{k-1}^{(1)} + \beta_k R_{\min}^{(1)} & (\rho_k^{(1)} < R_{\min}^{(1)}) \\ R_{\max}^{(1)} & (\rho_k^{(1)} > R_{\max}^{(1)}) \\ (1-\beta_k) \hat{R}_{k-1}^{(1)} + \beta_k \rho_k^{(1)} & (\text{其他}) \end{cases} \tag{3.48}$$

式中：$R_{\min}^{(1)}$ 和 $R_{\max}^{(1)}$ 分别为量测 $Z_k^{(1)}$ 的噪声方差阵的最小值和最大值。

$$\boldsymbol{K}_k^{(1)} = \boldsymbol{P}_k^{(0)} (\boldsymbol{H}_k^{(1)})^{\mathrm{T}} [\boldsymbol{H}_k^{(1)} \boldsymbol{P}_k^{(0)} (\boldsymbol{H}_k^{(1)})^{\mathrm{T}} + \hat{R}_k^{(1)}]^{-1} \tag{3.49}$$

$$\begin{cases} \hat{\boldsymbol{X}}_k^{(1)} = \hat{\boldsymbol{X}}_k^{(0)} + \boldsymbol{K}_k^{(1)} \widetilde{Z}_{k,k-1}^{(1)} \\ \boldsymbol{P}_k^{(1)} = [\boldsymbol{I} - \boldsymbol{K}_k^{(1)} \boldsymbol{H}_k^{(1)}] \boldsymbol{P}_k^{(0)} \end{cases} \tag{3.50}$$

以此类推，第 N 级更新表示为

$$\widetilde{Z}_{k,k-1}^{(N)} = \boldsymbol{Z}_k^{(N)} - \boldsymbol{H}_k^{(N)} \hat{\boldsymbol{X}}_k^{(N-1)} \tag{3.51}$$

$$\rho_k^{(N)} = (\widetilde{Z}_{k,k-1}^{(N)})^2 - \boldsymbol{H}_k^{(N)} \boldsymbol{P}_k^{(N-1)} (\boldsymbol{H}_k^{(N)})^{\mathrm{T}} \tag{3.52}$$

$$\hat{R}_k^{(N)}=\begin{cases}(1-\beta_k)\hat{R}_{k-1}^{(N)}+\beta_k R_{\min}^{(N)} & (\rho_k^{(N)}<R_{\min}^{(N)})\\ R_{\max}^{(N)} & (\rho_k^{(N)}>R_{\max}^{(N)})\\ (1-\beta_k)\hat{R}_{k-1}^{(N)}+\beta_k\rho_k^{(N)} & (\text{其他})\end{cases} \tag{3.53}$$

$$\boldsymbol{K}_k^{(N)}=\boldsymbol{P}_k^{(N-1)}(\boldsymbol{H}_k^{(N)})^{\mathrm{T}}[\boldsymbol{H}_k^{(N)}\boldsymbol{P}_k^{(N-1)}(\boldsymbol{H}_k^{(N)})^{\mathrm{T}}+\hat{R}_k^{(N)}]^{-1} \tag{3.54}$$

$$\begin{cases}\hat{\boldsymbol{X}}_k^{(N)}=\hat{\boldsymbol{X}}_k^{(N-1)}+\boldsymbol{K}_k^{(N)}\tilde{\boldsymbol{Z}}_{k,k-1}^{(N)}\\ \boldsymbol{P}_k^{(N)}=[\boldsymbol{I}-\boldsymbol{K}_k^{(N)}\boldsymbol{H}_k^{(N)}]\boldsymbol{P}_k^{(N-1)}\end{cases} \tag{3.55}$$

最终的状态估计$\hat{\boldsymbol{X}}_k$ 和误差协方差阵 $\boldsymbol{P}_k$ 为

$$\hat{\boldsymbol{X}}_k=\hat{\boldsymbol{X}}_k^{(N)},\quad \boldsymbol{P}_k=\boldsymbol{P}_k^{(N)} \tag{3.56}$$

3.3.2 基于 SINS/DVL/USBL/DG 的自适应联邦卡尔曼滤波方法

在实际应用中，将 DVL 的速度信息作为量测信息与 SINS 组合进行自适应滤波；将 USBL 的水平位置作为观测量与 SINS 组合进行自适应滤波；将 DG 的深度作为量测信息与 SINS 组合进行自适应滤波。将各个子滤波器的结果按照联邦卡尔曼滤波的结构进行信息融合得到最终的最优估计，基于 SINS/DVL/USBL/DG 的自适应联邦卡尔曼滤波方法的数据处理结构框图如图 3.21 所示。

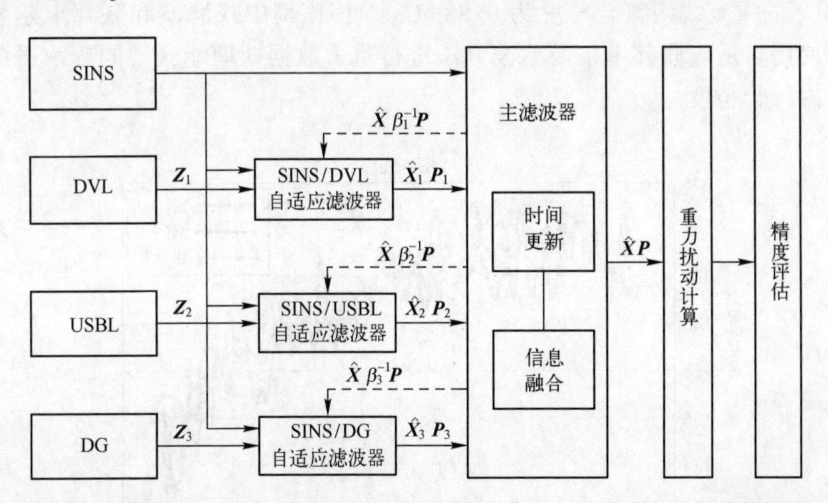

图 3.21　基于 SINS/DVL/USBL/DG 的自适应联邦卡尔曼滤波方法的结构框图

整个数据处理结构框图详细步骤如下。

(1) 将 SINS/DVL 子滤波器、SINS/USBL 子滤波器、SINS/DG 子滤波器按

照式（3.43）~式（3.56）分别进行序贯自适应滤波，得到各自最优的状态估计和误差协方差阵估计。

（2）将各个子滤波器的状态估计和误差协方差阵按照3.2.1节中联邦卡尔曼滤波器的结构进行信息融合，得到最优的SINS误差状态估计，从而得到滤波后的速度、位置以及姿态信息。

（3）将滤波后的导航信息按照式（2.5）进行原始重力异常计算，并通过FIR低通滤波得到有效的重力异常值。

（4）将重力测量结果按照2.4节的方法进行精度评估，本书按照式（2.27）用重复线内符合精度评估方法进行数据评估。

3.3.3 自适应联邦卡尔曼滤波试验验证

自适应联邦卡尔曼滤波试验验证同样使用2018年11月南海海试的数据。以SINS的误差为状态量，将USBL、DVL以及DG的测量值作为量测信息，按照自适应联邦卡尔曼滤波的方法进行组合导航，将组合导航后的导航信息用于原始重力数据计算。

将原始重力测量结果进行低通滤波才能得到最终的重力测量结果，200s FIR低通滤波后的重复测线的自适应联邦卡尔曼滤波的重力测量结果如图3.22所示。200s FIR低通滤波后的自适应联邦卡尔曼滤波的重力测量精度统计结果如表3.6所列，测线ML1的重复线内符合精度为1.01mGal，测线ML2的重复线内符合精度为0.88mGal。相比集中式滤波和联邦卡尔曼滤波，使用自适应联邦卡尔曼滤波方法进行重力数据处理能获得同等水平的重复线内符合精度。

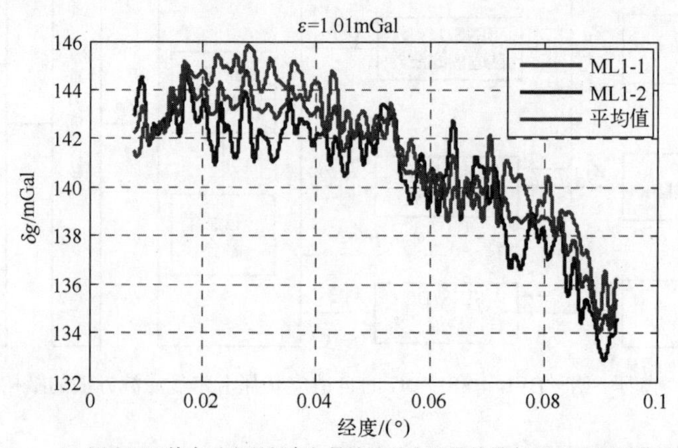

(a) 测线ML1的自适应联邦卡尔曼滤波重力测量结果（200s FIR低通滤波）

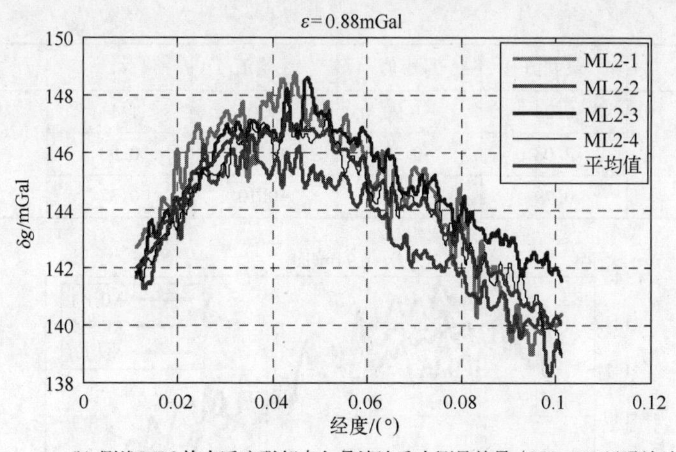

(b) 测线ML2的自适应联邦卡尔曼滤波重力测量结果（200s FIR低通滤波）

图3.22　重复测线的自适应联邦卡尔曼滤波重力测量结果（200s FIR 低通滤波）

表3.6　自适应联邦卡尔曼滤波的重力测量精度统计结果（200s FIR 低通滤波）

单位：mGal

测　线	最大值	最小值	平均值	ε_j	ε
ML1	2.24	−1.50	0.61	1.01	1.01
	1.50	−2.24	−0.61	1.01	
	1.94	−1.65	0.38	0.85	
ML2	0.49	−2.10	−1.02	1.13	0.88
	2.28	−0.45	0.73	0.95	
	1.12	−1.24	−0.09	0.43	

对原始重力测量结果进行 300s FIR 低通滤波，得到采用自适应联邦卡尔曼滤波方法的重复测线重力测量结果如图 3.23 所示。

表3.7为300s滤波后的重力测量精度统计结果，其中，测线 ML1 的重复线内符合精度为 0.94mGal，测线 ML2 的重复线内符合精度为 0.85mGal。

表3.7　自适应联邦卡尔曼滤波的重力测量精度统计（300s 滤波）

单位：mGal

测　线	最大值	最小值	平均值	ε_j	ε
ML1	1.88	−1.36	0.61	0.94	0.94
	1.36	−1.88	−0.61	0.94	
	1.67	−1.45	0.38	0.80	

续表

测　线	最大值	最小值	平均值	ε_j	ε
ML2	0.24	-1.90	-1.02	1.11	0.85
	2.08	-0.35	0.73	0.93	
	0.79	-0.95	-0.10	0.37	

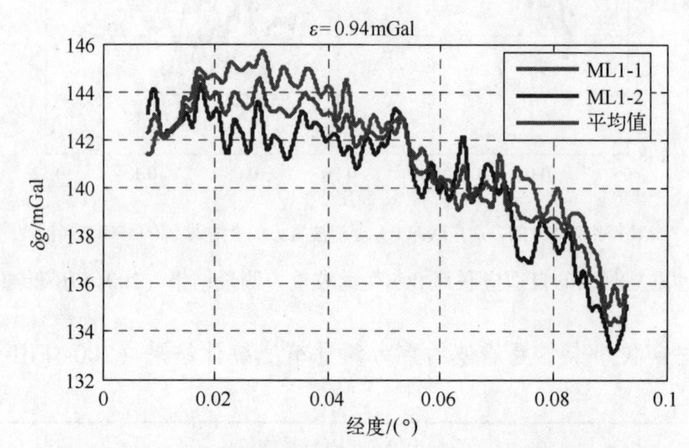

(a) 测线ML1的自适应联邦卡尔曼滤波重力测量结果(300s FIR低通滤波)

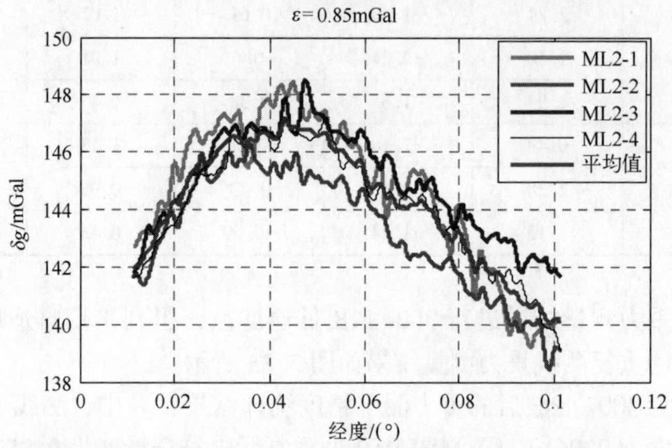

(b) 测线ML2的自适应联邦卡尔曼滤波重力测量结果(300s FIR低通滤波)

图 3.23　重复测线的自适应联邦卡尔曼滤波重力测量结果（300s FIR 低通滤波）

3.4　基于容积卡尔曼滤波的重力测量方法

SINS 的误差模型本质上是非线性的。常用的非线性滤波包括无迹卡尔曼滤波（unscented Kalman filter，UKF）、粒子滤波以及容积卡尔曼滤波

(cubature Kalman filter，CKF)。UKF 采用 UT 变换将非线性模型线性化，因此在高维系统会导致数值不稳定以及精度下降；粒子滤波容易出现粒子退化以及计算量大的情况；CKF 无须线性化处理非线性模型，因此滤波算法具有计算简单、数值稳定性好以及精度高的优点。本节拟研究采用基于 SINS/DVL/USBL/DG 的容积卡尔曼滤波方法，实现水下重力测量。

3.4.1　容积卡尔曼滤波的基本原理

非线性系统的离散状态方程表示为[62-63]：

$$\begin{cases} \boldsymbol{X}_k = f(\boldsymbol{X}_{k-1}) + \boldsymbol{W}_{k-1} \\ \boldsymbol{Z}_k = h(\boldsymbol{X}_k) + \boldsymbol{V}_k \end{cases} \tag{3.57}$$

式中：$f(\boldsymbol{X}_{k-1})$ 和 $h(\boldsymbol{X}_k)$ 分别为系统状态函数和观测函数；$\boldsymbol{W}_{k-1}$ 和 $\boldsymbol{V}_k$ 分别为系统随机噪声和观测随机噪声。

滤波器的方差和均值可以表示为高斯分布，因此使用高斯滤波器进行状态和方差估计[62-66]，即[62-64]

$$\begin{cases} \boldsymbol{X}_{k|k} = \hat{\boldsymbol{X}}_{k|k-1} + W_k(\boldsymbol{Z}_k - \hat{\boldsymbol{Z}}_k) \\ \boldsymbol{P}_{k|k} = \boldsymbol{P}_{k|k-1} - W_k \boldsymbol{P}_{zz} W_k^{\mathrm{T}} \\ W_k = \boldsymbol{P}_{xz} \boldsymbol{P}_{zz}^{-1} \end{cases} \tag{3.58}$$

式中，

$$\begin{aligned} \hat{\boldsymbol{X}}_{k|k-1} &= E[f(\boldsymbol{X}_{k-1})] \\ &= \int_{R^n} f(\boldsymbol{X}_{k-1}) p(\boldsymbol{X}_{k-1}) \mathrm{d}\boldsymbol{X}_{k-1} \\ &= \int_{R^n} f(\boldsymbol{X}_{k-1}) \times N(\boldsymbol{X}_{k-1}; \boldsymbol{P}_{k-1|k-1}) \mathrm{d}\boldsymbol{X}_{k-1} \end{aligned} \tag{3.59}$$

$$\begin{aligned} \boldsymbol{P}_{k|k-1} &= E[(\boldsymbol{X}_k - \hat{\boldsymbol{X}}_{k|k-1})(\boldsymbol{X}_k - \hat{\boldsymbol{X}}_{k|k-1})^{\mathrm{T}}] \\ &= -\hat{\boldsymbol{X}}_{k|k-1} \hat{\boldsymbol{X}}_{k|k-1}^{\mathrm{T}} + \int_{R^n} f(\boldsymbol{X}_{k-1}) f^{\mathrm{T}}(\boldsymbol{X}_{k-1}) \times N(\boldsymbol{X}_{k-1}; \boldsymbol{P}_{k-1|k-1}) \mathrm{d}\boldsymbol{X}_{k-1} + \boldsymbol{Q}_{k-1} \end{aligned} \tag{3.60}$$

$$\begin{aligned} \hat{Z}_k &= E[h(\boldsymbol{X}_k)] \\ &= \int_{R^n} h(\boldsymbol{X}_k) \times N(\boldsymbol{X}_k; \boldsymbol{P}_{k|k-1}) \mathrm{d}\boldsymbol{X}_k \end{aligned} \tag{3.61}$$

$$\begin{aligned} \boldsymbol{P}_{zz} &= E[(\boldsymbol{Z}_k - \hat{\boldsymbol{Z}}_k)(\boldsymbol{Z}_k - \hat{\boldsymbol{Z}}_k)^{\mathrm{T}}] \\ &= \int_{R^n} h(\boldsymbol{X}_k) h^{\mathrm{T}}(\boldsymbol{X}_k) \times N(\boldsymbol{X}_k; \boldsymbol{P}_{k|k-1}) \mathrm{d}\boldsymbol{X}_k - \hat{\boldsymbol{Z}}_{k|k-1} \hat{\boldsymbol{Z}}_{k|k-1}^{\mathrm{T}} + \boldsymbol{R}_k \end{aligned} \tag{3.62}$$

$$\begin{aligned} \boldsymbol{P}_{xz} &= E[(\boldsymbol{X}_k - \hat{\boldsymbol{X}}_k)(\boldsymbol{Z}_k - \hat{\boldsymbol{Z}}_k)^{\mathrm{T}}] \\ &= \int_{R^n} \boldsymbol{X}_k h^{\mathrm{T}}(\boldsymbol{X}_k) \times N(\boldsymbol{X}_k; \boldsymbol{P}_{k|k-1}) \mathrm{d}\boldsymbol{X}_k - \hat{\boldsymbol{X}}_{k|k-1} \hat{\boldsymbol{Z}}_{k|k-1}^{\mathrm{T}} \end{aligned} \tag{3.63}$$

式中：$N(\boldsymbol{X}_k;\boldsymbol{P}_{k|k-1})$为均值为 0、方差为 $\boldsymbol{P}_{k|k-1}$ 的高斯分布；$\boldsymbol{R}_k$ 为观测噪声；$\boldsymbol{Q}_{k-1}$为系统噪声。

式（3.59）~式（3.63）的求解是容积卡尔曼滤波器需要解决的关键问题，一般采用近似的方法求取近似解。

对于标准高斯分布，其积分公式表示为[67]

$$I_N(f) = \int_{\boldsymbol{R}^n} f(x) N(x;0,\boldsymbol{I}) \mathrm{d}x = \frac{1}{\sqrt{\pi^n}} \int_{R^n} f(\sqrt{2}x) \exp(-x^{\mathrm{T}}x) \mathrm{d}x \tag{3.64}$$

由式（3.64）可知，求解式（3.59）~式（3.63）的积分方程，需先求解其基本形式的多维积分，即

$$I(f) = \int_{\boldsymbol{R}^n} f(x) \exp(-x^{\mathrm{T}}x) \mathrm{d}x \tag{3.65}$$

式中：$f(x)$为 x 的函数；R^n 为积分区域。

采用球面径向容积准则计算上式积分，式（3.65）在球面径向坐标系表示为[68]

$$\begin{cases} x = ry(y^{\mathrm{T}}y = 1, r \in [0,\infty)) \\ I(f) = \int_0^{\infty} \int_{U_n} f(ry) r^{n-1} \mathrm{e}^{-r^2} \mathrm{d}\sigma(y) \mathrm{d}r \end{cases} \tag{3.66}$$

式（3.66）可以拆分成两个积分形式，分别为[68]

$$\begin{cases} S(r) = \int_{U_n} f(ry) \mathrm{d}\sigma(y) \\ R = \int_0^{\infty} S(r) r^{n-1} \mathrm{e}^{-r^2} \mathrm{d}r \end{cases} \tag{3.67}$$

根据完全对称的球面径向容积规则，$S(r)$可以表示如下[68]：

$$S(r) = \sum_{i=1}^{2n} b_i f(r\boldsymbol{s}_i) \tag{3.68}$$

通过一系列积分变换，R 可以表示为[68]

$$R = \frac{1}{2} \Gamma\left(\frac{n}{2}\right) S\left(\sqrt{\frac{n}{2}}\right) \tag{3.69}$$

根据广义的高斯-拉格朗日积分规则，得到：

$$R \approx \sum_{j=1}^{m} a_j S(r_j) \tag{3.70}$$

结合式（3.68）和式（3.70），得出$I(f)$的近似表达式[68]：

$$I(f) \approx \sum_{i=1}^{2n} \sum_{j=1}^{m} a_j b_i f(r_j s_i) \tag{3.71}$$

根据三次幂球面径向容积准则，结合式（3.69）和式（3.70），可以得出 $m=1$ 以及 $r_j=\sqrt{n/2}$，从而式（3.71）表示为

$$I(f) \approx \frac{\sqrt{\pi^n}}{2n} \sum_{i=1}^{2n} f\left(\sqrt{\frac{n}{2}}\,[\mathbf{1}]_i\right) \tag{3.72}$$

式中：$[\mathbf{1}]_i$ 为集合 $[\mathbf{1}]$ 的第 i 列。当 $n=3$ 时，即对于三维系统，集合 $[\mathbf{1}]=\{(1,0,0)^{\mathrm{T}},(0,1,0)^{\mathrm{T}},(0,0,1)^{\mathrm{T}},(-1,0,0)^{\mathrm{T}},(0,-1,0)^{\mathrm{T}},(0,0,-1)^{\mathrm{T}}\}$。

结合式（3.65）和式（3.72），式（3.64）可以表示为[68]

$$I_N(f) \approx \frac{1}{\sqrt{\pi^n}}\left(\frac{\sqrt{\pi^n}}{2n}\sum_{i=1}^{2n} f\left(\sqrt{2}\sqrt{\frac{n}{2}}\,[\mathbf{1}]_i\right)\right) = \sum_{i=1}^{m} \boldsymbol{\omega}_i f(\xi_i) \tag{3.73}$$

$$\begin{cases} \xi_i = \sqrt{\dfrac{m}{2}}\,[\mathbf{1}]_i \\ \omega_i = \dfrac{1}{m} \quad (i=1,2,\cdots,m;m=2n) \end{cases}$$

由上式可知，CKF 选取 $2n$ 个容积点及同等的权值计算高斯权重积分。

对于一般的高斯分布，其积分形式可以表示为

$$\int_{\boldsymbol{R}^n} f(x) N(x;u,\Sigma)\,\mathrm{d}x = \int_{\boldsymbol{R}^n} f(\sqrt{\Sigma}x+u) N(x;0,\boldsymbol{I})\,\mathrm{d}x = \sum_{i=1}^{m} \boldsymbol{\omega}_i f(\sqrt{\Sigma}\xi_i+u) \tag{3.74}$$

根据式（3.73）和式（3.74）即可求得式（3.59）~式（3.63）的各项表达式，从而得出 CKF 的时间更新方程以及量测更新方程。

3.4.1.1　时间更新

已知 $k-1$ 时刻的后验密度函数 $p(\boldsymbol{X}_{k-1})=N(\hat{\boldsymbol{X}}_{k-1|k-1},\boldsymbol{P}_{k-1|k-1})$，通过 Cholesky 分解将误差协方差 $\boldsymbol{P}_{k-1|k-1}$ 分解为

$$\boldsymbol{P}_{k-1|k-1}=\boldsymbol{S}_{k-1|k-1}\boldsymbol{S}_{k-1|k-1}^{\mathrm{T}} \tag{3.75}$$

计算容积点：

$$\boldsymbol{X}_{i,k-1|k-1}=\boldsymbol{S}_{k-1|k-1}\xi_i+\hat{\boldsymbol{X}}_{k-1|k-1} \quad (i=1,2,\cdots,m;m=2n) \tag{3.76}$$

式中：ξ_i 表达式如式（3.73）所示。

通过状态方程传播容积点，得到：

$$\boldsymbol{X}_{i,k|k-1}^{*}=f(\boldsymbol{X}_{i,k-1|k-1}) \tag{3.77}$$

k 时刻的一步状态估计值为

$$\hat{\boldsymbol{X}}_{k|k-1} = \frac{1}{m}\sum_{i=1}^{m}\boldsymbol{X}_{i,k|k-1}^{*} \tag{3.78}$$

k 时刻的一步状态误差协方差阵估计为

$$\boldsymbol{P}_{k|k-1} = \frac{1}{m}\sum_{i=1}^{m}\boldsymbol{X}_{i,k|k-1}^{*}\boldsymbol{X}_{i,k|k-1}^{*\mathrm{T}} - \hat{\boldsymbol{X}}_{k|k-1}\hat{\boldsymbol{X}}_{k|k-1}^{\mathrm{T}} + \boldsymbol{Q}_{k-1} \tag{3.79}$$

3.4.1.2 量测更新

将 $\boldsymbol{P}_{k|k-1}$ 进行 Cholesky 分解：

$$\boldsymbol{P}_{k|k-1} = \boldsymbol{S}_{k|k-1}\boldsymbol{S}_{k|k-1}^{\mathrm{T}} \tag{3.80}$$

计算容积点：

$$\boldsymbol{X}_{i,k|k-1} = \boldsymbol{S}_{k|k-1}\xi_i + \hat{\boldsymbol{X}}_{k|k-1} \tag{3.81}$$

通过观测方程传播容积点，得

$$\boldsymbol{Z}_{i,k|k-1} = h(\boldsymbol{X}_{i,k|k-1}) \tag{3.82}$$

k 时刻的观测估计为

$$\hat{\boldsymbol{Z}}_{k|k-1} = \frac{1}{m}\sum_{i=1}^{m}\boldsymbol{Z}_{i,k|k-1} \tag{3.83}$$

估计的自相关协方差阵表示为

$$\boldsymbol{P}_{zz,k|k-1} = \frac{1}{m}\sum_{i=1}^{m}\boldsymbol{Z}_{i,k|k-1}\boldsymbol{Z}_{i,k|k-1}^{\mathrm{T}} - \hat{\boldsymbol{Z}}_{k|k-1}\hat{\boldsymbol{Z}}_{k|k-1}^{\mathrm{T}} + \boldsymbol{R}_k \tag{3.84}$$

估计的互相关协方差阵为

$$\boldsymbol{P}_{xz,k|k-1} = \frac{1}{m}\sum_{i=1}^{m}\boldsymbol{X}_{i,k|k-1}\boldsymbol{Z}_{i,k|k-1}^{\mathrm{T}} - \hat{\boldsymbol{X}}_{k|k-1}\hat{\boldsymbol{Z}}_{k|k-1}^{\mathrm{T}} \tag{3.85}$$

卡尔曼增益估计值为

$$W_k = \boldsymbol{P}_{xz,k|k-1}\boldsymbol{P}_{zz,k|k-1}^{-1} \tag{3.86}$$

k 时刻的状态估计值为

$$\hat{\boldsymbol{X}}_k = \hat{\boldsymbol{X}}_{k|k-1} + W_k(\boldsymbol{Z}_k - \hat{\boldsymbol{Z}}_{k|k-1}) \tag{3.87}$$

k 时刻的状态误差协方差阵估计为

$$\boldsymbol{P}_k = \boldsymbol{P}_{k|k-1} - W_k\boldsymbol{P}_{zz,k|k-1}W_k^{\mathrm{T}} \tag{3.88}$$

3.4.2 基于容积卡尔曼滤波的水下重力测量模型

基于容积卡尔曼滤波的水下重力测量模型同样选择 SINS 的误差作为 15 维状态变量，如式（3.2）所示；观测方程与集中式滤波相同，如式（3.21）所示。式（3.1）是将姿态误差角当成小角度，按照相关公式进行简化后得到的

SINS 误差方程。考虑姿态误差角的具体形式，SINS 的非线性误差模型可以表示为

$$
\begin{aligned}
&\dot{\boldsymbol{\psi}}=(\boldsymbol{I}-\boldsymbol{C}_n^{n'})\omega_{in}^n+\delta\omega_{in}^n-\hat{\boldsymbol{C}}_b^n\boldsymbol{\varepsilon}^b \\
&\delta\dot{\boldsymbol{v}}^n=(\boldsymbol{I}-(\boldsymbol{C}_n^{n'})^{\mathrm{T}})\hat{\boldsymbol{C}}_b^n\hat{\boldsymbol{f}}^b-(2\delta\omega_{ie}^n+\delta\omega_{en}^n)\times\boldsymbol{v}^n \\
&\qquad-(2\omega_{ie}^n+\omega_{en}^n)\times\delta\boldsymbol{v}^n+\hat{\boldsymbol{C}}_b^n\nabla^b \\
&\delta\dot{\boldsymbol{p}}=\delta\boldsymbol{v}^n \\
&\dot{\boldsymbol{\varepsilon}}^b=\boldsymbol{0} \\
&\dot{\nabla}^b=\boldsymbol{0}
\end{aligned}
\tag{3.89}
$$

其中

$$
\begin{aligned}
&\boldsymbol{C}_n^{n'}=\begin{bmatrix} C_{11} & C_{12} & C_{13} \\ C_{21} & C_{22} & C_{23} \\ C_{31} & C_{32} & C_{33} \end{bmatrix} \\
&C_{11}=\cos\phi_N\cos\phi_U-\sin\phi_N\sin\phi_U\sin\phi_E,\ C_{12}=\cos\phi_N\sin\phi_U+\sin\phi_N\cos\phi_U\sin\phi_E \\
&C_{13}=-\sin\phi_N\cos\phi_E,\ C_{21}=-\sin\phi_U\cos\phi_E,\ C_{22}=\cos\phi_U\cos\phi_E \\
&C_{23}=\sin\phi_E,\ C_{31}=\sin\phi_N\cos\phi_U+\cos\phi_N\sin\phi_U\sin\phi_E \\
&C_{32}=\sin\phi_N\sin\phi_U-\cos\phi_N\cos\phi_U\sin\phi_E,\ C_{33}=\cos\phi_N\cos\phi_E
\end{aligned}
\tag{3.90}
$$

将式（3.89）展开，得到 SINS 的非线性误差模型如式（3.91）~式（3.100）所示。

$$
\begin{aligned}
\dot{\phi}_E=&-\frac{V_N}{R_M+h}(1-\cos\phi_N\cos\phi_U+\sin\phi_N\sin\phi_U\sin\phi_E)-\frac{\delta V_N}{R_M+h}+\frac{V_N}{(R_M+h)^2}\delta h \\
&-(\cos\phi_N\sin\phi_U+\sin\phi_N\cos\phi_U\sin\phi_E)\left(\omega_{ie}\cos L+\frac{V_E}{R_N+h}\right) \\
&+\left(\omega_{ie}\sin L+\frac{V_E\tan L}{R_N+h}\right)\sin\phi_N\cos\phi_E+\varepsilon_E
\end{aligned}
\tag{3.91}
$$

$$
\begin{aligned}
\dot{\phi}_N=&-\frac{V_N}{R_M+h}\sin\phi_U\cos\phi_E+\left(\omega_{ie}\cos L+\frac{V_E}{R_N+h}\right)(1-\cos\phi_U\cos\phi_E)-\omega_{ie}\sin L\delta L \\
&-\left(\omega_{ie}\sin L+\frac{V_E\tan L}{R_N+h}\right)\sin\phi_E+\frac{\delta V_E}{R_N+h}-\frac{V_E}{(R_N+h)^2}\delta h+\varepsilon_N
\end{aligned}
\tag{3.92}
$$

$$
\begin{aligned}
\dot{\phi}_U = & \frac{V_N}{R_M+h}(\sin\phi_N\cos\phi_U+\cos\phi_N\sin\phi_U\sin\phi_E)+\left(\omega_{ie}\cos L+\frac{V_E\sec^2 L}{R_N+h}\right)\delta L \\
& +\left(\omega_{ie}\cos L+\frac{V_E}{R_N+h}\right)(-\sin\phi_N\sin\phi_U+\cos\phi_N\cos\phi_U\sin\phi_E)+\frac{\tan L}{R_N+h}\delta V_E \\
& +\left(\omega_{ie}\sin L+\frac{V_E\tan L}{R_N+h}\right)(1-\cos\phi_N\cos\phi_E)-\frac{V_E\tan L}{(R_N+h)^2}\delta h+\varepsilon_U
\end{aligned} \tag{3.93}
$$

$$
\begin{aligned}
\delta\dot{V}_E = & f_E(1-\cos\phi_N\cos\phi_U+\sin\phi_N\sin\phi_U\sin\phi_E)+f_N\sin\phi_U\cos\phi_E \\
& +\frac{V_N\tan L-V_U}{R_N+h}\delta V_E-f_U(\sin\phi_N\cos\phi_U+\cos\phi_N\sin\phi_U\sin\phi_E) \\
& +\left(2\omega_{ie}\sin L+\frac{V_E\tan L}{R_N+h}\right)\delta V_N+\left(2\omega_{ie}V_N\cos L+\frac{V_EV_N\sec^2 L}{R_N+h}+2\omega_{ie}V_U\sin L\right)\delta L \\
& -\left(2\omega_{ie}\cos L+\frac{V_E}{R_N+h}\right)\delta V_U+\frac{V_EV_U-V_EV_N\tan L}{(R_N+h)^2}\delta h+\nabla_E
\end{aligned} \tag{3.94}
$$

$$
\begin{aligned}
\delta\dot{V}_N = & -f_E(\cos\phi_N\sin\phi_U+\sin\phi_N\cos\phi_U\sin\phi_E)+f_N(1-\cos\phi_U\cos\phi_E)-\frac{V_U}{R_M+h}\delta V_N \\
& +f_U(-\sin\phi_N\sin\phi_U+\cos\phi_N\cos\phi_U\sin\phi_E)-2\left(\omega_{ie}\sin L+\frac{V_E\tan L}{R_N+h}\right)\delta V_E \\
& -\frac{V_N}{R_M+h}\delta V_U-\left(2\omega_{ie}\cos L+\frac{V_E\sec^2 L}{R_N+h}\right)V_E\delta L+\frac{V_NV_U+V_EV_E\tan L}{(R_N+h)^2}\delta h+\nabla_N
\end{aligned} \tag{3.95}
$$

$$
\begin{aligned}
\delta\dot{V}_U = & f_E\sin\phi_N\cos\phi_E-f_N\sin\phi_E+f_U(1-\cos\phi_N\cos\phi_E)+2\left(\omega_{ie}\cos L+\frac{V_E}{R_N+h}\right)\delta V_E \\
& +2\frac{V_N}{R_M+h}\delta V_N-2\omega_{ie}V_E\sin L\delta L-\frac{V_EV_E+V_NV_N}{(R_N+h)^2}\delta h+\nabla_U
\end{aligned} \tag{3.96}
$$

$$
\delta\dot{L}=\frac{\delta V_N}{R_M+h}-\frac{V_N}{(R_M+h)^2}\delta h \tag{3.97}
$$

$$
\delta\dot{\lambda}=\frac{\sec L}{R_N+h}\delta V_E+\frac{V_E\sec L\tan L}{R_N+h}\delta L-\frac{V_E\sec L}{(R_N+h)^2}\delta h \tag{3.98}
$$

$$
\delta\dot{h}=\delta V_U \tag{3.99}
$$

$$\begin{cases}\dot{\varepsilon}_x=0,\dot{\varepsilon}_y=0,\dot{\varepsilon}_z=0\\ \dot{\nabla}_x=0,\dot{\nabla}_y=0,\dot{\nabla}_z=0\end{cases} \tag{3.100}$$

式中：ϕ_E、ϕ_N 和 ϕ_U 分别为俯仰角误差、横滚角误差以及航向角误差；δV_E、δV_N 和 δV_U 分别为东速误差、北速误差以及天速误差；ε_x、ε_y 和 ε_z 分别为三个正交安装的陀螺仪的常值漂移；∇_x、∇_y 和∇_z 分别为三个加速度计的常值零偏；ε_E、ε_N 和 ε_U 分别为东向陀螺漂移、北向陀螺漂移以及天向陀螺漂移；∇_E、∇_N 和∇_U 分别为东向加速度计零偏、北向加速度计零偏以及天向加速度计零偏。

由 SINS 的非线性误差模型可得到容积卡尔曼滤波的状态方程。非线性误差模型为时间连续型卡尔曼滤波状态方程，需将其转化成离散型方程才能进行滤波更新计算。采用四阶龙格库塔法将式（3.89）进行离散化处理，具体处理过程如下。

假设非线性时间连续方程为

$$\dot{\boldsymbol{X}}(t)=f(\boldsymbol{X},t) \tag{3.101}$$

按照四阶龙格库塔法得到其离散型方程为

$$\boldsymbol{X}(t+\Delta t)=\boldsymbol{X}(t)+\frac{\Delta t}{6}(k_1+2k_2+2k_3+k_4) \tag{3.102}$$

式中：Δt 为滤波周期。
其中

$$\begin{aligned}&k_1=f(\boldsymbol{X}(t),t)\quad k_2=f\left(\boldsymbol{X}(t)+\frac{\Delta t}{2}k_1,t+\frac{\Delta t}{2}\right)\\ &k_3=f\left(\boldsymbol{X}(t)+\frac{\Delta t}{2}k_2,t+\frac{\Delta t}{2}\right)\quad k_4=f(\boldsymbol{X}(t)+\Delta t\cdot k_3,t+\Delta t)\end{aligned} \tag{3.103}$$

采用龙格库塔法获到非线性误差模型的离散型方程后，按照 3.4.1.1 节的时间更新方程和 3.4.1.2 节的量测更新方程进行容积卡尔曼滤波，得到组合导航后的高精度位姿、速度信息。将非线性滤波后的导航信息用于重力异常计算和低通滤波，得到最终的重力测量结果。

3.4.3 容积卡尔曼滤波的试验验证

容积卡尔曼滤波的试验验证数据为 2018 年 11 月南海海试的数据。水下重力测量系统按照容积卡尔曼滤波方法进行组合导航，组合后的导航信息用于重力异常提取。200s FIR 低通滤波后的重复测线重力测量结果如图 3.24 所示。

采用容积卡尔曼滤波方法得到的 200s FIR 低通滤波后的重力测量精度统计结果如表 3.8 所列，测线 ML1 的重复线内符合精度为 1.01mGal，重复测线 ML2 的内符合精度为 0.88mGal，与采用自适应联邦卡尔曼滤波方法得到的重

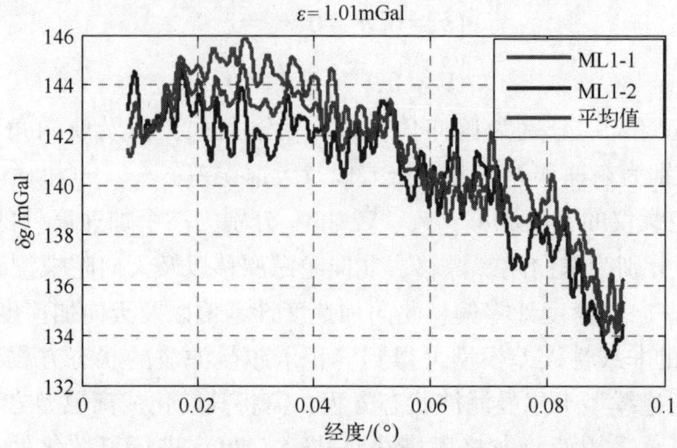

(a) 测线ML1的容积卡尔曼滤波重力测量结果（200s FIR低通滤波）

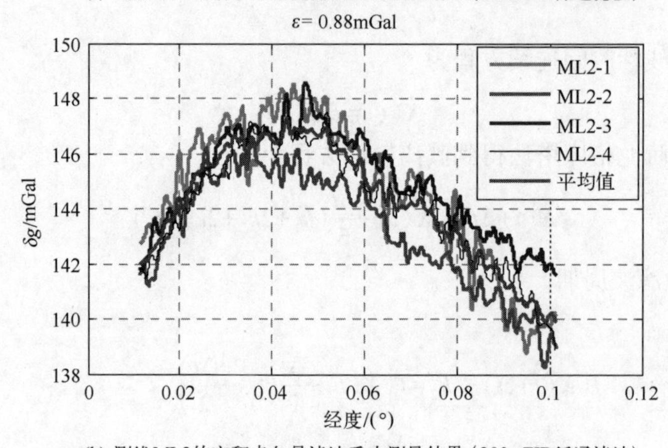

(b) 测线ML2的容积卡尔曼滤波重力测量结果（200s FIR低通滤波）

图 3.24　重复测线的容积卡尔曼滤波重力测量结果（200s FIR 低通滤波）（见彩图）

力数据具有相同的内符合精度。

表 3.8　容积卡尔曼滤波的重力测量精度统计（200s FIR 低通滤波）

单位：mGal

测　线	最大值	最小值	平均值	ε_j	ε
ML1	2.29	−1.57	0.61	1.01	1.01
	1.57	−2.29	−0.61	1.01	
	1.78	−1.67	0.38	0.86	
ML2	0.50	−2.23	−1.02	1.13	0.88
	2.35	−0.40	0.73	0.94	
	1.11	−1.22	−0.09	0.43	

采用300s FIR低通滤波处理原始重力数据，得到的重复测线重力测量结果如图3.25所示。表3.9为采用容积卡尔曼滤波方法得到的300s滤波后的重力测量精度统计结果，其中，测线ML1的重复线内符合精度为0.94mGal，测线ML2的重复线内符合精度为0.85mGal。

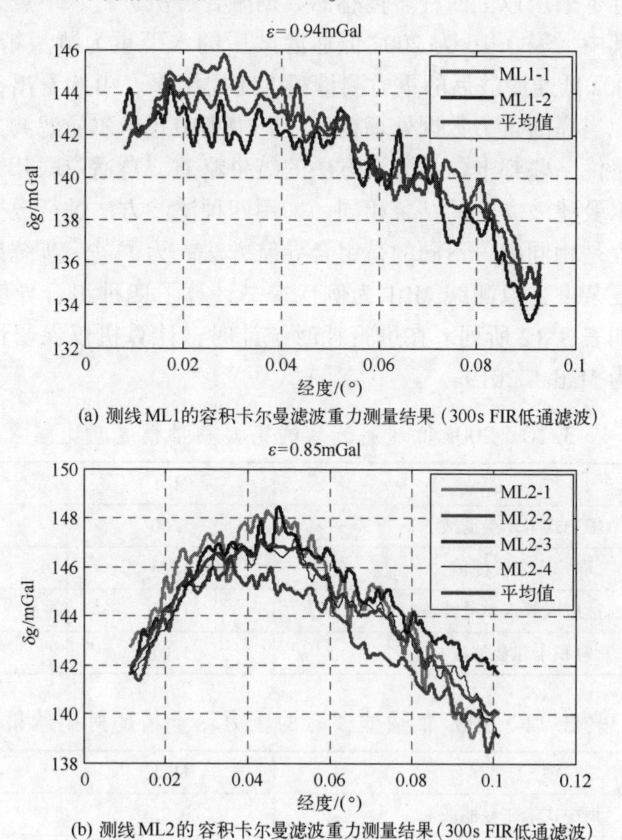

图3.25　重复测线的容积卡尔曼滤波重力测量结果（300s FIR低通滤波）（见彩图）

表3.9　容积卡尔曼滤波的重力测量精度统计（300s FIR低通滤波）

单位：mGal

测　线	最大值	最小值	平均值	ε_j	ε
ML1	1.93	−1.43	0.61	0.94	0.94
	1.43	−1.93	−0.61	0.94	
	1.52	−1.50	0.38	0.80	
ML2	0.25	−1.98	−1.02	1.11	0.85
	2.15	−0.31	0.73	0.93	
	0.81	−0.94	−0.09	0.37	

3.5 四种滤波方法的对比与分析

本书统计了采用以上四种多传感器数据融合方法进行水下重力数据处理的精度结果，其中，表3.10为200s低通滤波后的水下重力测量精度对比结果，表3.11为300s低通滤波后的重力测量精度对比结果。由此看出，四种滤波方法都能获得相当高的重力数据处理精度，其中集中式卡尔曼滤波方法的重力数据处理精度略优，联邦卡尔曼滤波方法的结果略差，自适应联邦卡尔曼滤波方法与容积卡尔曼滤波方法的结果相同。采用四种滤波方法进行数据处理的重力异常提取过程是相同的，不同的是组合导航方法。为了进一步统计四种卡尔曼滤波的计算复杂度，以测线ML1为例，本书计算了四种组合导航方法需要耗费的时间，如表3.12所列。在进行耗时统计时，计算机仅保留计算进程，数据处理平台为Matlab 2019a。

表3.10 200s低通滤波后的重力测量精度对比结果　　单位：mGal

种　类	ML1	ML2
集中式卡尔曼滤波	1.00	0.87
联邦卡尔曼滤波	1.03	0.88
自适应联邦卡尔曼滤波	1.01	0.88
容积卡尔曼滤波	1.01	0.88

表3.11 300s低通滤波后的重力测量精度对比结果　　单位：mGal

种　类	ML1	ML2
集中式卡尔曼滤波	0.93	0.84
联邦卡尔曼滤波	0.96	0.85
自适应联邦卡尔曼滤波	0.94	0.85
容积卡尔曼滤波	0.94	0.85

表3.12 测线ML1组合导航计算耗时统计

种　类	集中式卡尔曼滤波	联邦卡尔曼滤波	自适应联邦卡尔曼滤波	容积卡尔曼滤波
计算耗时/s	71.4	86.9	91.0	92.1

集中式滤波将所有水下传感器的观测信息进行集中处理，能获得很好的滤波效果，从而得到高精度的重力测量结果。但是集中式卡尔曼滤波器的量测矢量维数过高，量测方程复杂，因此滤波器存在计算量大、计算时间长以及容错性差的缺点。

无论是联邦卡尔曼滤波还是自适应联邦卡尔曼滤波，由于将各个传感器的信息分别进行处理，再进行数据融合，完全克服了集中式卡尔曼滤波的缺点，因此能在保证重力测量精度的同时保证数据处理的有效性和可靠性。与集中式卡尔曼滤波相比，联邦卡尔曼滤波由于将量测信息分开进行处理，大大减小了单个滤波器的计算量，但由于滤波器个数增多无形当中可能会提高整个计算复杂度，从表3.12可知，其计算时间要长于集中式滤波。自适应联邦卡尔曼滤波相比联邦卡尔曼滤波计算更复杂，计算量更大，但由于考虑了量测噪声的时变性使系统具有更强的鲁棒性。

理论上，容积卡尔曼滤波方法细化了SINS的误差模型，滤波效果应该最好，得到的重力测量结果也应该最优。但是，由于重力仪的姿态传感器和加速度传感器均为高精度惯性传感器，SINS的姿态误差角为小角度，线性模型完全可以准确表示其误差模型，非线性模型对于姿态误差角比较大的低精度惯性传感器更适用，因此使用容积卡尔曼滤波方法效果不突出。容积卡尔曼滤波的状态维数和观测维数与集中式卡尔曼滤波相同，但由于其状态方程更复杂导致其计算量更大、计算时间更长。

综上所述，四种多传感器数据滤波方法各有优缺点，滤波效果相差不大。集中式卡尔曼滤波算法数据处理精度最高，计算耗时最短，在实际应用中为最优的滤波方法。

3.6 小　结

本章在2.3节水下重力测量数据处理与融合方法的基础上，对水下重力测量的多源数据融合方法展开研究。本章首先对基于SINS/DVL/USBL/DG的集中式卡尔曼滤波方法进行研究，获得了优于1mGal的重力测量精度。为了保证实际数据处理的可靠性和稳定性，分别对基于SINS/DVL/USBL/DG的联邦卡尔曼滤波方法和自适应联邦卡尔曼滤波方法进行研究，获得了较高质量的重力测量数据；然后针对SINS的非线性误差方程采用容积卡尔曼滤波方法进行水下重力数据处理，结果表明容积卡尔曼滤波方法可以获得与线性滤波方法同等水平的数据处理精度；最后对四种多传感器数据融合方法进行了归纳总结。

第4章　水下重力测量误差补偿方法

本书第3章介绍了水下重力测量多源数据融合方法，在水下传感器数据理想的情况下取得了不错的重力数据处理精度。在实际应用中，DVL会输出无效的对底速度引起测速误差，DG的水压值简单转换成深度也会带来误差，水下传感器以及SINS的测量误差会极大影响重力测量精度。一些学者对航空、车载重力测量的误差特性进行了详细分析[55-56,69]，但是由于水下环境的特殊性，这些文献的误差分析结论不能完全适用于水下重力测量，因此水下传感器和SINS的误差如何影响重力测量精度是需要解决的重点问题之一。

4.1　水下重力测量误差特性

将式（2.5）进行微分，得到水下重力测量的误差模型：

$$\begin{aligned} \mathrm{d}\delta g=&\delta f_U+(\phi_E f_N-\phi_N f_E)-\delta\ddot{h}-2V_E\omega\sin L\delta L\\ &+2\left(\omega\cos L+\frac{V_E}{R_N+h}\right)\delta V_E+2\frac{V_N}{R_M+h}\delta V_N-\delta\gamma_0+\gamma_w\cdot\delta h \end{aligned} \tag{4.1}$$

式中：$\mathrm{d}\delta g$ 为扰动重力矢量垂向分量的误差；$\delta\ddot{h}$ 为天向运动加速度的估计误差；δf_U 为天向比力的测量误差；$\delta\gamma_0$ 为与纬度相关的正常重力误差。

由式（4.1）可知，水下重力测量的误差源可以分为四类：SINS引起的姿态测量误差和比力误差；DVL引起的速度误差；USBL引起的水平位置误差；DG引起的深度测量误差。

4.1.1　惯性传感器误差特性分析

由惯性传感器引起的误差 $\mathrm{d}\delta g_i$ 表示为

$$\mathrm{d}\delta g_i=\delta f_U+\phi_E f_N-\phi_N f_E \tag{4.2}$$

惯性传感器分为重力传感器和姿态传感器，重力传感器引起的误差为 δf_U；姿态传感器引起的误差为 $\phi_E f_N-\phi_N f_E$。

4.1.1.1　重力传感器

δf_U 是 $\boldsymbol{C}_b^n\delta\boldsymbol{f}^b$ 的第三分量，姿态矩阵 $\boldsymbol{C}_b^n$ 与载体的运动状态有关，$\delta\boldsymbol{f}^b$ 为加

速度计的测量误差。在水下重力测量中，载体在测线上保持匀速直线运动，因此姿态转移矩阵 C_b^n 近似为常值。以南北测线为例，测线上 C_b^n 近似为单位阵，此时误差方程简化为 δf^b，换言之 δf_U 直接与重力传感器的测量误差有关。由2.2.3节静态测试可知，加速度计的测量精度为±0.4mGal，因此重力传感器引起的重力测量误差能够满足实际需求。

4.1.1.2　姿态传感器

可以从两个方面对姿态传感器引起的重力测量误差 $\phi_E f_N - \phi_N f_E$ 进行分析。一方面，在测线上载体保持匀速运动时，东向比力 f_E 和北向比力 f_N 一般小于 $0.001\mathrm{m/s^2}$，误差项可以忽略不计。

另一方面，姿态测量误差主要由陀螺的常值漂移导致，可近似表示为[1]

$$\psi = \frac{b_g}{\omega_s}\sin\omega_s t \tag{4.3}$$

$$\omega_s = \sqrt{g/R}$$

式中：ψ 为姿态测量误差；b_g 为陀螺常值漂移；ω_s 为舒拉角频率；g 为重力值；R 为地心距离。

假设载体的水平加速度经过100s低通滤波后为 $0.01\mathrm{m/s^2}$，仅考虑 $\phi_E f_N - \phi_N f_E$ 引起的重力测量误差，要使重力测量精度优于0.5mGal，水平姿态误差角应小于72″。根据式（4.3），可以推算出对陀螺零偏的要求为

$$b_g < \omega_s \cdot \psi \approx 0.09°/\mathrm{h} \tag{4.4}$$

本书选用的陀螺仪零偏稳定性优于0.005°/h，完全可以满足水下重力测量对陀螺仪零偏稳定性的要求。

4.1.2　速度误差特性分析

速度误差引起的重力测量误差 $\mathrm{d}\delta g_v$ 表示为

$$\mathrm{d}\delta g_v = 2\left(\omega\cos L + \frac{V_E}{R_N+h}\right)\delta V_E + 2\frac{V_N}{R_M+h}\delta V_N \tag{4.5}$$

假设纬度为45°，载体沿东西方向进行重力测量，当速度误差分别为0.005m/s、0.01m/s、0.05m/s、0.1m/s以及0.3m/s，载体速度分别为3kn、6kn、8kn、10kn以及12kn时，$\mathrm{d}\delta g_v$ 的统计结果如表4.1所列。

表4.1　速度误差引起的重力测量误差统计　　单位：mGal

速度/kn	速度误差/(m/s)				
	0.005	0.01	0.05	0.1	0.3
3	0.052	0.104	0.518	1.036	3.108
6	0.052	0.104	0.520	1.041	3.122

续表

速度/kn	速度误差/(m/s)				
	0.005	0.01	0.05	0.1	0.3
8	0.052	0.104	0.522	1.044	3.131
10	0.052	0.105	0.523	1.047	3.141
12	0.053	0.105	0.525	1.050	3.150

由表4.1可知，速度误差对重力测量影响很大，当速度误差为0.1m/s时，在不同载体运动速度情况下，重力测量误差均超过1mGal；当速度误差为0.05m/s时，在不同运动速度情况下重力测量误差也超过了0.5mGal。

一般地，水下重力仪以3kn的速度进行重力测量，假设重力仪沿东西测线测量，纬度为45°。根据式（4.5），在仅考虑速度误差的情况下，要使重力测量精度优于1mGal，速度误差最大不能超过0.096m/s。本书所使用的DVL的测量误差为0.2% $V\pm 2$mm/s，当载体速度为3kn时，DVL测速误差约为0.005m/s，此时引起的重力测量误差约为0.05mGal。

由式（2.21）可知，DVL测量的速度需转换到n系下才能用于重力数据计算。而n系下的DVL速度与SINS姿态误差以及SINS与DVL之间的安装角误差有关，所以实际上DVL的速度误差会被放大，假设n系下的DVL速度误差增加至0.01m/s，其造成的重力测量误差约为0.1mGal，同样能满足重力测量需求。

4.1.3 水平位置误差特性分析

由水平位置误差引起的重力测量误差$\mathrm{d}\delta g_p$表示为

$$\mathrm{d}\delta g_p = 2V_E\omega\sin L\delta L+\delta\gamma_0 \tag{4.6}$$

这部分误差可以分为两部分：厄特弗斯改正的计算误差$2V_E\omega\sin L\delta L$以及正常重力的计算误差$\delta\gamma_0$。

4.1.3.1 厄特弗斯改正的计算误差

假设载体沿东西测线以3kn的速度航行，纬度为45°，仅考虑水平位置影响，要使重力测量的精度优于0.1mGal，此时纬度误差应优于41232m。因此水平位置误差引起的厄特弗斯改正的计算误差完全可以忽略不计。

4.1.3.2 正常重力的计算误差

对式（2.7）进行微分，即可得到水平位置误差引起的正常重力计算误差$\mathrm{d}\gamma_0$：

$$\mathrm{d}\gamma_0 = 9.780327\times[10.6048\times10^{-3}\sin L\cos L-23.6\times10^{-6}\sin(2L)\cos(2L)]\delta L \tag{4.7}$$

考虑纬度误差分别为10m和100m时，通过式（4.7）得到从纬度0°到90°正常重力的计算误差如图4.1所示。当纬度误差为10m时，正常重力的计算误差最大不超过0.01mGal；当纬度误差为100m时，正常重力的计算误差最大不会超过0.1mGal。本书选用的USBL定位精度为斜距的0.04%，其中斜距为安装在拖体上的水下信标与母船上的换能器之间的直线距离。假设探测拖体在水下2000m深度处进行重力测量，此时斜距约为4000m，从而推算出USBL的定位精度约为1.6m，也能完全满足深海重力测量的需求。

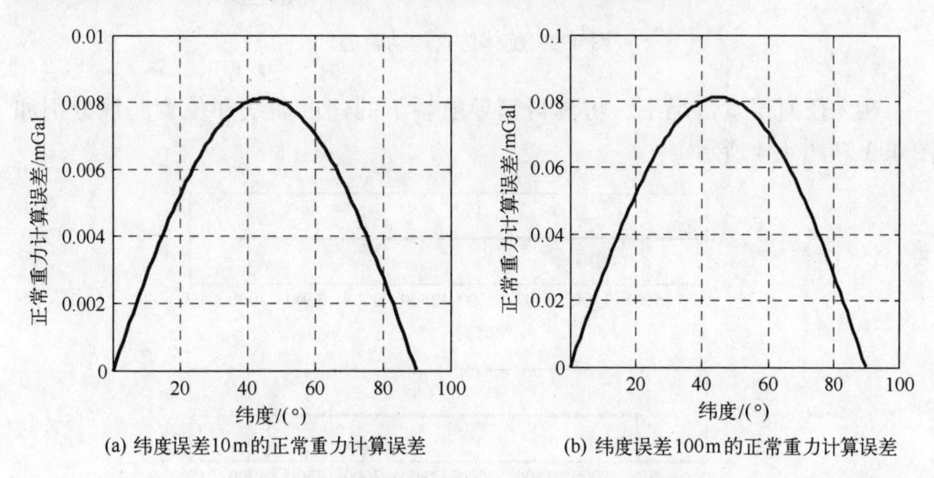

图4.1　纬度误差引起的正常重力的计算误差

4.1.4　深度误差特性分析

由深度测量误差引起的重力测量误差 $d\delta g_h$ 表示为

$$d\delta g_h = \delta \ddot{h} + \gamma_w \cdot \delta h \tag{4.8}$$

深度测量误差对重力测量的影响可分为两部分：重力梯度计算误差 $\gamma_w \cdot \delta h$ 和天向运动加速度误差 $\delta \ddot{h}$。

4.1.4.1　重力梯度计算误差

由计算公式 $\gamma_w \cdot \delta h$ 可知，1m的深度测量误差将引起0.223mGal的重力测量误差。本书选用的DG的精度为全量程的0.01%，考虑2000m的量程，DG的深度测量误差约为0.2m，从而引起的重力梯度计算误差约为0.04mGal，因此DG的测量精度完全满足重力梯度的计算要求。

4.1.4.2　天向运动加速度误差

载体运动加速度的估计误差会直接影响重力数据处理精度，本书使用DG的深度信息进行二次差分得到天向运动加速度。一般而言，运动加速度波动越大，重力测量精度越低，因此深度测量误差会通过天向运动加速度间接影响重力测量精度。

航空、船载重力仪在测量过程中深度变化平稳，但水下重力仪在水中由于受到水流等因素干扰，很难保持稳定的深度前行。假设拖体的运动轨迹如

图 4.2 所示，沿着水平方向做周期性的起伏运动，速度为 1m/s，深度波动不超过 1m。

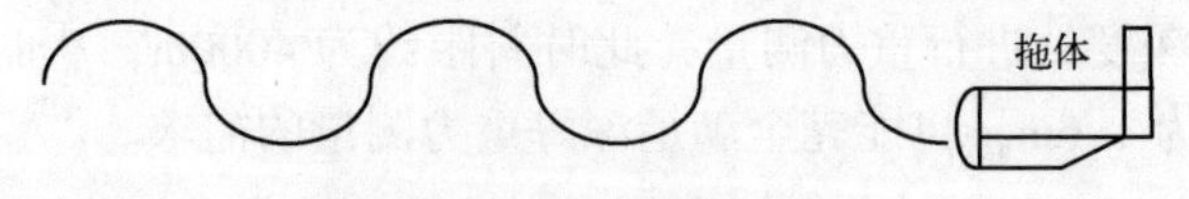

图 4.2 拖体仿真运动轨迹

在无任何误差情况下，仿真得到导航系下的速度曲线和位置曲线分别如图 4.3 和图 4.4 所示。

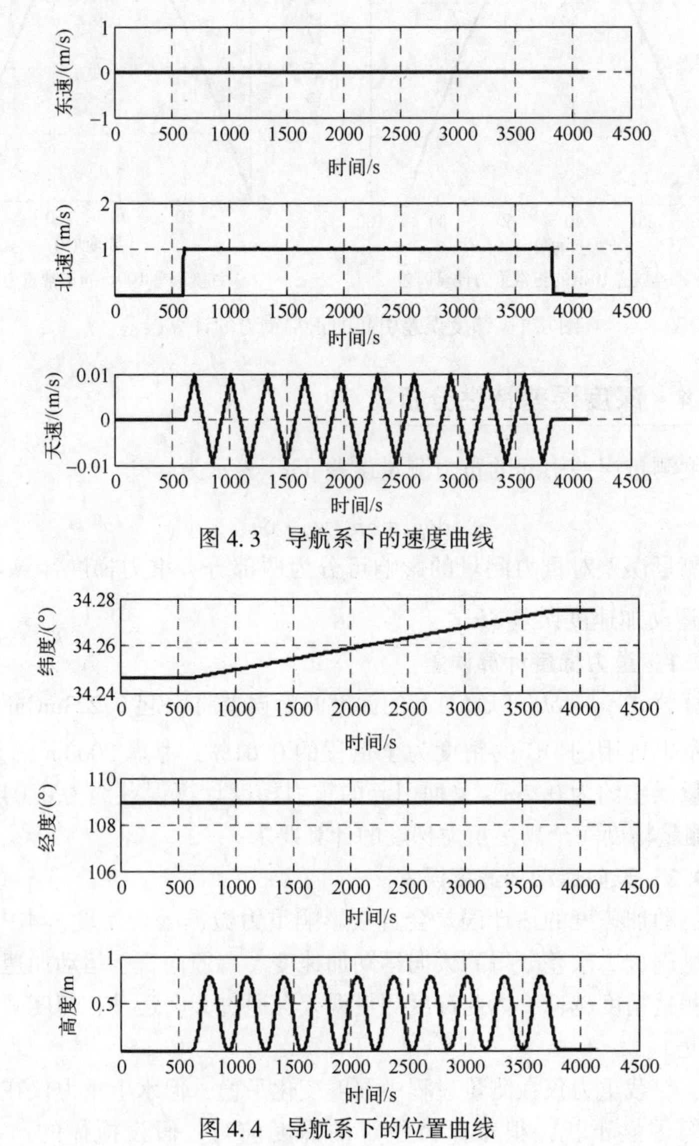

图 4.3 导航系下的速度曲线

图 4.4 导航系下的位置曲线

不考虑任何误差，将高度进行二次差分，并进行 200s 低通滤波，得到理想的天向运动加速度曲线如图 4.5 所示。

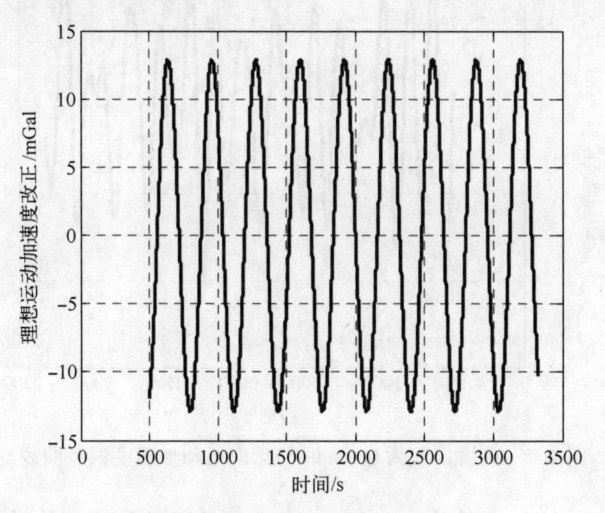

图 4.5 理想的天向运动加速度曲线

不考虑惯性器件误差、速度误差以及水平位置误差，将高度测量误差设为 0.1m，求得 200s 低通滤波后的天向运动加速度结果如图 4.6 所示。

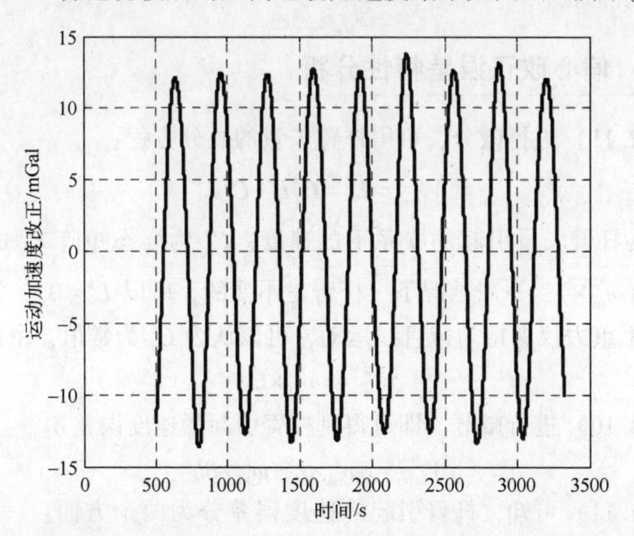

图 4.6 高度误差为 0.1m 时的天向运动加速度曲线

将图 4.6 的结果与图 4.5 的结果作差，求得高度误差为 0.1m 时的天向运动加速度误差曲线如图 4.7 所示。

对天向运动加速度的误差结果求标准差，得到误差标准差为 0.43mGal。

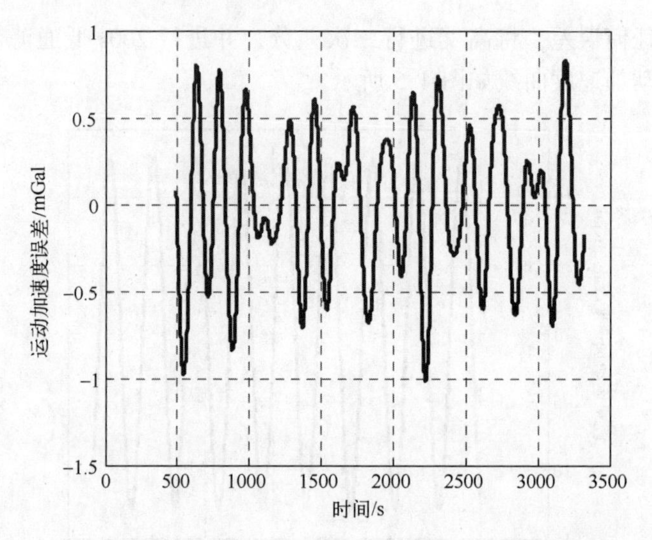

图 4.7　高度误差为 0.1m 时的天向运动加速度误差曲线

也就是说，0.1m 的高度误差将引起 0.43mGal 的运动加速度估计误差。在实际情况中，拖体的运动更为复杂，各种误差叠加在一起，运动加速度估计误差更大，因此深度测量误差应优于 0.1m，才能保证整体重力测量误差（外符合精度）优于 0.5mGal。

4.1.5　偏心改正误差特性分析

对式（2.11）进行微分，可得杆臂矢量的微分方程：

$$V_{\text{lever}}^{n}=\dot{L}^{n}=\dot{\boldsymbol{C}}_{b}^{n}L^{b}+\boldsymbol{C}_{b}^{n}\dot{L}^{b} \tag{4.9}$$

式中：V_{lever}^{n} 为杆臂矢量引起的 n 系下的速度；$\dot{\boldsymbol{C}}_{b}^{n}$ 为姿态矩阵 $\boldsymbol{C}_{b}^{n}$ 的微分形式，且 $\dot{\boldsymbol{C}}_{b}^{n}=\boldsymbol{C}_{b}^{n}\cdot(\omega_{nb}^{b}\times)$；一般情况下，杆臂是不变的，所以 $\dot{L}^{b}=0$。

在测线上重力仪保持匀速直线运动，可以认为 $\boldsymbol{C}_{b}^{n}$ 为常值，由此推导出

$$V_{\text{lever}}^{n}=\omega_{nb}^{b}\times L^{b} \tag{4.10}$$

对式（4.10）进行微分，即可得到杆臂引起的速度误差 $\delta V_{\text{lever}}^{n}$：

$$\delta V_{\text{lever}}^{n}=\delta\omega_{nb}^{b}\times L^{b}+\omega_{nb}^{b}\times\delta L^{b} \tag{4.11}$$

由式（4.11）可知，杆臂引起的速度误差分为两个方面：一方面是杆臂误差经角速度作用后引起的速度误差 $\omega_{nb}^{b}\times\delta L^{b}$，另一方面是角速度误差经杆臂作用后引起的速度误差 $\delta\omega_{nb}^{b}\times L^{b}$。

这里只考虑速度误差 $\omega_{nb}^{b}\times\delta L^{b}$，选取附录 A 的重复测线 ML1，求取其角速度矢量 $\boldsymbol{\omega}_{nb}^{b}$，如图 4.8 所示。其中，红色曲线为载体的俯仰角曲线；蓝色曲线为载体的横滚角曲线；绿色曲线为载体的航向角曲线。

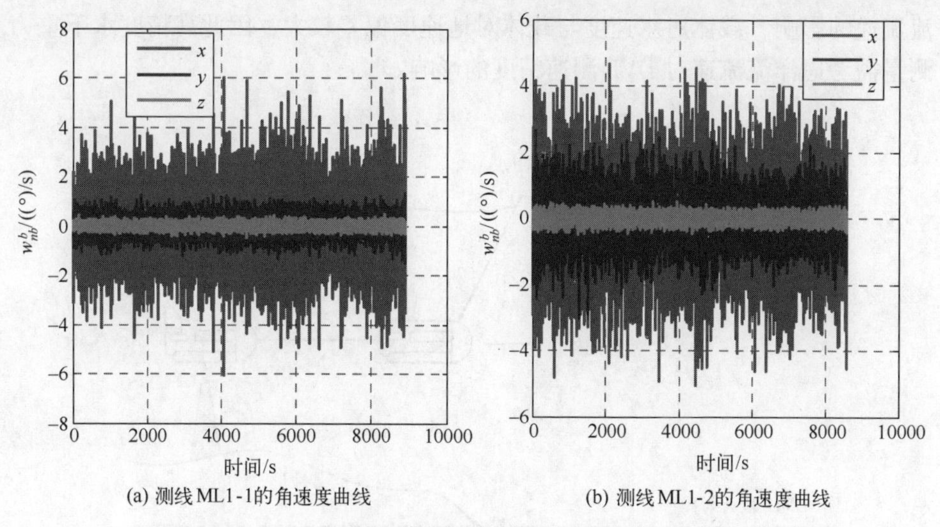

(a) 测线ML1-1的角速度曲线　(b) 测线ML1-2的角速度曲线

图4.8　测线ML1的拖体运动角速度曲线（见彩图）

由图4.8可知，载体的俯仰角曲线变化最大，横滚角次之，航向角变化最小。俯仰角运动不超过6.2(°)/s，假设杆臂测量误差为0.1m，则其引起的速度测量误差最大为

$$6.2(°)/\mathrm{s}\times\frac{\pi}{180}\times 0.1\approx 0.01(\mathrm{m/s}) \tag{4.12}$$

由4.1.2节分析可知，0.01m/s的速度误差造成的重力测量误差约为0.1mGal，因此0.1m的杆臂测量误差导致重力测量误差为0.1mGal。由于DVL、DG与重力仪安装距离较近，不超过30cm，因此杆臂测量误差优于0.1m，偏心改正能满足重力测量需求。

4.2　考虑未知洋流流速的SINS/DVL组合导航方法

4.2.1　DVL工作模式

DVL的有效工作距离约为0.4~175m，深海重力探测时DVL距离海底约100~200m，因此DVL向海底发射超声波可能无法到达海底，从而测量的是载体对水的速度。如图4.9所示，探测拖体从A点到C点测量过程中，受海底地形影响，安装在探测拖体上的DVL在AB段航程中发射的信号能打到海底，此时测量的是对地速度；在BC段航程中DVL到海底的距离超过了其工作距离，此时DVL向下发射声波信号不能到达海底，测量的是对水速度。由水下重力测量的基本方程可知，重力异常求解需提供载体在导航系下的对地速度。受洋

流流速的影响，载体对水速度与载体对地速度偏差较大，因此高精度水下重力测量需考虑洋流流速对 DVL 测速精度的影响。

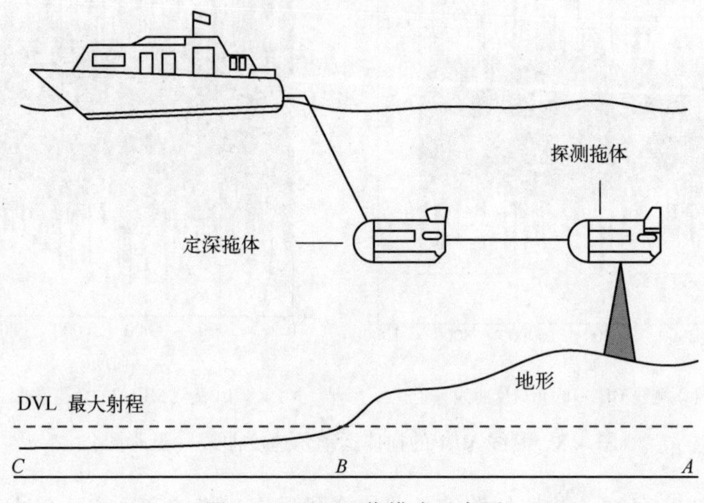

图 4.9 DVL 工作模式示意图

DVL 通常有底跟踪和水跟踪两种工作模式，但当载体对底距离超过了 DVL 测速有效范围时，DVL 可以切换至水跟踪模式。本书利用 DVL 这两种工作模式，建立相应的误差方程，估计载体在导航系下的对地速度以及洋流流速。

4.2.2 算法模型

在 SINS/DVL 组合导航系统中，选取 7 个变量作为卡尔曼滤波的状态矢量，即

$$\boldsymbol{X}=[\phi_E \quad \phi_N \quad \phi_U \quad \delta V_E \quad \delta V_N \quad V_W^E \quad V_W^N]^{\mathrm{T}} \tag{4.13}$$

式中：V_W^E、V_W^N 分别为洋流东速和洋流北速。

假设洋流流速短时间内是恒定不变的，洋流东速和洋流北速的微分方程为

$$\begin{cases}\dot{V}_W^E=0\\ \dot{V}_W^N=0\end{cases} \tag{4.14}$$

由此可以得出 SINS/DVL 组合导航系统的状态方程：

$$\dot{\boldsymbol{X}}=\boldsymbol{A}\boldsymbol{X}+\boldsymbol{B}\boldsymbol{W} \tag{4.15}$$

$$\boldsymbol{A}=\begin{bmatrix}\boldsymbol{A}1 & \boldsymbol{0}_{5\times 2}\\ \boldsymbol{0}_{2\times 5} & \boldsymbol{0}_{2\times 2}\end{bmatrix} \tag{4.16}$$

$$
\boldsymbol{A}1=\begin{bmatrix}
0 & \omega_{ie}\sin L+\dfrac{V_E\tan L}{R_N+h} & -\left(\omega_{ie}\cos L+\dfrac{V_E}{R_N+h}\right) & 0 & -\dfrac{1}{R_M+h} \\
-\left(\omega_{ie}\sin L+\dfrac{V_E\tan L}{R_N+h}\right) & 0 & -\dfrac{V_N}{R_M+h} & \dfrac{1}{R_N+h} & 0 \\
\omega_{ie}\cos L+\dfrac{V_E}{R_N+h} & \dfrac{V_N}{R_M+h} & 0 & \dfrac{\tan L}{R_N+h} & 0 \\
0 & -f_U & f_N & \dfrac{V_N\tan L}{R_N+h} & 2\omega_{ie}\sin L+\dfrac{V_E\tan L}{R_N+h} \\
f_U & 0 & -f_E & -2\left(\omega_{ie}\sin L+\dfrac{V_E\tan L}{R_N+h}\right) & 0
\end{bmatrix}
\tag{4.17}
$$

观测方程根据 DVL 的两种工作模式分为两种情况，DVL 在 n 系下的测量速度如式（3.14）所示，当 DVL 测量的为对底速度时，不用考虑洋流流速影响，从而可以得到 $\boldsymbol{v}_{\mathrm{SINS}}^n=\boldsymbol{v}_{\mathrm{DVL}}^n$，此时观测量为

$$
\boldsymbol{Z}=\tilde{\boldsymbol{v}}_{\mathrm{SINS}}^n-\tilde{\boldsymbol{v}}_{\mathrm{DVL}}^n=\boldsymbol{v}_{\mathrm{SINS}}^n+\delta\boldsymbol{v}_{\mathrm{SINS}}^n-\boldsymbol{v}_{\mathrm{DVL}}^n-(\boldsymbol{v}_{\mathrm{DVL}}^n\times)\boldsymbol{\psi}=\delta\boldsymbol{v}_{\mathrm{SINS}}^n-(\boldsymbol{v}_{\mathrm{DVL}}^n\times)\boldsymbol{\psi} \tag{4.18}
$$

仅考虑东速和北速观测量，将式（4.18）展开，可以得到

$$
\begin{cases}
\boldsymbol{Z}=[Z_1 \quad Z_2]^{\mathrm{T}} \\
Z_1=\delta V_E+V_{\mathrm{DVL}}^U\phi_N-V_{\mathrm{DVL}}^N\phi_U \\
Z_2=\delta V_N-V_{\mathrm{DVL}}^U\phi_E+V_{\mathrm{DVL}}^E\phi_U
\end{cases}
\tag{4.19}
$$

对应的量测矩阵为

$$
\begin{cases}
\boldsymbol{H}=[\boldsymbol{H}_1 \quad \boldsymbol{I}_2 \quad \boldsymbol{0}_{2\times 2}] \\
\boldsymbol{H}_1=\begin{bmatrix} 0 & V_{\mathrm{DVL}}^U & -V_{\mathrm{DVL}}^N \\ -V_{\mathrm{DVL}}^U & 0 & V_{\mathrm{DVL}}^E \end{bmatrix}
\end{cases}
\tag{4.20}
$$

当 DVL 测量对水速度时，$\boldsymbol{v}_{\mathrm{DVL}}^n$ 为 n 系下对水速度，有

$$
\boldsymbol{v}_{\mathrm{SINS}}^n=\boldsymbol{v}_{\mathrm{DVL}}^n+\boldsymbol{v}_W^n \tag{4.21}
$$

式中：$\boldsymbol{v}_W^n$ 为洋流流速。

此时观测量为

$$
\begin{aligned}
\boldsymbol{Z}&=\tilde{\boldsymbol{v}}_{\mathrm{SINS}}^n-\tilde{\boldsymbol{v}}_{\mathrm{DVL}}^n \\
&=\boldsymbol{v}_{\mathrm{SINS}}^n+\delta\boldsymbol{v}_{\mathrm{SINS}}^n-\boldsymbol{v}_{\mathrm{DVL}}^n-(\boldsymbol{v}_{\mathrm{DVL}}^n\times)\boldsymbol{\psi} \\
&=\delta\boldsymbol{v}_{\mathrm{SINS}}^n+\boldsymbol{v}_W^n-(\boldsymbol{v}_{\mathrm{DVL}}^n\times)\boldsymbol{\psi}
\end{aligned}
\tag{4.22}
$$

将式（4.22）展开，可以得到

$$\begin{cases} \boldsymbol{Z}=\left[\begin{array}{ll} Z_1 & Z_2 \end{array}\right]^{\mathrm{T}} \\ Z_1=\delta V_E+V_W^E+V_{\mathrm{DVL}}^U \phi_N-V_{\mathrm{DVL}}^N \phi_U \\ Z_2=\delta V_N+V_W^N-V_{\mathrm{DVL}}^U \phi_E+V_{\mathrm{DVL}}^E \phi_U \end{cases} \tag{4.23}$$

对应的量测矩阵为

$$\begin{cases} \boldsymbol{H}=\left[\begin{array}{lll} \boldsymbol{H}_1 & \boldsymbol{I}_2 & \boldsymbol{I}_2 \end{array}\right] \\ \boldsymbol{H}_1=\left[\begin{array}{ccc} 0 & V_{\mathrm{DVL}}^U & -V_{\mathrm{DVL}}^N \\ -V_{\mathrm{DVL}}^U & 0 & V_{\mathrm{DVL}}^E \end{array}\right] \end{cases} \tag{4.24}$$

考虑未知洋流流速影响的 SINS/DVL 组合导航方法流程图如图 4.10 所示。

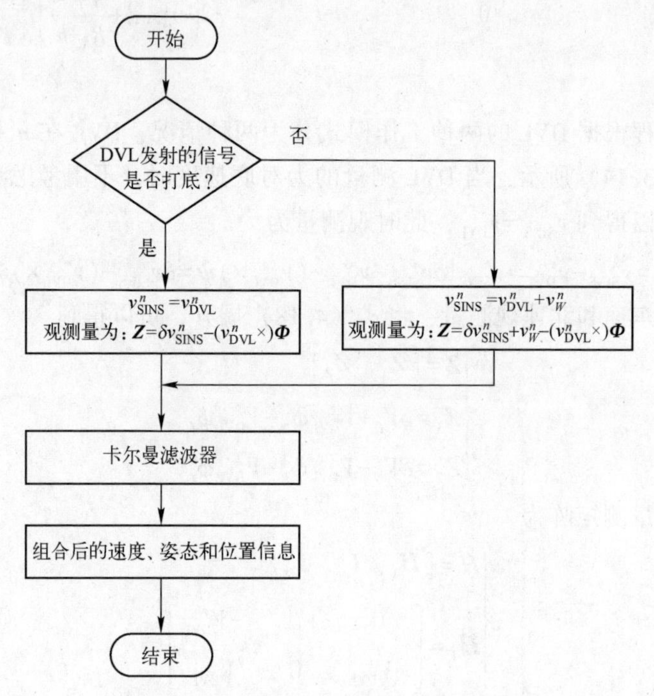

图 4.10　考虑未知洋流流速的 SINS/DVL 组合导航方法流程图

具体步骤可以总结如下。

(1) 判断 DVL 发射的信号是否能打底，即判断 DVL 输出的对底速度是否有效。

(2) 如果 DVL 发射的信号能打底，输出有效的对底速度，则卡尔曼滤波器的观测量和量测矩阵按照式（4.19）和式（4.20）执行，然后跳转至步骤（4）。

(3) 若 DVL 发射的信号无法打底，DVL 输出无效的对底速度，仅能输出对水速度，则组合导航卡尔曼滤波器的观测量和量测矩阵分别按照式（4.23）

和式（4.24）执行，接着跳转至步骤（4）。

（4）按照对应的状态方程和量测方程进行卡尔曼滤波，得到组合后的速度、姿态以及位置信息。

（5）当 DVL 数据再次输入时，执行步骤（1）。

4.2.3　验证分析

4.2.3.1　仿真验证

仿真试验轨迹如图 4.11 所示，红色轨迹为 DVL 对水观测时段，蓝色轨迹为对底观测时段，假设洋流流速为 $\boldsymbol{v}_W^n=[0.3\quad 0.3\quad 0]$ m/s，载体以 6m/s 的速度匀速前进。陀螺仪和加速度计均包含白噪声，DVL 测速误差为 0.01m/s，具体参数如表 4.2 所列。

表 4.2　仿真参数

项　目	数　值
加速度计零偏	10mGal
陀螺仪漂移	0.005°/h
DVL 测速误差	0.01m/s

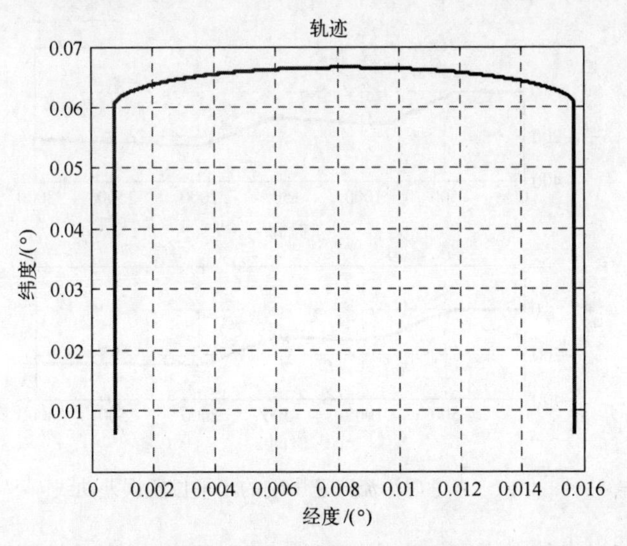

图 4.11　仿真试验轨迹（见彩图）

不考虑洋流流速影响，采用基本的 SINS/DVL 组合导航算法进行数据处理，得到的水平速度误差曲线和水平位置误差曲线分别如图 4.12 和图 4.13 所示。由图 4.12 可知，东速误差和北速误差曲线在 DVL 输出对水速度航段都有较大跳变，其中东速误差最大为 0.33m/s，北速误差最大为 0.37m/s；由图 4.13 看出，纬度误差曲线和经度误差曲线在 DVL 输出对水速度航段呈线性趋势且变化较大，DVL 输出对底速度航段变化缓慢，纬度误差最大为 240m，经度误差最大为 247m。由 4.1.2 节分析可知，速度误差无法满足重力测量需求。

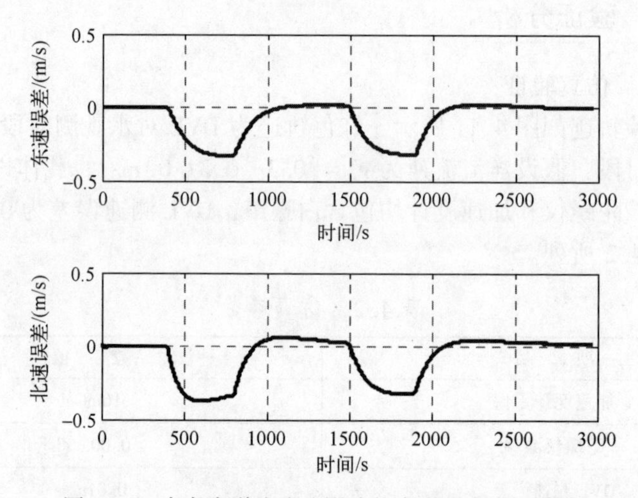

图 4.12 未考虑洋流流速影响的水平速度误差曲线

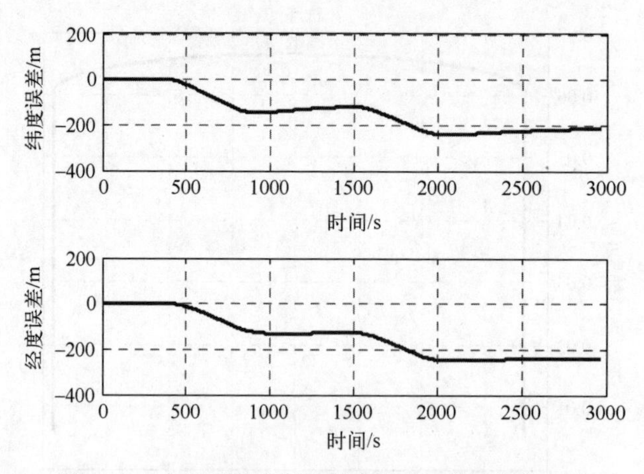

图 4.13 未考虑洋流流速影响的水平位置误差曲线

采用本节提出的考虑未知洋流流速的 SINS/DVL 组合导航算法进行数据处理，得到水平速度误差曲线和水平位置误差曲线分别如图 4.14 和图 4.15 所示。

由图 4.14 和图 4.15 可知，采用考虑未知洋流流速的 SINS/DVL 组合导航方法得到的水平速度误差最大不超过 0.015m/s，水平位置误差最大不超过

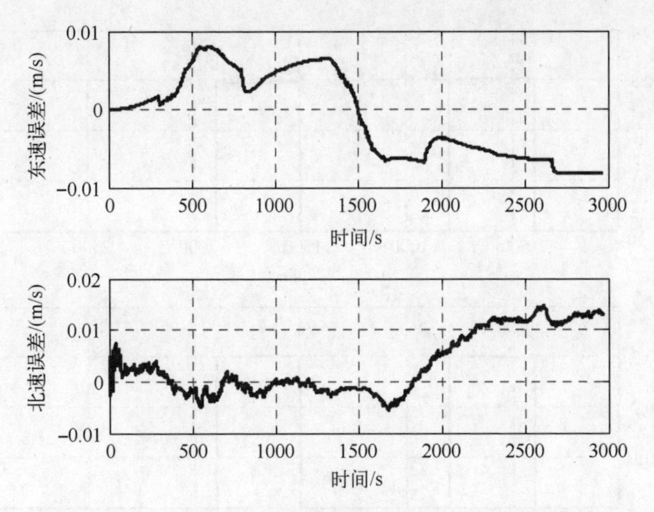

图 4.14 考虑未知洋流流速影响的水平速度误差曲线

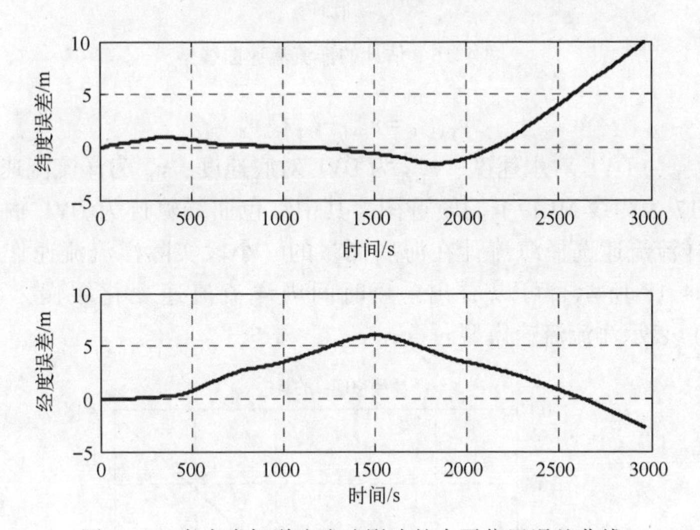

图 4.15 考虑未知洋流流速影响的水平位置误差曲线

10m，水平速度误差曲线和水平位置误差曲线均没有大的跳变，直接验证了新算法的有效性。估计的洋流流速曲线如图 4.16 所示，实际估计出来的洋流流速与设定值相差无几。由此看出，考虑未知洋流流速的 SINS/DVL 组合导航方法能补偿由 DVL 超声波信号无法打底引起的测速误差，同时很好地估计出洋流流速，输出的导航结果也能满足重力测量需求。

4.2.3.2 试验数据验证

试验数据采用附录 A 的南海某海域的试验数据，选取其中一条测线 ML1-1 进行试验验证。由于试验所用的 DVL 只有对底速度输出，不能输出对水速度，本书根据式（4.25）模拟 DVL 对水速度，有

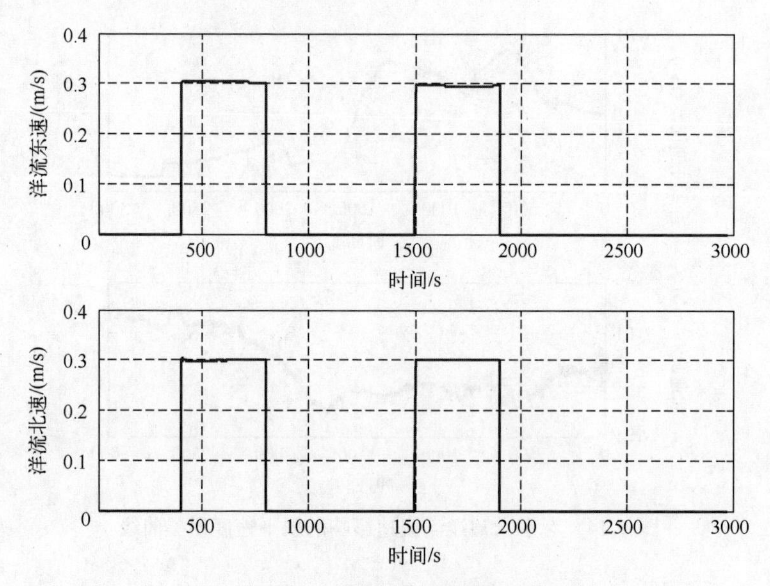

图 4.16 估计的洋流流速曲线

$$\boldsymbol{v}_{\mathrm{DVL-}W}^{m}=\boldsymbol{v}_{\mathrm{DVL}}^{m}-\boldsymbol{C}_{b}^{m}\boldsymbol{C}_{n}^{b}\boldsymbol{v}_{W}^{n} \tag{4.25}$$

式中：$\boldsymbol{v}_{\mathrm{DVL-}W}^{m}$为 DVL 对水速度；$\boldsymbol{v}_{\mathrm{DVL}}^{m}$为 DVL 对底速度；$\boldsymbol{v}_{W}^{n}$ 为洋流流速。

图 4.17 为测线 ML1-1 的轨迹图，其中红色曲线轨迹为 DVL 输出对水速度航段。洋流流速选择海流计在海底测量的一小段实际洋流流速作为仿真参数，如图 4.18 所示。可以看出，短时间内洋流流速变化缓慢，可以采用式（4.14）表示洋流流速模型。

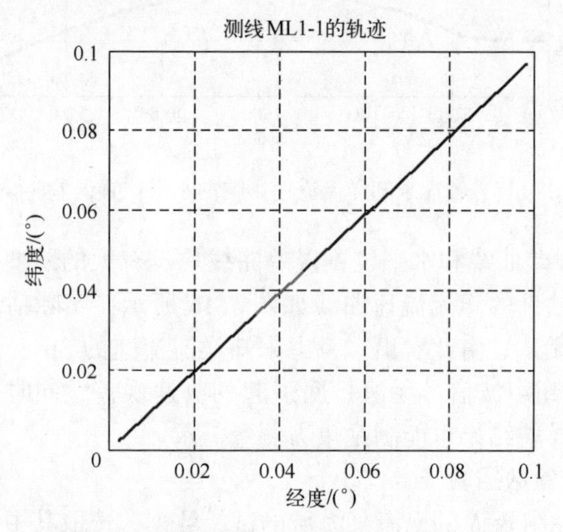

图 4.17 测线 ML1-1 的轨迹图（见彩图）

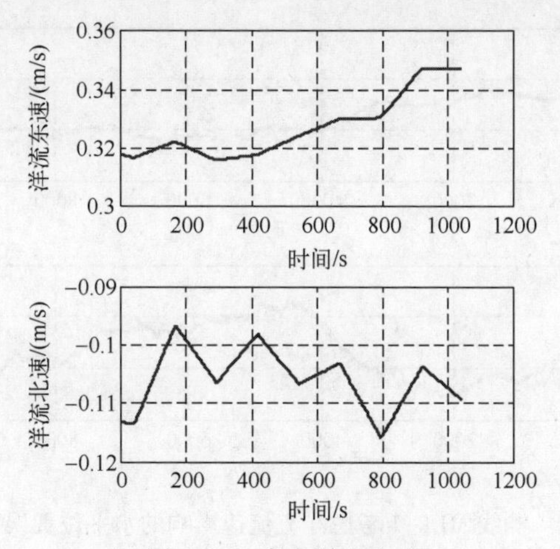

图 4.18 真实洋流流速

以 USBL 的水平位置数据为基准，不考虑洋流流速影响，采用传统的基于 SINS/DVL 的组合导航方法进行数据处理，得到的水平位置误差曲线如图 4.19 所示。其中，纬度误差最大为 100m，经度误差最大为 380m。

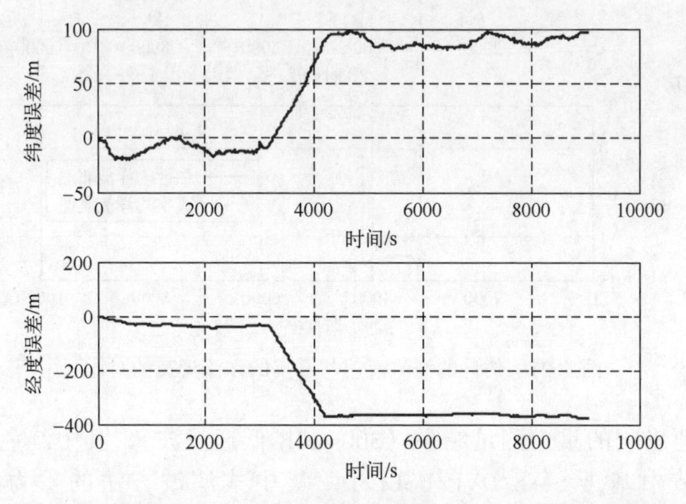

图 4.19 测线 ML1−1 未考虑洋流流速影响的水平位置误差曲线

采用考虑未知洋流流速的 SINS/DVL 组合导航方法进行数据处理，得到的水平位置误差曲线如图 4.20 所示，纬度误差最大为 60m，经度误差最大为 33m，采用新算法极大地提高了导航位置精度。

由图 4.21 可知，估计的洋流流速与真实的洋流流速接近，最大的洋流流速估计误差约为 0.02m/s。

将两种方法解算出来的导航结果分别进行重力异常提取。图 4.22 为未考

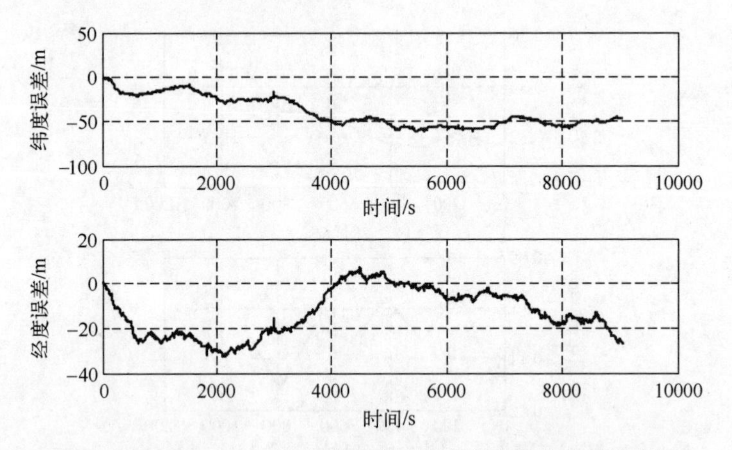

图 4.20 测线 ML1-1 考虑洋流流速影响的水平位置误差曲线

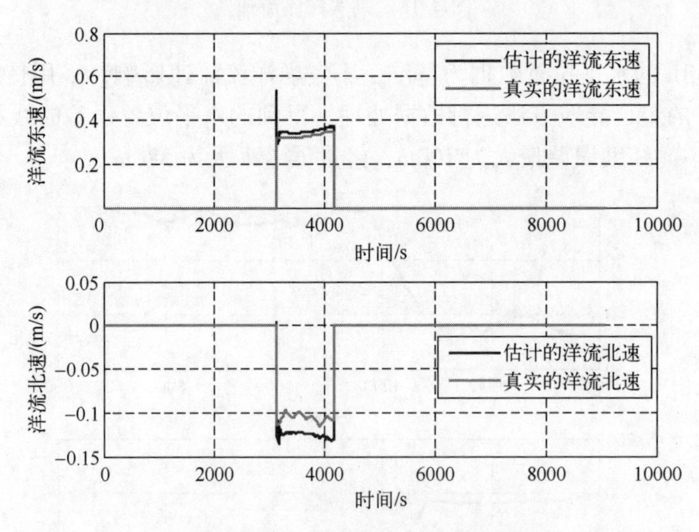

图 4.21 估计的洋流流速与真实的洋流流速的对比

虑洋流流速影响的重力测量结果（300s FIR 低通滤波），其中红色曲线为第 3 章 3.1 节中基于 SINS/DVL/USBL/DG 集中式滤波方法的重力测量结果（300s FIR 低通滤波）；图 4.23 为考虑洋流流速影响的重力测量结果（300s FIR 低通滤波），这里以基于集中式滤波方法的重力测量结果（红色曲线）为标准值。可知，未考虑洋流流速影响的重力测量结果与标准值无论是幅值还是趋势都有较大差异，而考虑洋流流速影响的重力测量结果与标准值趋势一致，幅值大小也一致。这说明不考虑 DVL 输出对水速度引起的测速误差无法得到有效的重力测量结果，从侧面反映了考虑未知洋流流速的 SINS/DVL 组合导航方法的可行性。

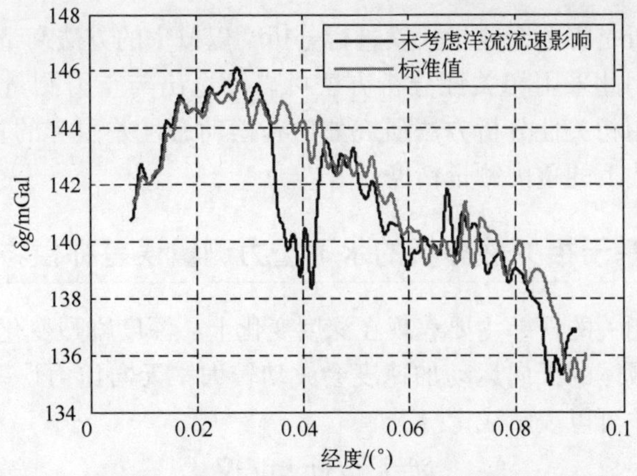

图 4.22　测线 ML1-1 未考虑洋流流速影响的重力测量结果
（300s FIR 低通滤波）（见彩图）

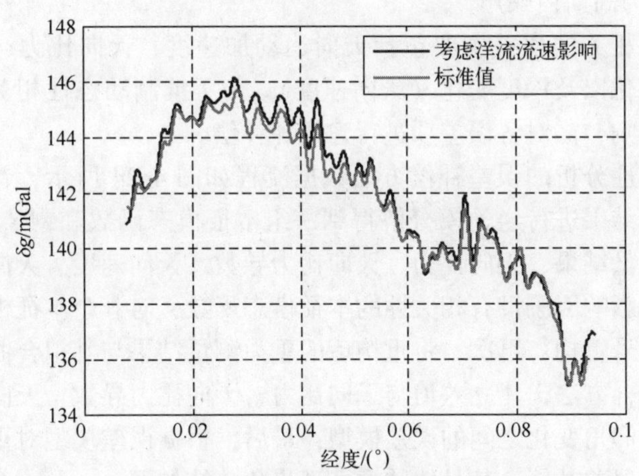

图 4.23　测线 ML1-1 考虑洋流流速影响的重力测量结果
（300s FIR 低通滤波）（见彩图）

4.3　基于相关性分析的水下重力测量误差补偿方法

载体动态性是影响捷联式重力仪测量精度的重要因素之一。一般情况下，载体动态性越差，重力测量精度越低。载体动态性主要体现在深度变化上，深度变化越剧烈、波动越大，载体动态性越差。因为载体运动加速度是通过深度二次差分得到的，载体动态性会影响运动加速度估计，从而间接影响重力测量精度。底跟踪模式下的水下重力测量是让重力仪与海底保持恒定高度进行测量，可以让重力仪更靠近海底，测量更精细的重力异常信号。但是由于海底地形的多变性，这种测量手段会导致重力仪的深度变化频繁，载体动态性随之变差，重力测量数据质量也有所下降。

相关性分析是将两个变量元素进行分析，以概率的方法衡量二者之间的相关密切程度，因此采用相关性分析方法可以筛选出与重力测量误差相关的变量。本节拟采用相关性分析方法研究如何补偿动态性差引起的重力测量误差，保证底跟踪模式下的重力测量精度。

4.3.1 基于相关性分析的水下重力测量误差补偿方法流程

与动态性相关的误差主要表现在深度变化上，深度剧烈变化会引起载体的俯仰角变化，载体的天向运动加速度会波动较大，天向比力误差也随之变大。而天向比力误差可以表示成[69]

$$\delta f=k\cdot f+\tau\cdot \mathrm{d}f+\nabla \tag{4.26}$$

式中：δf 为天向比力误差；k 为刻度因子误差；$\mathrm{d}f$ 为天向比力导数；τ 为时间延时系数；∇为高斯白噪声。

与动态性相关的误差主要包括天向运动加速度、天向比力、天向比力导数、俯仰角变化以及深度变化（天向速度）。为了抑制动态性相关的误差项对重力测量的影响，需对各误差项进行建模和补偿。

基于相关性分析的误差补偿方法数据流程如图 4.24 所示，首先，将测线上的重力测量结果进行经验模分解得到一组本征模态函数和剩余信号；其次，去掉与重力测量结果、天向比力、天向比力导数、天向速度、天向加速度以及俯仰角变化等影响因子没有相关性的本征模态函数，对其余本征模态函数和剩余信号进行信号重构；再次，将重构后的重力测量结果与其拟合曲线作差，根据最小二乘拟合方法，建立差值与天向比力、天向比力导数、天向速度、天向加速度以及俯仰角变化之间的误差模型；最后，根据误差模型对重构后的重力测量结果进行误差补偿。其具体数据处理步骤总结如下。

（1）求取测区内每条测线的深度曲线，并对每条测线的深度值求标准差；标准差越大，该条测线的深度变化越剧烈，测线上载体的动态性越差；选择深度曲线标准差最大的测线作为目标测线。

（2）计算重力仪在目标测线上的天向比力、深度、俯仰角变化以及重力测量结果；将天向比力进行差分得到天向比力导数，将深度进行差分得到天向速度，将天向速度进行差分得到天向加速度；并将重力测量结果、天向比力、天向比力导数、天向速度、天向加速度以及俯仰角变化作为影响因子。

（3）对目标测线的重力测量结果进行经验模分解，获得一组从低频到高频的本征模态函数以及一个剩余信号。将各本征模态函数与重力测量结果、天向比力、天向比力导数、天向速度、天向加速度以及俯仰角变化等影响因子进行相关性分析，得到相关性系数 r。当 $|r|\geqslant 0.7$ 时，本征模态函数与影响因子相关性强；当 $0.2\leqslant|r|<0.7$ 时，本征模态函数与影响因子相关性弱；当 $|r|<0.2$

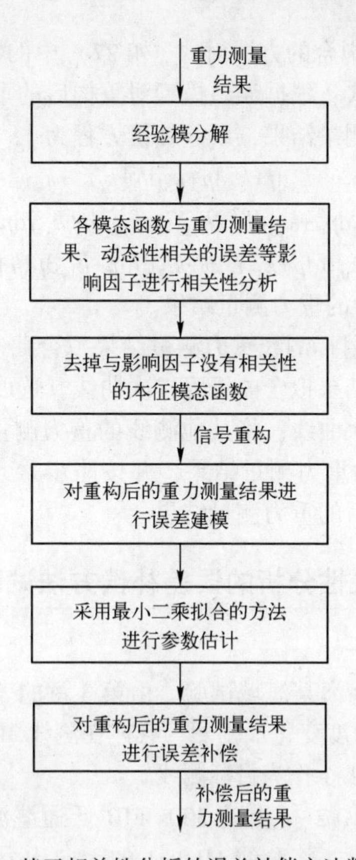

图 4.24 基于相关性分析的误差补偿方法数据流程

时，本征模态函数与影响因子没有相关性。根据 r 的取值范围，确定相关性强的本征模态函数以及相关性弱的本征模态函数。

（4）去掉与重力测量结果、天向比力、天向比力导数、天向速度、天向加速度以及俯仰角变化均没有相关性的本征模态函数，对余下的本征模态函数和剩余信号进行累加，得到重构后的重力测量结果。对重构后的重力测量结果进行曲线拟合，得到拟合后的重力测量结果曲线；以拟合曲线为标准值，求取重构后的重力测量结果与拟合曲线之间的差值，即目标测线的重力测量误差。

（5）建立重力测量误差与天向比力、天向比力导数、天向速度、天向加速度以及俯仰角变化之间的模型，表达式为

$$\begin{aligned}\delta g_{\text{fitting}}-\delta g_1 = {} & k_1 f+k_2 \dot{v}+k_3 \mathrm{d}f+k_4 \mathrm{d}p+k_5 \mathrm{d}h+k_6 f^2+k_7 \dot{v}^2 \\ & +k_8 \mathrm{d}f^2+k_9 \mathrm{d}p^2+k_{10} \mathrm{d}h^2+k_{11} f\dot{v}+k_{12} f\mathrm{d}f+k_{13} f\mathrm{d}p+k_{14} f\mathrm{d}h \\ & +k_{15} \dot{v}\,\mathrm{d}f+k_{16} \dot{v}\,\mathrm{d}p+k_{17} \dot{v}\,\mathrm{d}h+k_{18} \mathrm{d}f\mathrm{d}p+k_{19} \mathrm{d}f\mathrm{d}h+k_{20} \mathrm{d}p\mathrm{d}h\end{aligned} \tag{4.27}$$

式中：$\delta g_{\text{fitting}}$ 为拟合后的重力测量结果；δg_1 为重构后的重力测量结果；$\dot{v}$ 为天向加速度；$\mathrm{d}p$ 为俯仰角变化；$\mathrm{d}h$ 为天向速度；$k_n(n=1,2,\cdots,20)$ 为误差模型参数。

(6) 利用最小二乘拟合的方法对式 (4.27) 中的各个模型参数进行估计，得到误差方程的具体形式；根据误差模型对重构后的重力测量结果进行误差补偿，得到补偿后的重力测量结果，误差补偿方程为

$$\begin{aligned}\delta g_{\text{compensate}} = &\delta g_1 + k_1 f + k_2 \dot{v} + k_3 \mathrm{d}f + k_4 \mathrm{d}p + k_5 \mathrm{d}h + k_6 f^2 + k_7 \dot{v}^2 \\ &+ k_8 \mathrm{d}f^2 + k_9 \mathrm{d}p^2 + k_{10} \mathrm{d}h^2 + k_{11} f\dot{v} + k_{12} f\mathrm{d}f + k_{13} f\mathrm{d}p + k_{14} f\mathrm{d}h \\ &+ k_{15} \dot{v}\,\mathrm{d}f + k_{16} \dot{v}\,\mathrm{d}p + k_{17} \dot{v}\,\mathrm{d}h + k_{18} \mathrm{d}f\mathrm{d}p + k_{19} \mathrm{d}f\mathrm{d}h + k_{20} \mathrm{d}p\mathrm{d}h\end{aligned} \tag{4.28}$$

式中：$\delta g_{\text{compensate}}$为补偿后的重力测量结果。

(7) 选出测区中与目标测线重力测量结果拟合曲线类型相同的其他测线，如目标测线的重力测量结果拟合曲线为二次曲线，选取的其他测线的重力测量结果拟合曲线也应为二次曲线；将其他测线的重力测量结果按照步骤 (3) 和步骤 (4) 得到重构后的重力测量结果，并按照步骤 (6) 的误差模型公式进行误差补偿，得到补偿后的重力测量结果。

 4.3.2 基于相关性分析的误差补偿方法试验验证

4.3.2.1 试验验证一

试验选用附录 A 的南海某海域试验。由第 3 章的表 3.1 可知，测线 ML2-1 的深度值标准差最大，深度变化最剧烈，载体在测线 ML2-1 进行测量时动态性最差，因此选择测线 ML2-1 作为目标测线。

计算重力仪在测线 ML2-1 上的 300s FIR 低通滤波后的天向比力、深度、俯仰角以及重力测量结果；将测线 ML2-1 的天向比力进行差分得到天向比力导数，如图 4.25 所示；将深度进行差分得到天向速度曲线，如图 4.26 所示；将天向速度再次进行差分得到天向加速度曲线，如图 4.27 所示。对测线 ML2-1

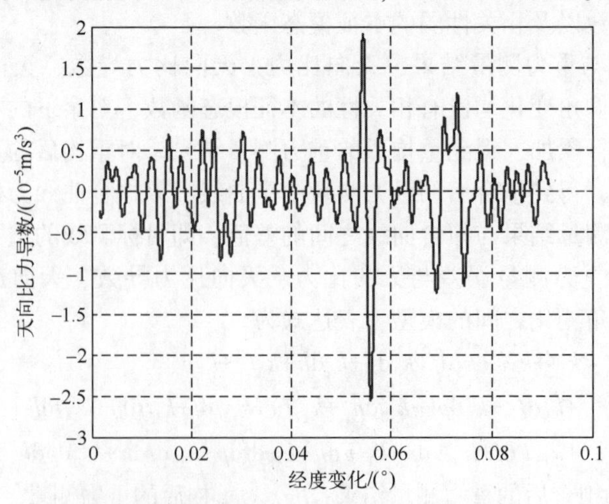

图 4.25 测线 ML2-1 的天向比力导数曲线

的 300s 低通滤波后的重力测量结果进行经验模分解，获得一组从高频到低频的本征模态函数 imf1～imf6 以及一个剩余信号，如图 4.28 所示。

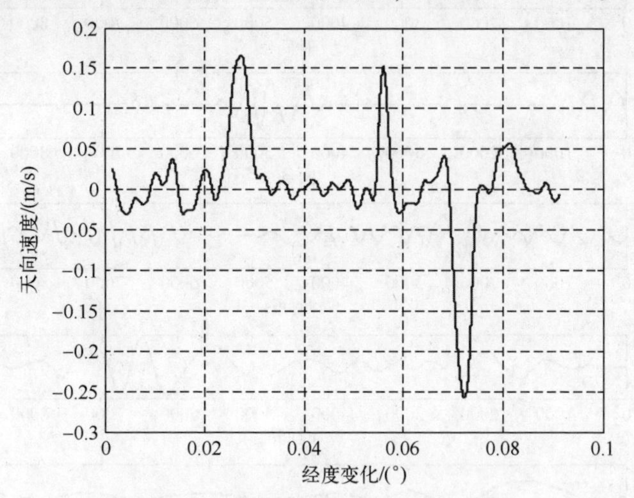

图 4.26 测线 ML2-1 的天向速度曲线

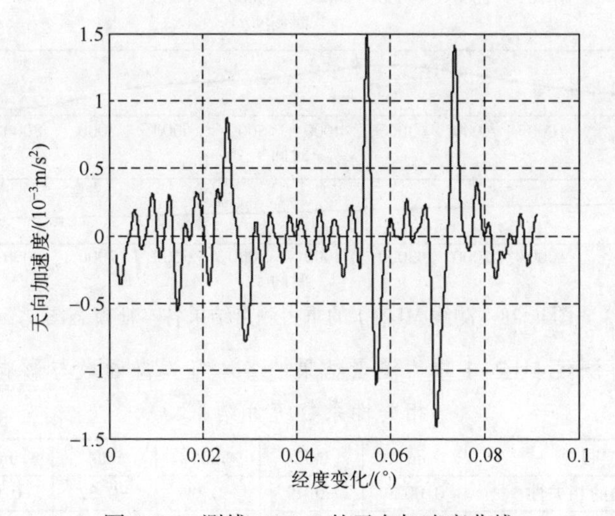

图 4.27 测线 ML2-1 的天向加速度曲线

将测线 ML2-1 重力测量结果的各本征模态函数与重力测量结果、天向比力、天向比力导数、天向速度、天向加速度以及俯仰角等影响因子分别进行相关性分析，得到相关性系数 r 如表 4.3 所列。根据 r 的取值范围结合表 4.3 得出，imf2 与天向比力导数具有弱相关性；imf3 与天向比力导数具有弱相关性；imf4 与天向比力、天向加速度以及俯仰角变化均具有弱相关性；imf5 与重力异常具有弱相关性；imf6 与重力异常具有强相关性。因此，imf6 为相关性强的本征模态函数，imf2～imf5 均为相关性弱的本征模态函数。

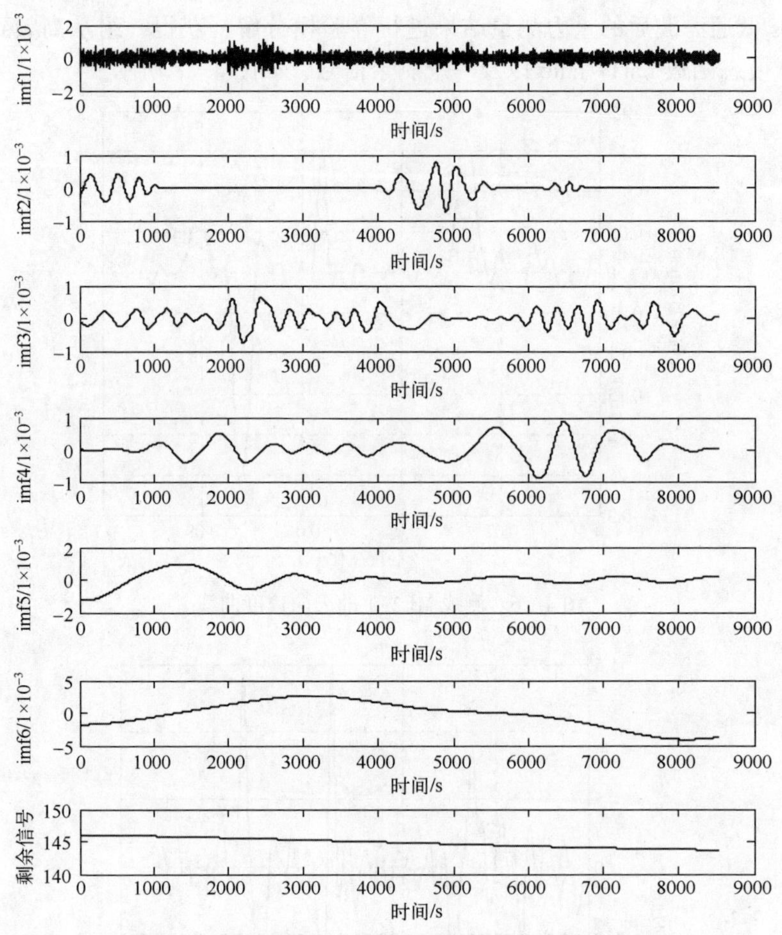

图 4.28 测线 ML2-1 的重力测量结果各本征模态图

表 4.3 测线 ML2-1 重力测量结果的各本征模态函数与影响因子的相关性系数统计结果

项　目	imf1	imf2	imf3	imf4	imf5	imf6
与天向比力的相关性	0.0029	-0.17	-0.09	-0.32	0.06	-0.09
与天向加速度的相关性	0.0033	-0.18	-0.10	-0.35	0.04	-0.03
与天向比力导数的相关性	0.0048	-0.38	-0.25	0.03	0.003	-0.01
与重力异常的相关性	0.0056	0.07	0.12	0.08	0.24	0.94
与天向速度的相关性	-0.0019	0.11	0.04	-0.11	-0.03	0.19
与俯仰角的相关性	0.0020	-0.13	-0.11	-0.41	0.02	-0.05

由表 4.3 可知，本征模态函数 imf1 与重力异常、天向比力、天向比力导数、天向速度、天向加速度以及俯仰角均没有相关性，包含的主要是噪声，在重构时需将其去掉。重构信号由其余本征模态函数 imf2～imf6 以及剩余信号累加得到，因此经过重构后的信号包含有效重力信号以及动态性相关的误差项。

将测线 ML2-1 重构后的重力测量结果拟合成二次曲线，得到拟合后的重力测量结果曲线如图 4.29 所示。

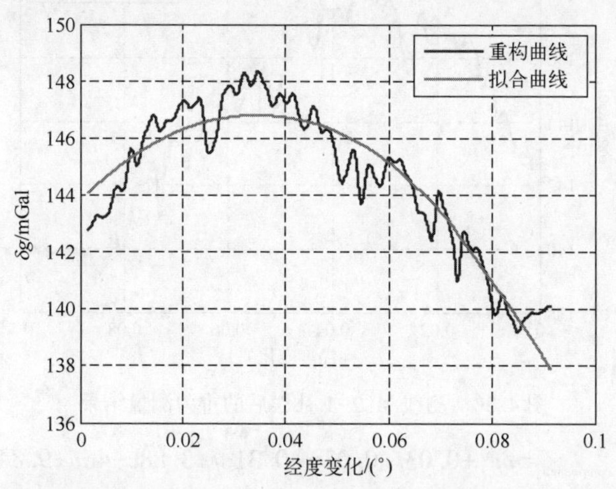

图 4.29　测线 ML2-1 重构后的重力测量结果与拟合后的重力测量结果

将拟合曲线作为标准值，求取重构后的重力测量结果与拟合曲线之间的差值，即测线 ML2-1 的重力测量误差。建立重力测量误差与天向比力、天向比力导数、天向速度、天向加速度以及俯仰角之间的模型，如式（4.27）所示。利用最小二乘拟合的方法对式（4.27）中的各个模型参数进行估计，得到拟合模型参数统计结果如表 4.4 所列。

表 4.4　拟合模型参数统计结果

参数项	数值	参数项	数值
k_1	0.03	k_{11}	−41.89
k_2	0.02	k_{12}	−2197.52
k_3	0.31	k_{13}	0.05
k_4	3.88×10^{-4}	k_{14}	−0.83
k_5	9.84×10^{-6}	k_{15}	2502.11
k_6	34.10	k_{16}	1.25
k_7	1.63	k_{17}	0.70
k_8	2655.64	k_{18}	−0.70
k_9	−0.04	k_{19}	−1.39
k_{10}	1.44×10^{-5}	k_{20}	0.01

根据误差模型对重构后的重力测量结果按照式（4.29）进行误差补偿，得到补偿后的重力测量结果如图 4.30 所示。可知，测线 ML2-1 补偿前的重力测量结果曲线局部有大的波动，这是由于深度变化大引起的；补偿后的重力测量结果曲线变得更加平滑，波动变得更小，进一步验证了误差补偿方法可以有效地抑制动态性差带来的误差影响。

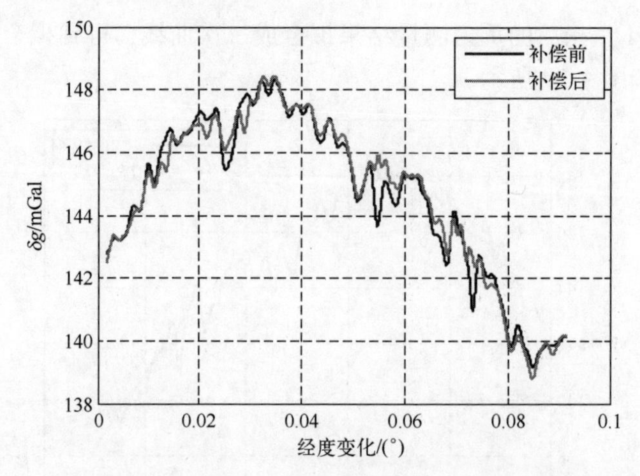

图 4.30 测线 ML2-1 补偿后的重力测量结果

$$\begin{aligned}\delta g_{\text{compensate}} = & \delta g_1 + 0.03f + 0.02\dot{v} + 0.31\mathrm{d}f + 3.88e{-}4\mathrm{d}p + 9.84e \\ & -6\mathrm{d}h + 34.10f^2 + 1.63\dot{v}^2 + 2655.64\mathrm{d}f^2 - 0.04\mathrm{d}p^2 \\ & +1.44e{-}5\mathrm{d}h^2 - 41.89f\dot{v} - 2197.52f\mathrm{d}f + 0.05f\mathrm{d}p \\ & -0.83f\mathrm{d}h + 2502.11\dot{v}\mathrm{d}f + 1.25\dot{v}\mathrm{d}p + 0.70\dot{v}\mathrm{d}h \\ & -0.70\mathrm{d}f\mathrm{d}p - 1.39\mathrm{d}f\mathrm{d}h + 0.01\mathrm{d}p\mathrm{d}h \end{aligned} \tag{4.29}$$

测线 ML2-2、测线 ML2-3、测线 ML2-4 以及重复测线 ML1 与测线 ML2-1 的重力测量结果拟合曲线类型相同，均为二次曲线。将测线 ML2-2、测线 ML2-3、测线 ML2-4 的以及重复测线 ML1 的 300s FIR 低通滤波后的重力测量结果按照步骤（3）到步骤（4）得到重构后的重力测量结果，之后根据式（4.29）进行误差补偿，得到如图 4.31～图 4.34 所示的重力测量结果。

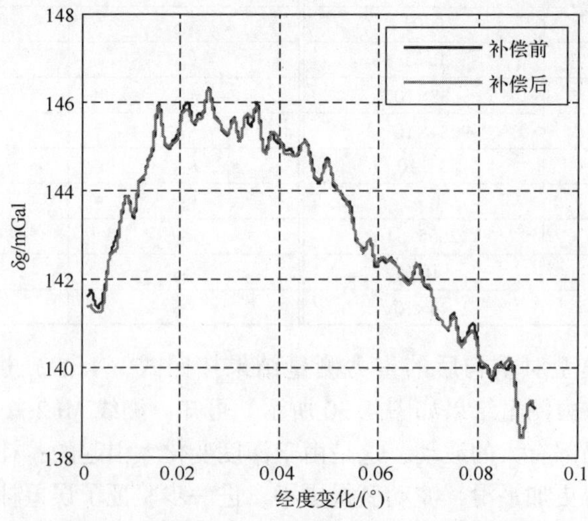

图 4.31 测线 ML2-2 补偿后的重力测量结果

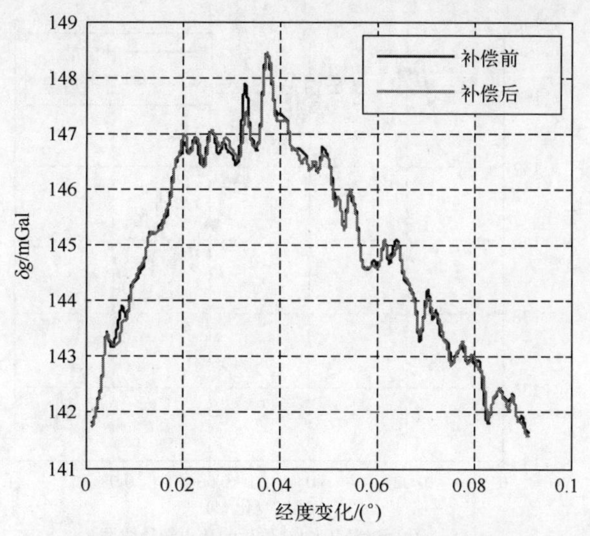

图 4.32 测线 ML2-3 补偿后的重力测量结果

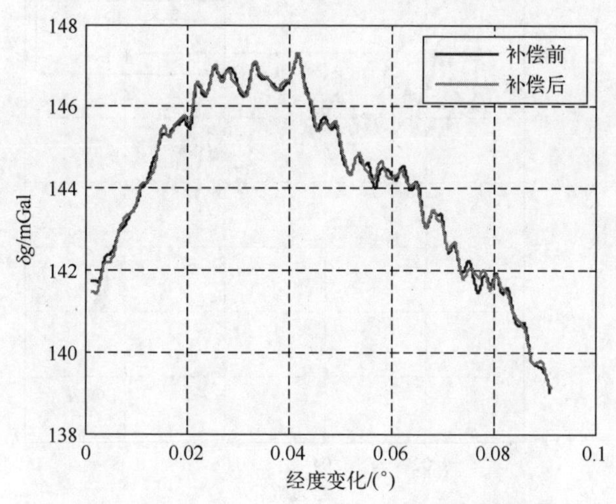

图 4.33 测线 ML2-4 补偿后的重力测量结果

测线 ML1 和测线 ML2 补偿前后的重复测线内符合精度统计结果如表 4.5 所列，可以看出，测线 ML1 补偿后的重力测量精度略有所提升，测线 ML2 补偿前后的重力测量精度基本保持不变。

表 4.5 重复测线补偿前后的内符合精度统计结果（300s 滤波）

单位：mGal

类　型	ML1	ML2
补偿前	0.93	0.84
补偿后	0.92	0.84

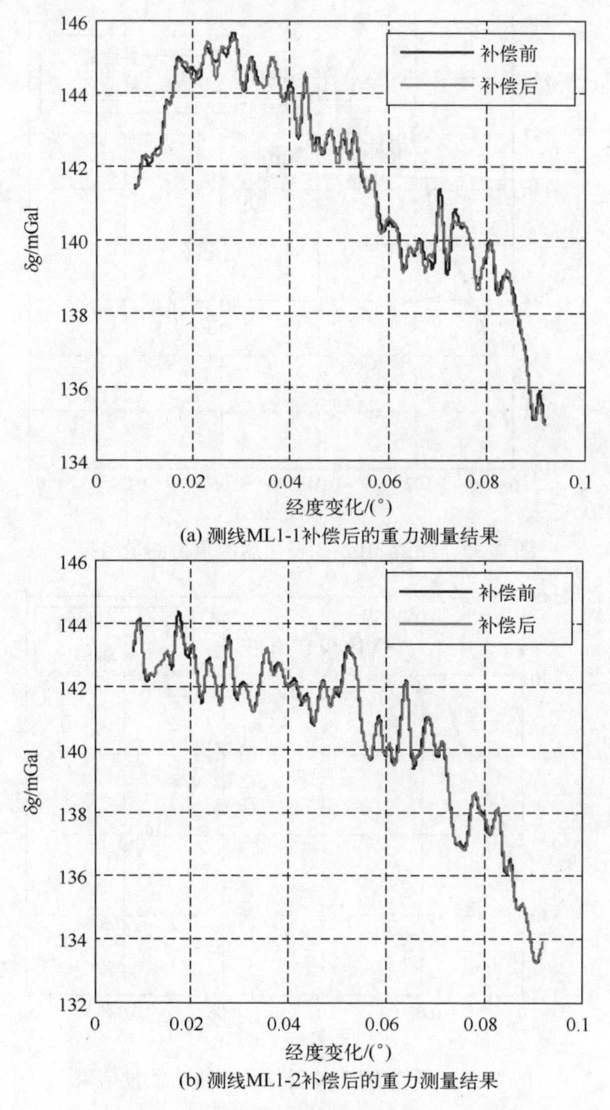

(a) 测线ML1-1补偿后的重力测量结果

(b) 测线ML1-2补偿后的重力测量结果

图 4.34　测线 ML1 补偿后的重力测量结果

4.3.2.2　试验验证二

试验验证选用附录 B 南海深海域的试验数据。测线 SHEW1 和测线 SHEW2 的深度标准差统计结果如表 4.6 所列，其中一条东西测线 SHEW2-2 的深度曲线和 300s FIR 低通滤波后的重力测量结果如图 4.35 和图 4.36 所示。

表 4.6　测线 SHEW1 与测线 SHEW2 的深度标准差统计结果　单位：m

类　型	SHEW1-1	SHEW1-2	SHEW2-1	SHEW2-2
标准差	12.8	24.4	15.0	31.4

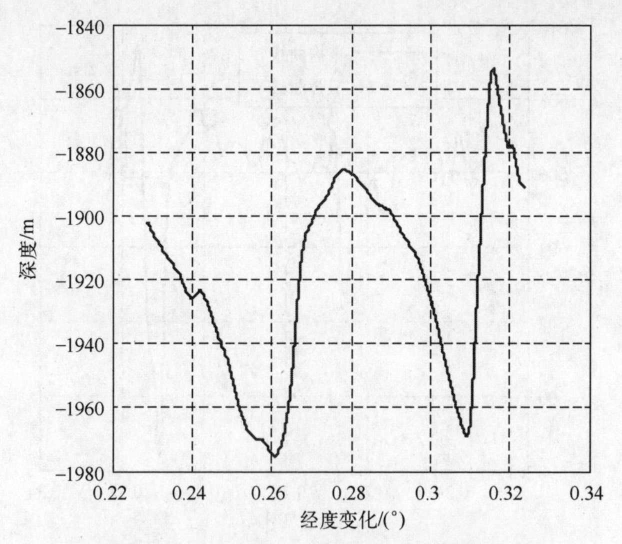

图 4.35　测线 SHEW2-2 的深度曲线

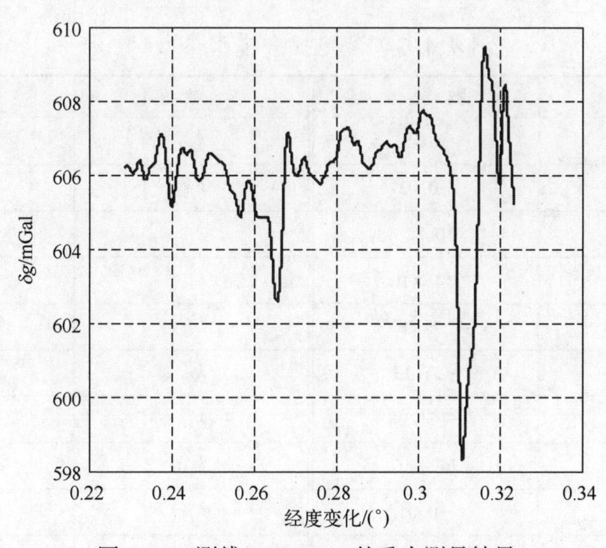

图 4.36　测线 SHEW2-2 的重力测量结果

由图 4.35 看出，测线 SHEW2-2 的深度曲线有两个尖峰，这是项目组在测线 SHEW2-2 测量过程中不断收放缆防止拖体离底太近导致的。而深度的剧烈变化导致重力测量结果也有两个尖峰，这两个尖峰是动态性引起的重力测量误差（图 4.36）。由于测线 SHEW2-2 的深度标准差最大，动态性最差，将其作为目标测线，对其重构后的重力测量结果曲线进行拟合，如图 4.37 所示。

利用最小二乘拟合的方法对式（4.27）中的各个模型参数进行估计，得到拟合模型参数，如表 4.7 所列。

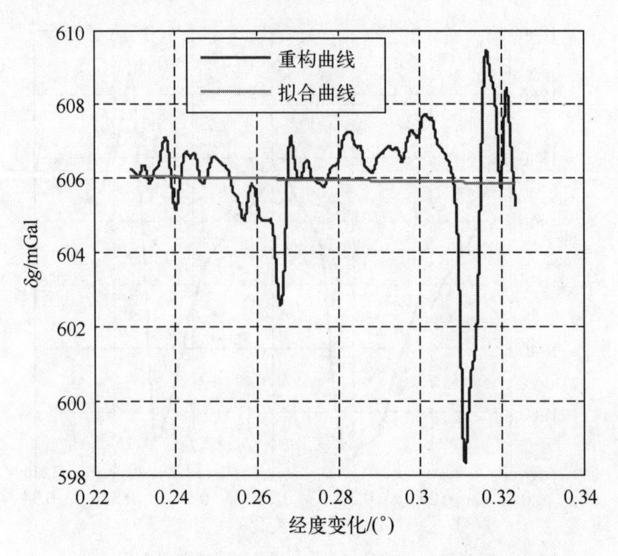

图 4.37　测线 SHEW2-2 重力测量结果的拟合曲线

表 4.7　误差拟合模型参数

参数项	数值	参数项	数值
k_1	0.05	k_{11}	160.98
k_2	-0.03	k_{12}	2068.08
k_3	0.82	k_{13}	-1.89
k_4	-7.45×10^{-5}	k_{14}	0.72
k_5	-1.96×10^{-4}	k_{15}	-2807.23
k_6	-55.13	k_{16}	3.78
k_7	-171.08	k_{17}	-1.07
k_8	2492.97	k_{18}	24.52
k_9	-0.01	k_{19}	-2.70
k_{10}	-1.76×10^{-4}	k_{20}	0.01

由于测区内所有测线的重力测量结果拟合曲线均为一次曲线，根据误差模型对重构后的重力测量结果均按照式（4.30）进行误差补偿，得到补偿后的重力测量结果。图 4.38 为重复测线 SHEW2 补偿前后的重力测量结果曲线（300s 低通滤波）；图 4.39 为重复测线 SHEW1 补偿前后的重力测量结果曲线（300s 低通滤波）。

$$\delta g_{\text{compensate}} = \delta g_1 + 0.05f - 0.03\dot{v} + 0.82\text{df} - 7.45e{-}05\text{dp} - 1.96e{-}04\text{dh} - 55.13f^2 - 171.08\dot{v}^2$$
$$+2492.97\text{df}^2 - 0.01\text{dp}^2 - 1.76e{-}04\text{dh}^2 + 160.98f\dot{v} + 2068.08f\text{df} - 1.89f\text{dp}$$

$$+0.72fdh-2807.23\dot{v}df+3.78\dot{v}dp-1.07\dot{v}dh+24.52dfdp-2.70dfdh+0.01dpdh \tag{4.30}$$

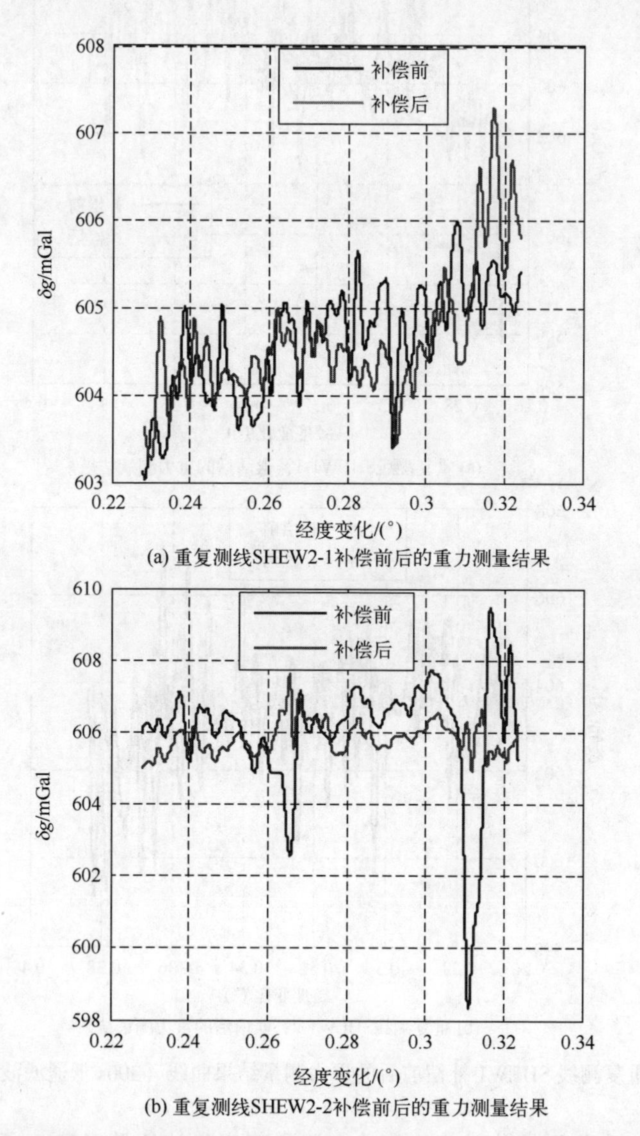

(a) 重复测线SHEW2-1补偿前后的重力测量结果

(b) 重复测线SHEW2-2补偿前后的重力测量结果

图 4.38　重复测线 SHEW2 补偿前后的重力测量结果曲线（300s 低通滤波）（见彩图）

两条重复测线补偿前后的重力测量精度统计结果如表 4.8 所列，补偿后的重复测线内符合精度有所提升，由此看出基于相关性分析的误差补偿方法能补偿动态性引起的重力测量误差，提高重力测量精度。

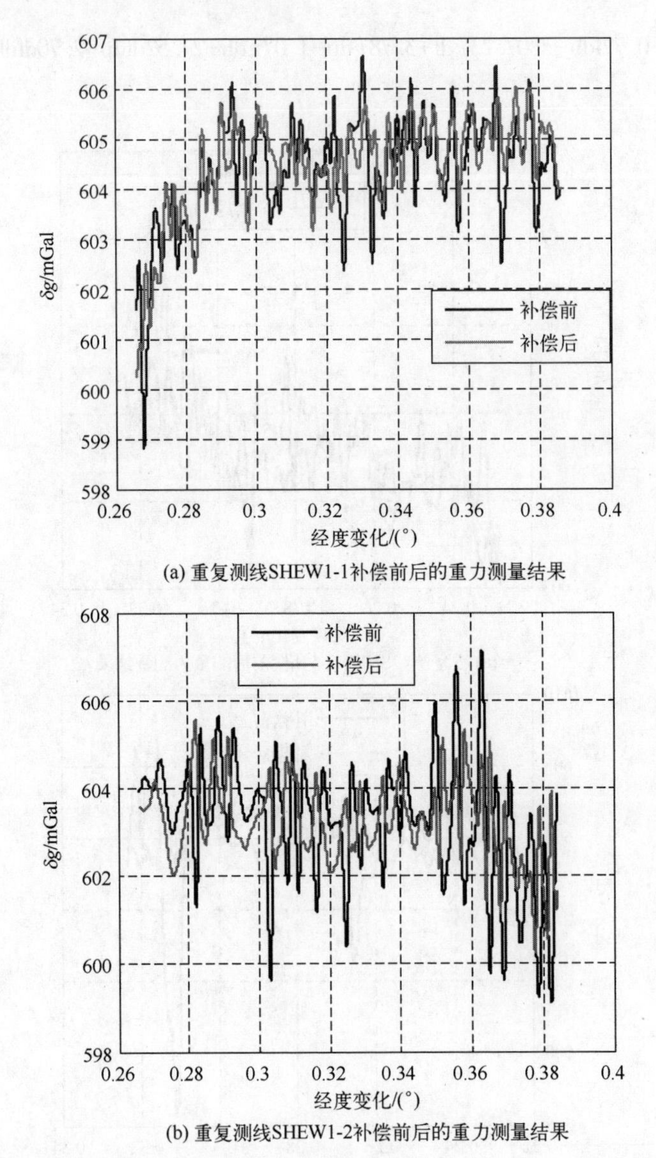

(a) 重复测线SHEW1-1补偿前后的重力测量结果

(b) 重复测线SHEW1-2补偿前后的重力测量结果

图 4.39 重复测线 SHEW1 补偿前后的重力测量结果曲线（300s 低通滤波）（见彩图）

表 4.8 重复测线补偿前后的重力测量精度统计结果（300s 低通滤波）

单位：mGal

类　型	SHEW1	SHEW2
补偿前	1.06	1.15
补偿后	0.99	0.73

图4.40和图4.41为南北测线SHNS1和测线SHNS2按照式(4.30)补偿后的重力测量结果(300s低通滤波),可知,补偿后的重力测量结果曲线波动更小、更平滑。

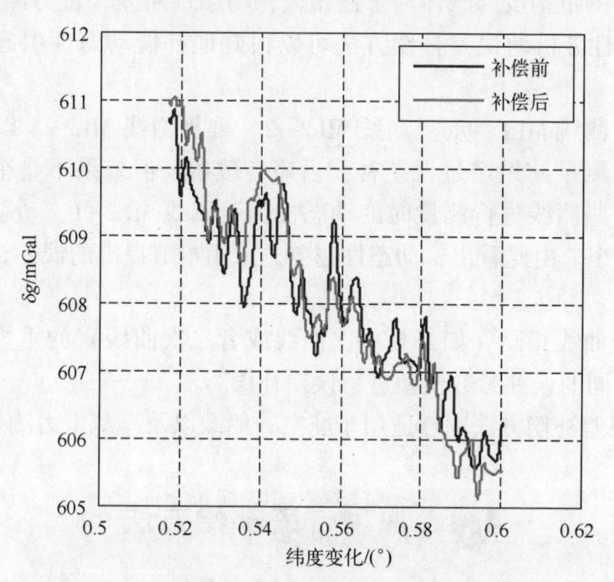

图4.40 测线SHNS1补偿前后的重力测量结果

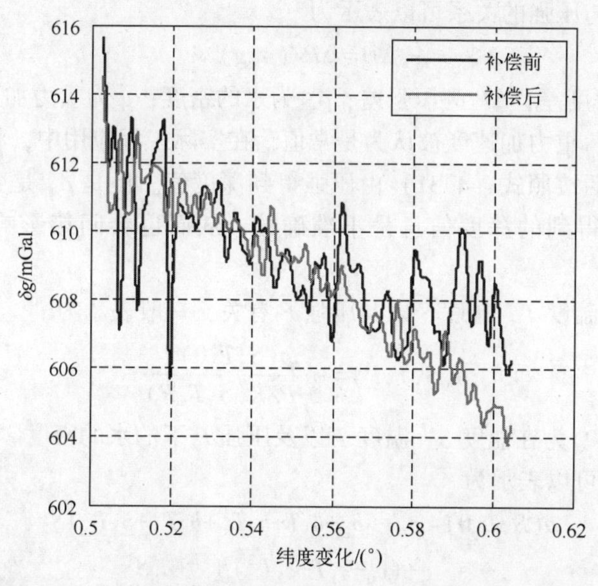

图4.41 测线SHNS2补偿前后的重力测量结果(见彩图)

4.3.3 算法小结

(1) 重力测量精度与载体动态性相关，动态性越差，重力测量结果越差。采用基于动态性分析的误差补偿方法可以很好地补偿动态性引起的重力测量误差。

(2) 重复测线 ML1、重复测线 ML2-2、重复测线 ML2-3 以及重复测线 ML2-4 的重力测量结果经过误差补偿后略有改善，但效果不是很明显，这是由于载体在这些测线进行测量时的动态性优于测线 ML2-1，动态性引起的重力测量误差较小。由此看出，动态性越差，采用本节提出的误差补偿方法效果越好。

(3) 拟合曲线相同（如都是一次曲线或者二次曲线）的重力测量结果曲线可以采用相同的误差参数模型进行误差补偿。

(4) 该误差补偿方法同样适用于航空、船载以及车载重力测量。

4.4 深度误差补偿方法

由于 DG 输出的原始数据是水压值，需将压强转换成深度才能用于重力数据处理。深度与压强的关系可以表示为

$$\Delta D=\Delta P/(\rho_W g) \tag{4.31}$$

式中：ΔD 为深度差；ΔP 为压强差；ρ_W 为水的密度；g 为重力加速度。

一般而言，重力加速度被认为是常值，在实际工程应用中，将水的密度也视为常值，之后按照式（4.31）由压强得到深度值。但是 ρ_W 是变化的，不考虑其变化影响得到的深度信息是不准确的，从而也会间接影响到重力测量精度。

ρ_W 与水的温度 T、盐度 S 以及压强 P 有关，一般表示为[70]

$$\rho(S,T,P)=\frac{\rho(S,T,0)}{1-P/K(S,T,P)} \tag{4.32}$$

式中：$\rho(S,T,P)$ 为在盐度 S、温度 T 以及压强 P 下的水的密度。

$\rho(S,T,0)$ 可以表示为

$$\begin{aligned}\rho(S,T,0)&=\rho_0+(b_0+b_1T+b_2T^2+b_3T^3+b_4T^4)S\\&\quad+(c_0+c_1T+c_2T^2)S^{3/2}+d_0S^2\\\rho_0&=a_0+a_1T+a_2T^2+a_3T^3+a_4T^4+a_5T^5\end{aligned} \tag{4.33}$$

式中：$a_i(i=0,1,2,3,4,5)$、$b_i(i=0,1,2,3,4)$、$c_i(i=0,1,2)$ 以及 d_0 均为常值系数，具体参数详见文献［70］。

$K(S,T,P)$可以表示为

$$\begin{cases}K(S,T,P)=K(S,T,0)+AP+BP^2\\K(S,T,0)=K_W+(f_0+f_1T+f_2T^2+f_3T^3)S+(g_0+g_1T+g_2T^2)S^{3/2}\\A=A_W+(p_0+p_1T+p_2T^2)S+j_0S^{3/2}\\B=B_W+(m_0+m_1T+m_2T^2)S\\K_W=e_0+e_1T+e_2T^2+e_3T^3+e_4T^4\\A_W=h_0+h_1T+h_2T^2+h_3T^3\\B_W=k_0+k_1T+k_2T^2\end{cases}\tag{4.34}$$

式中：$f_i(i=0,1,2,3)$、$g_i(i=0,1,2)$、$p_i(i=0,1,2)$、j_0、$m_i(i=0,1,2)$、$e_i(i=0,1,2,3,4)$、$h_i(i=0,1,2,3)$以及$k_i(i=0,1,2)$均为常值系数。

由于温度、盐度和压强可以通过温盐深仪（CTD）直接测量得到，因此通过式（4.32）~式（4.34）即可求出水的密度，再通过式（4.31）就能求得准确的深度值。

4.5　小　结

本章在水下重力测量误差模型的基础上，对水下重力测量的误差补偿方法进行研究。首先通过对各个误差源的特性进行分析可知，速度误差对重力测量精度影响很大，水平位置误差对重力测量基本无影响，深度测量误差主要影响运动加速度估计精度，从而间接影响重力测量结果。针对 DVL 的测量误差，本章研究了考虑未知洋流流速的 SINS/DVL 组合导航算法，仿真及实测数据验证结果表明，考虑未知洋流流速的 SINS/DVL 组合导航算法能很好地补偿 DVL 输出对水速度引起的测速误差，获得高精度的导航结果并能实时估计出洋流流速。在实际应用中需选用能同时输出对水速度和对底速度的 DVL，以满足实际作业环境需求。深度剧烈变化导致载体的动态性差，进而导致重力测量结果也较差，因此实际作业时应尽量保持载体平稳运行。针对载体动态性引起的重力测量误差，建立了重力测量误差与动态性相关的影响因子之间的误差补偿模型，采用最小二乘拟合的方法对模型参数进行估计，并按照误差模型对重力测量结果进行补偿，试验验证结果表明，补偿后的重力测量结果更平滑，精度更高。本章最后给出了深度计的转换公式，可以有效补偿深度计的测量误差。拖体中应加装 CTD 等设备，实时测量海水的温度、盐度等信息，以便补偿深度误差。

第5章　非完备数据集下的水下重力测量方法

第3章中的多源数据融合方法是在水下传感器数据完备情况下实现的，但在实际应用中，受水下复杂环境影响，USBL的数据输出不稳定，经常会出现野值；此外，高精度的USBL成本昂贵，配备USBL的科考船相对较少，这对广泛开展水下重力测量试验工作增加了难度。DVL由于工作范围受限无法时刻输出有效的数据。因此水下传感器会出现数据丢失或者跳变的现象，无法同时获得DVL、USBL以及DG的观测数据，本书将某个或者某几个水下传感器有效数据缺失的现象称为数据是非完备的，如何在非完备数据集下实现水下重力测量是工程应用中亟须解决的问题。

5.1　基于SINS/DVL/DG的重力测量方法

由4.1节水下重力测量的误差模型可知，水平位置误差对重力测量精度几乎没有影响，本节在不使用USBL数据的前提下，研究使用SINS、DVL以及DG实现水下重力测量的方法。

5.1.1　基于SINS/DVL/DG组合导航的重力测量方法

由4.1.2节速度误差特性分析可知，速度误差对重力测量影响很大，而SINS由于陀螺漂移和加速度零偏影响其速度、位置以及姿态是随时间发散的，因此仅依靠SINS的导航信息不能满足重力测量需求。DVL和DG分别可以输出高精度的速度和深度信息，将二者作为观测量与SINS进行组合导航可以得到高精度的速度，输出的位置能满足重力测量需求，通过反馈校正也能修正SINS的姿态，因此采用基于SINS/DVL/DG的组合导航可以实现水下重力测量。

在基于SINS/DVL/DG组合导航的重力测量方法中，速度、位置以及比力信息由SINS/DVL/DG组合导航得到，深度信息由DG提供，数据处理框图如图5.1所示。其具体步骤如下。

(1) DVL通过离线标定得到其刻度因子误差以及DVL与SINS之间的安装

误差角。

（2）在初始位置已知的情况下，SINS 利用 DVL 的速度进行动基座对准，确定 SINS 的初始姿态角。

（3）SINS 采用动基座对准的结果进行纯惯导解算，同时利用 DVL 的速度以及 DG 的深度信息作为观测量进行卡尔曼滤波，得到组合后的速度、姿态以及位置信息。由于 DVL 测量的速度是在其自身坐标系下的速度，因此需通过式（2.21）转换成导航系下的速度才能用于卡尔曼滤波解算。

（4）组合导航的速度、位置用于厄特弗斯改正以及正常重力计算，DG 的深度信息用于天向运动加速度改正。经过卡尔曼滤波反馈校正后 SINS 的姿态误差得到有效抑制，进而也能得到精确的天向比力。

（5）原始重力异常结果通过式（2.5）计算得到，随后对原始重力异常结果进行 FIR 低通滤波得到有效的重力异常结果。

（6）精度评估根据 2.4 节的内符合精度评估公式或者外符合精度评估公式进行重力数据评估。

在卡尔曼滤波器中，选择 SINS 的 15 维误差向量作为系统状态变量，如式（3.2）所示，状态方程如式（3.3）所示。纯惯性导航解算的速度与 DVL 测量的 $\boldsymbol{n}$ 系下的速度之差 $\delta\boldsymbol{v}$ 可以表示为

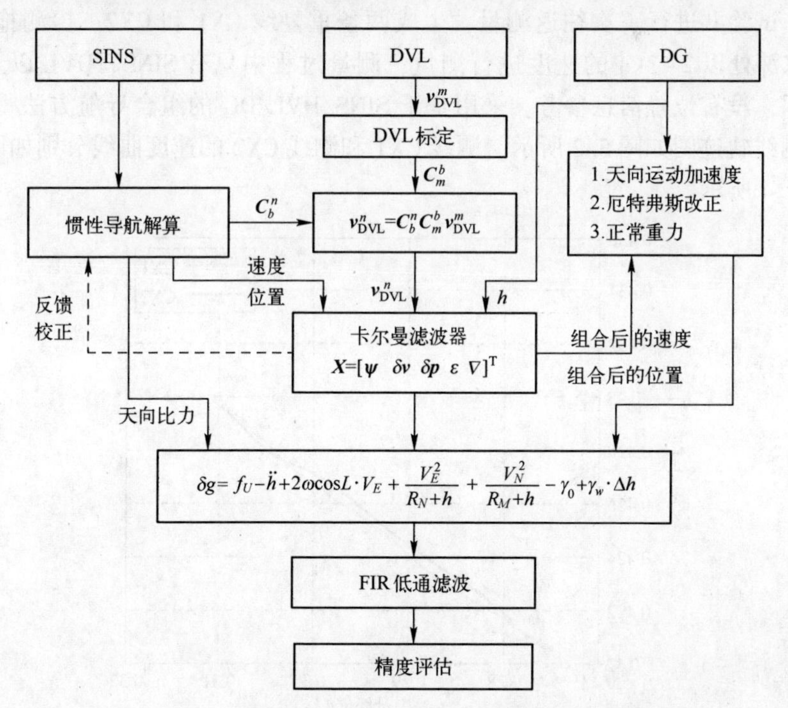

图 5.1　基于 SINS/DVL/DG 组合导航的重力测量方法框图

$$\begin{aligned}\delta\boldsymbol{v} &= \boldsymbol{v}_{\mathrm{SINS}}^{n} - \tilde{\boldsymbol{v}}_{\mathrm{DVL}}^{n} \\ &= \boldsymbol{v}_{\mathrm{SINS}}^{n} - (\boldsymbol{v}_{\mathrm{DVL}}^{n} + (\boldsymbol{v}_{\mathrm{DVL}}^{n}\times)\boldsymbol{\psi}) \\ &= \delta\boldsymbol{v}^{n} - (\boldsymbol{v}_{\mathrm{DVL}}^{n}\times)\boldsymbol{\psi}\end{aligned} \tag{5.1}$$

选取 DVL 导航系下的速度和 DG 的深度作为观测量，观测方程为

$$\begin{cases}\boldsymbol{Z} = \boldsymbol{H}\boldsymbol{X} + \boldsymbol{V} \\ \boldsymbol{Z} = [\delta\boldsymbol{v} \quad \delta h] \\ \boldsymbol{H}\begin{bmatrix} -(\boldsymbol{v}_{\mathrm{DVL}}^{n}\times) & \boldsymbol{I}_{3\times3} & \boldsymbol{0}_{3\times9} \\ \boldsymbol{0}_{1\times8} & 1 & \boldsymbol{0}_{1\times6}\end{bmatrix}\end{cases} \tag{5.2}$$

根据组合导航卡尔曼滤波的状态方程和量测方程，按照图 5.1 的数据处理流程图可得到有效的重力测量结果。

5.1.2 试验验证

5.1.2.1 试验验证一

试验选用湖北某水库的湖试数据。2019 年 11 月，项目组在湖北宜昌水布垭进行湖试试验，水库水深 150~200m，试验目的是测量水下动态重力仪水下运作性能，对重力仪、DVL、深度计等传感器进行联调，为仪器的海试作业做准备。试验共进行一次往返测量，生成两条重复线 CX1 和 CX2。探测拖体在 20m 水深处以 2~3kn 的速度进行测量，测量过程中只有 SINS、DVL 以及 DG 的数据，没有位置信息参考。采用基于 SINS/DVL/DG 的组合导航方法得到的湖试测线轨迹图如图 5.2 所示。测线 CX1 和测线 CX2 的速度曲线分别如图 5.3 和图 5.4 所示。

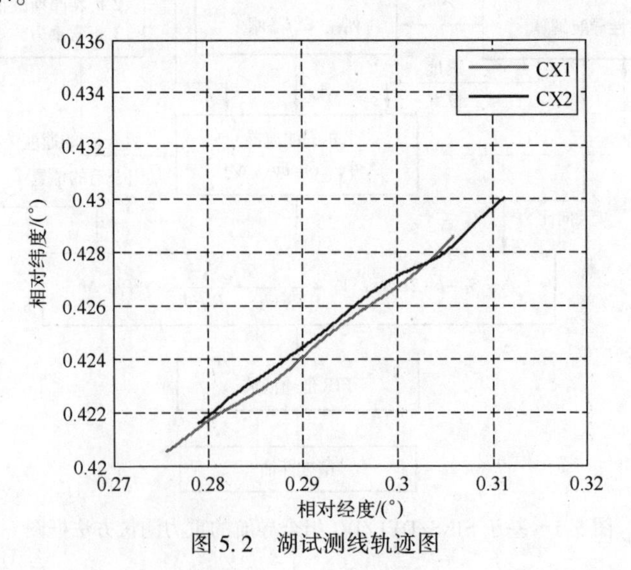

图 5.2 湖试测线轨迹图

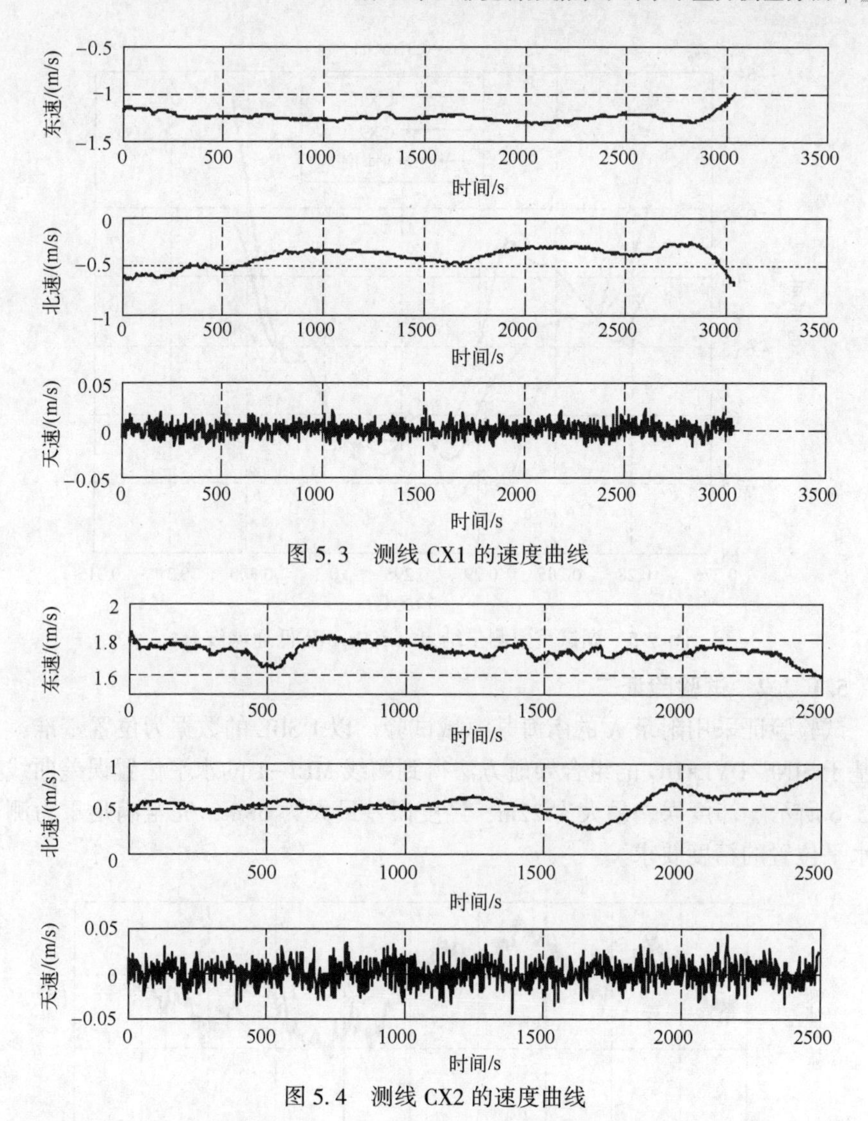

图 5.3　测线 CX1 的速度曲线

图 5.4　测线 CX2 的速度曲线

采用基于 SINS/DVL/DG 组合导航的重力测量方法，得到的 300s FIR 低通滤波后的湖试重力测量结果如图 5.5 所示。重复测线重力测量精度统计结果如表 5.1 所列，重复测线采用内符合精度评估公式（2.27）进行数据评估，内符合精度为 0.37mGal。

表 5.1　湖试重力测量精度统计结果（300s FIR 低通滤波）　单位：mGal

测　线	最大值	最小值	平均值	RMS	Total RMS
CX1	0.61	−0.88	−0.16	0.37	**0.37**
CX2	0.88	−0.61	0.16	0.37	

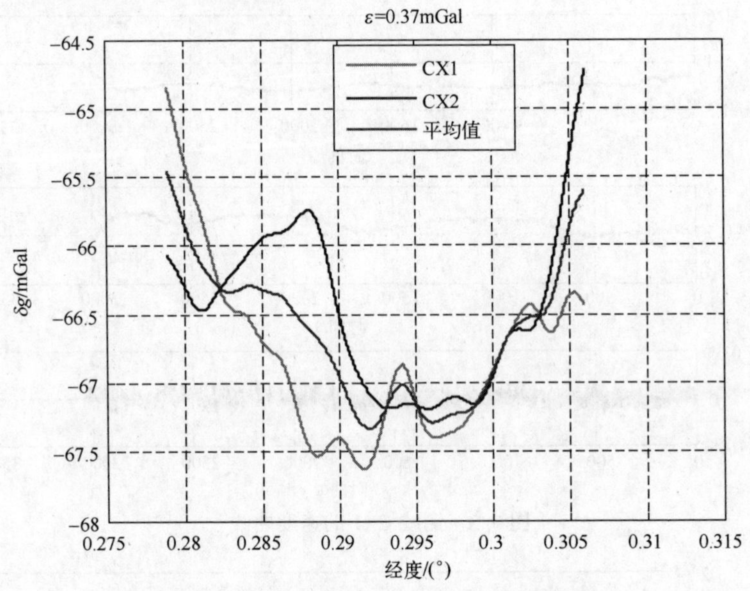

图 5.5 湖试重力测量结果（300s FIR 低通滤波）

5.1.2.2 试验验证二

试验验证采用附录 A 的南海某海域试验。以 USBL 的数据为位置基准，采用基于 SINS/DVL/DG 的组合导航方法得到测线 ML1-1 的水平位置误差曲线如图 5.6 所示。纬度误差最大为 22m，经度误差最大为 68m，完全满足重力测量对水平位置的精度要求。

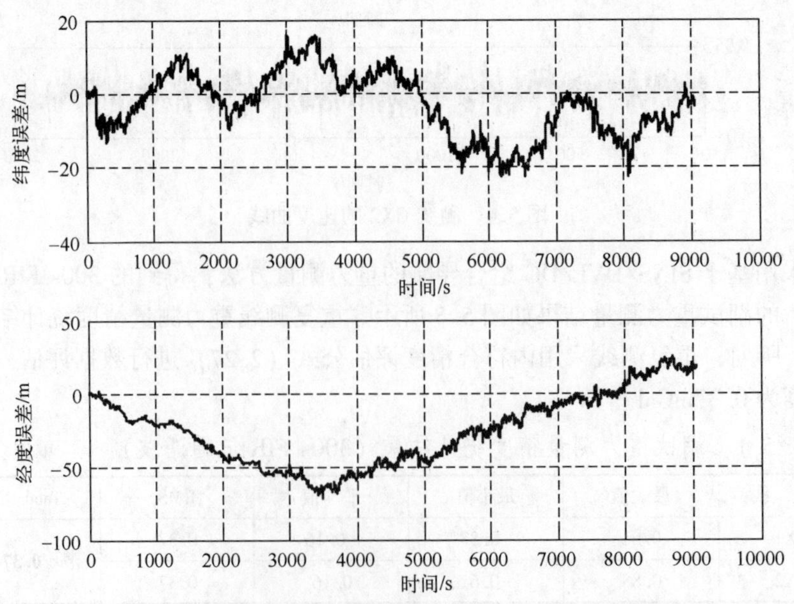

图 5.6 测线 ML1-1 组合导航后的水平位置误差曲线

测线 ML1-2 组合导航后的水平位置误差曲线如图 5.7 所示，纬度误差最大为 34m，经度误差最大为 48m，同样满足重力测量需求。

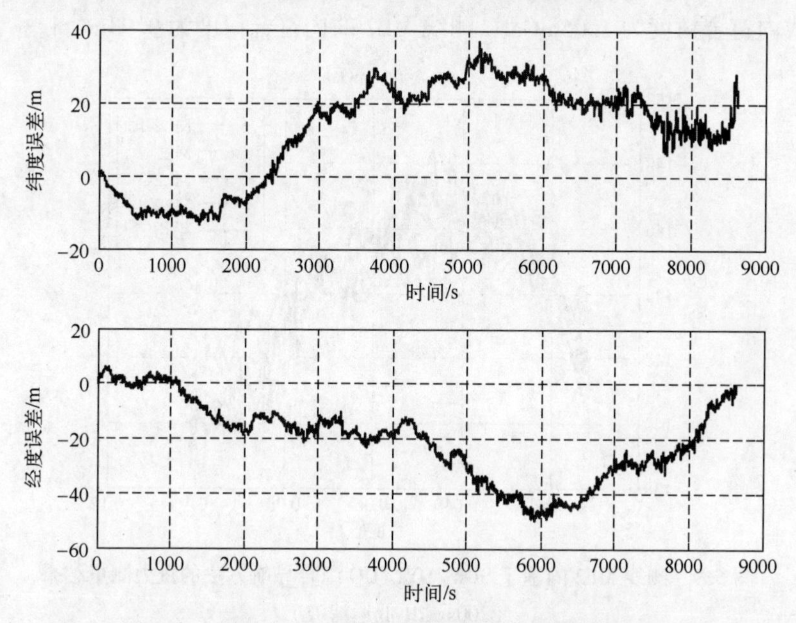

图 5.7　测线 ML1-2 组合导航后的水平位置误差曲线

采用本节的方法进行重力异常提取，得到测线 ML1 的 200s FIR 低通滤波后的重力测量结果如图 5.8 所示。采用同样的方法对测线 ML2 的数据进行处

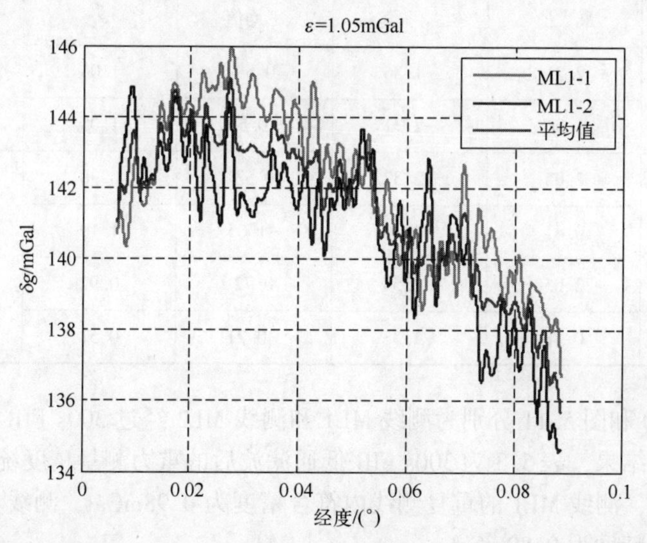

图 5.8　测线 ML1 的基于 SINS/DVL/DG 组合导航方法的重力测量结果（200s FIR 低通滤波）

理，得到测线 ML2 的 200s FIR 低通滤波后的重力测量结果如图 5.9 所示。200s FIR 低通滤波后的重力测量精度统计结果如表 5.2 所列，测线 ML1 的重复测线内符合精度为 1.05mGal，测线 ML2 的内符合精度为 0.93mGal。

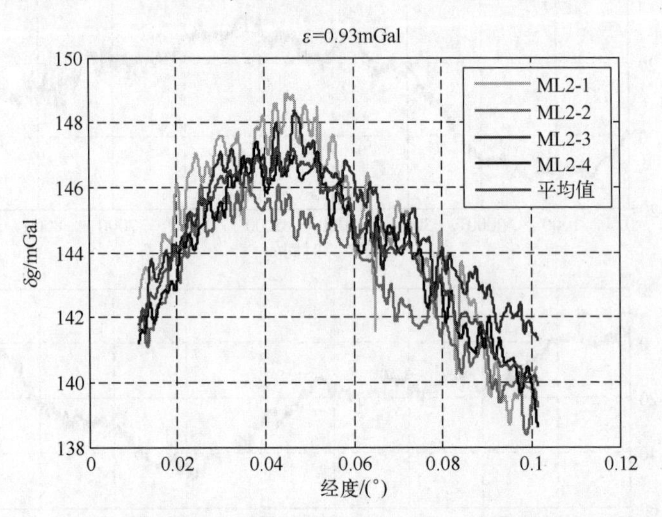

图 5.9 测线 ML2 的基于 SINS/DVL/DG 组合导航方法的重力测量结果（200s FIR 低通滤波）

表 5.2 基于 SINS/DVL/DG 组合导航的重力测量精度统计结果（200s FIR 低通滤波）

单位：mGal

测 线	最大值	最小值	平均值	ε_j	ε
ML1	2.31	−1.86	0.59	1.05	1.05
	1.86	−2.31	−0.59	1.05	
ML2	2.03	−2.32	0.53	0.98	0.93
	0.41	−2.70	−1.05	1.19	
	2.05	−0.54	0.72	0.92	
	0.88	−1.33	−0.21	0.51	

图 5.10 和图 5.11 分别为测线 ML1 和测线 ML2 经过 300s FIR 低通滤波后的重力测量结果，表 5.3 为 300s FIR 低通滤波后的重力测量精度统计结果。由表 5.3 可知，测线 ML1 的重复测线内符合精度为 0.98mGal，测线 ML2 的重复测线内符合精度为 0.89mGal。

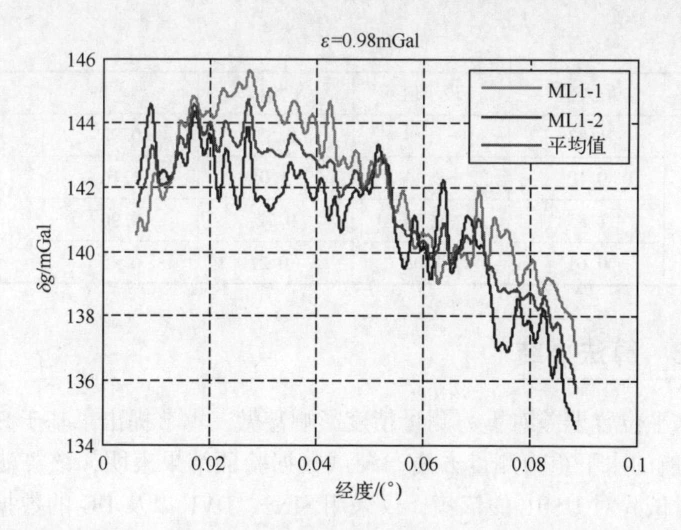

图 5.10 测线 ML1 的基于 SINS/DVL/DG 组合导航方法的重力测量结果
(300s FIR 低通滤波)

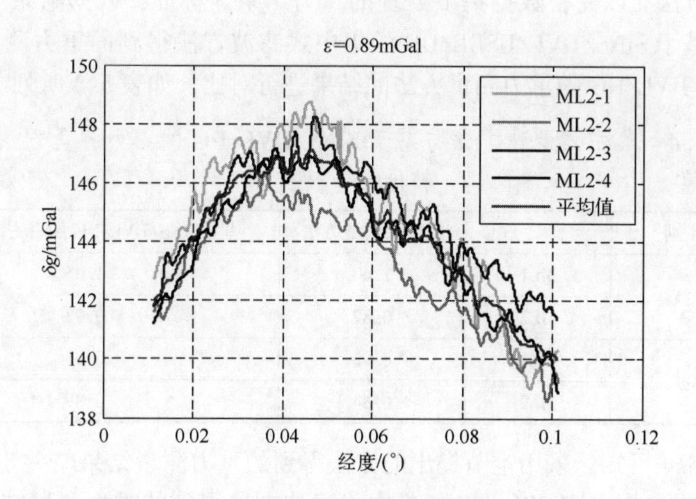

图 5.11 测线 ML2 的基于 SINS/DVL/DG 组合导航方法的重力测量结果
(300s FIR 低通滤波)

表 5.3 基于 SINS/DVL/DG 组合导航的重力测量精度统计结果
(300s FIR 低通滤波)

单位：mGal

测 线	最大值	最小值	平均值	ε_j	ε
ML1	1.97	-1.67	0.59	0.98	0.98
	1.67	-1.97	-0.59	0.98	

续表

测　　线	最大值	最小值	平均值	ε_j	ε
ML2	1.83	−1.48	0.53	0.92	0.89
	0.10	−2.44	−1.05	1.16	
	1.85	−0.38	0.72	0.90	
	0.61	−1.08	−0.21	0.45	

5.1.3 算法小结

由于水平位置误差对重力测量精度影响甚微，本节提出了基于 SINS/DVL/DG 组合导航的水下重力测量方法。湖试数据验证结果表明，该算法摆脱了水下重力测量试验对 USBL 的依赖，仅采用 SINS、DVL 以及 DG 的数据就可获得优于 0.5mGal 的重力测量精度，完全能满足资源勘探对重力测量的需求。

基于 SINS/DVL/USBL/DG 的集中式滤波方法是在数据完备情况下的重力数据处理方法。以完备数据集下处理的重力结果为标准，根据附录 A 的试验验证，将基于 SINS/DVL/USBL/DG 的集中式滤波方法得到的重力测量结果与基于 SINS/DVL/DG 的重力测量方法的结果进行对比，如表 5.4 所列。

表 5.4　集中式滤波方法与基于 SINS/DVL/DG 的重力测量方法的精度对比统计

单位：mGal

滤波周期	测　　线	集中式滤波方法	基于 SINS/DVL/DG 的重力测量方法
200s 滤波	ML1	1.00	1.05
	ML2	0.87	0.93
300s 滤波	ML1	0.93	0.98
	ML2	0.84	0.89

由表 5.4 可知，采用本节提出的方法得到的重力测量结果略差于采用第 3 章中基于 SINS/DVL/USBL/DG 的集中式滤波方法得到的重力测量结果，但精度水平相当，进一步验证了在缺乏 USBL 数据前提下采用基于 SINS/DVL/DG 组合导航的水下重力测量方法的可行性。

5.2　位置约束的 SINS/USBL/DG 重力测量方法

在测量过程中，DVL 由于输出信号打不到底而输出无效数据，从而影响组合导航定位精度。由 5.1 节分析可知，仅靠 SINS 无法满足水下重力测量需求。USBL 和 DG 能输出高精度的水平位置和深度信息，将 USBL 和 DG 作为观测量与 SINS 进行组合导航能否输出高精度的速度信息是本节需要解决的重要问题之一，怎样利用基于 SINS/USBL/DG 的组合导航结果进行重力异常提取是本节另一个需要解决的重点问题。因此本节在不采用 DVL 数据的前提下，研究仅使用 SINS、USBL 以及 DG 的数据实现水下重力测量。

5.2.1　可观测性分析

线性时不变系统的可观测性是判断卡尔曼滤波器精度和收敛速度的重要指标，一般情况下，系统可观测度越高，状态变量的可观测性越好。在基于 SINS/USBL/DG 的组合导航系统中，没有速度观测量只有位置观测量，SINS 的位置误差是直接可观的。本书利用基于奇异值分解的可观测性分析，证明在卡尔曼滤波器中仅通过位置观测也可以很好地估计速度误差。

5.2.1.1　基于奇异值分解法的可观测性分析

在重力测量中，需要载体保持匀速直线运动。由于水下重力仪运动速度不大，因此在测量过程中测区纬度变化也不大，系统的比力基本保持恒定。在以上条件的前提下，卡尔曼滤波的系统状态转移矩阵是恒定的，不随时间变化，因此可以将系统近似看成线性时不变系统。采用奇异值分解法进行可观性分析时，先求得可观测矩阵 $\boldsymbol{Q}$：

$$\boldsymbol{Q}=[\boldsymbol{H}^{\mathrm{T}}\quad (\boldsymbol{HF})^{\mathrm{T}}\quad (\boldsymbol{HF}^{2})^{\mathrm{T}}\quad \cdots\quad (\boldsymbol{HF}^{14})^{\mathrm{T}}]^{\mathrm{T}} \tag{5.3}$$

式中：$\boldsymbol{F}$ 为线性连续时间系统的状态转移矩阵，由式（3.3）可得。

对 $\boldsymbol{Q}$ 进行奇异值分解得[7-75]：

$$\boldsymbol{Q}=\boldsymbol{U\Sigma V}^{\mathrm{T}} \tag{5.4}$$

式中：$\boldsymbol{U}=[\boldsymbol{u}_1\quad \boldsymbol{u}_2\quad \cdots\quad \boldsymbol{u}_{pn}]$ 为 $pn\times pn$ 维的正交矩阵，n 为系统状态向量的维数，p 是观测向量的维数；$\boldsymbol{V}=[\boldsymbol{v}_1\quad \boldsymbol{v}_2\quad \cdots\quad \boldsymbol{v}_n]$ 为 $n\times n$ 的正交矩阵；$\boldsymbol{\Sigma}=[\boldsymbol{S};\ \boldsymbol{0}_{(pn-n)\times n}]$，$\boldsymbol{S}=\mathrm{diag}(\sigma_1,\sigma_2,\cdots,\sigma_n)$，$\sigma_1\geqslant\sigma_2\geqslant\cdots\geqslant\sigma_n\geqslant 0$，$\sigma_i$ 为 $\boldsymbol{Q}$ 的奇异值。

令 $\boldsymbol{Y}=[\boldsymbol{Z}^{\mathrm{T}}\quad \dot{\boldsymbol{Z}}^{\mathrm{T}}\quad \cdots\quad (\boldsymbol{Z}^{(14)})^{\mathrm{T}}]^{\mathrm{T}}$，则[73-75]

$$\begin{aligned}\boldsymbol{V}^{\mathrm{T}}\boldsymbol{Q}^{\mathrm{T}}\boldsymbol{Y} &= \boldsymbol{V}^{\mathrm{T}}\boldsymbol{V}\cdot\mathrm{diag}(\lambda_1,\lambda_2,\cdots,\lambda_n).\ \boldsymbol{V}^{\mathrm{T}}\boldsymbol{X}\\ &=\begin{bmatrix}\lambda_1\boldsymbol{v}_1^{\mathrm{T}}\boldsymbol{X}\\ \lambda_2\boldsymbol{v}_2^{\mathrm{T}}\boldsymbol{X}\\ \vdots\\ \lambda_n\boldsymbol{v}_n^{\mathrm{T}}\boldsymbol{X}\end{bmatrix}=\begin{bmatrix}\sigma_1^2\boldsymbol{v}_1^{\mathrm{T}}\boldsymbol{X}\\ \sigma_2^2\boldsymbol{v}_2^{\mathrm{T}}\boldsymbol{X}\\ \vdots\\ \sigma_n^2\boldsymbol{v}_n^{\mathrm{T}}\boldsymbol{X}\end{bmatrix}\end{aligned} \tag{5.5}$$

式中：$\lambda_i=\sigma_i^2$ 为 $\boldsymbol{Q}^{\mathrm{T}}\boldsymbol{Q}$ 的特征值；$\boldsymbol{V}^{\mathrm{T}}\boldsymbol{Q}^{\mathrm{T}}\boldsymbol{Y}$ 为观测量的组合。

由式（5.5）可知，σ_i^2 表示状态组合 $\boldsymbol{v}_i^{\mathrm{T}}\boldsymbol{X}$ 在观测量中的系数，直接反映了状态组合 $\boldsymbol{v}_i^{\mathrm{T}}\boldsymbol{X}$ 在量测信息中的重要程度，在某种意义上表示状态组合的可观测

程度。一般而言，接近零的特征值所对应的状态变量或者状态变量组合被认为是不可观的或者可观测度极低。事实上，用状态变量组合对应的观测量组合的最高阶导数也可以判断系统的可观测度。状态组合对应的观测量组合的最高阶导数越低，系统估计该组合状态变量的速度会越快，受到量测噪声干扰的影响程度会越低，从而可以判断出该状态组合的可观测度相对比较高[55]。

5.2.1.2 仿真验证

通常，重力仪是沿着测线做匀速直线运动的。仿真轨迹中的红线为一段匀速运动轨迹（图 5.12），加速度计和陀螺仪均含有白噪声，USBL 的水平位置精度为 0.1m，DG 的深度精度为 0.1m，速度保持 6m/s，仿真参数如表 5.5 所列。载体保持匀速直线运动时，系统可视为线性定常系统。

表 5.5　仿真参数

参　　数	数　　值
加速度计噪声	10mGal
陀螺仪噪声	0.005(°)/h
USBL 的水平位置精度	0.1m
DG 的深度精度	0.1m

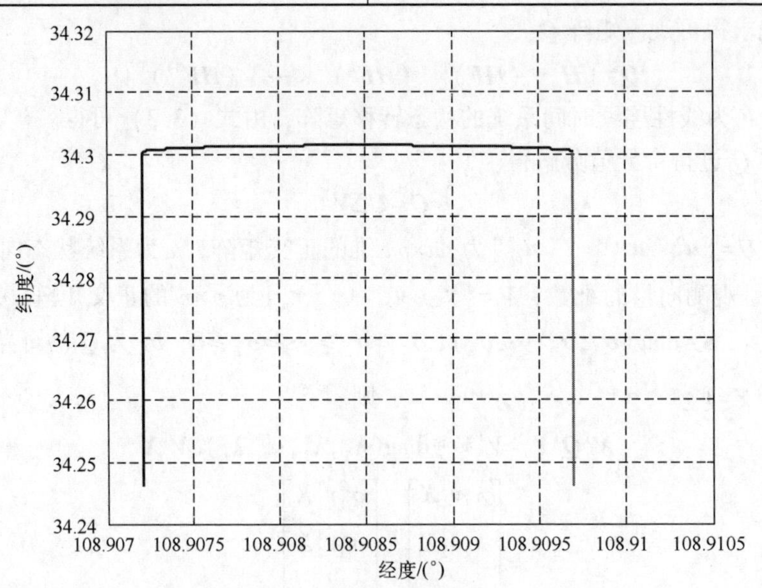

图 5.12　仿真轨迹（见彩图）

以 USBL 的水平位置和 DG 的深度信息作为卡尔曼滤波的观测量，因为可观测矩阵 $\boldsymbol{Q}$ 的秩为 12<15，因此系统是不完全可观的。根据式（5.4）和式（5.5）计算得到红线轨迹某点的 $\boldsymbol{Q}^{\mathrm{T}}\boldsymbol{Q}$ 的特征值、状态组合及其对应的状态观测量组合

如表 5.6 所列。σ_{13}、σ_{14} 以及 σ_{15} 接近 0，因此它们所对应的状态组合是不可观的。由观测量的最高阶导数看出，σ_3、σ_4 以及 σ_5 对应的观测量最高阶导数为 0，因此其对应的状态组合的可观测度是最高的。σ_2、σ_{10} 以及 σ_{11} 对应的观测量最高阶导数为 1，因此其对应的状态组合的可观测度要略低一点；其余奇异值对应的观测量最高阶导数大于 1，可观测性更差。

由表 5.6 可知，经度误差和深度误差是直接可观的，纬度误差与垂直加速度零偏的组合也是可观测的且可观测度高，三个速度误差也是可观的且可观测度较高。从仿真结果可以看出，速度误差能够很好地观测，这也从侧面验证了本节所采用的新算法的可行性。

表 5.6　$\boldsymbol{Q}^{\mathrm{T}}\boldsymbol{Q}$ 的特征值、状态组合及其对应的状态观测量组合

特征值		状态组合	观测量组合	最高阶导数
σ_1	1	$-0.33\delta L+0.94\nabla_z$	$-0.33\delta L+0.94\delta\ddot{h}$	2
σ_2	1	$-\delta V_U$	$-\delta\dot{h}$	1
σ_3	1	$-\delta h$	$-\delta h$	0
σ_4	1	$\delta\lambda$	$\delta\lambda$	0
σ_5	1	$0.94\delta L+0.33\nabla_z$	$0.94\delta L+1.68\delta h$	0
σ_6	0.0014	$-0.66\phi_N+0.75\varepsilon_y$	$0.001\delta\dddot{h}$	3
σ_7	0.0010	$0.74\phi_N+0.66\varepsilon_y$	$-0.0008\delta h^{(4)}$	4
σ_8	1.55×10^{-6}	$0.98\phi_E-0.15\varepsilon_x+0.1\nabla_y$	$1.53\times10^{-6}\delta\ddot{L}$	2
σ_9	1.55×10^{-6}	$-0.99\varepsilon_x$	$-1.52\times10^{-6}\delta\dddot{L}$	3
σ_{10}	1.90×10^{-7}	$-\delta V_E$	$-1.90\times10^{-7}\delta\dot{\lambda}$	1
σ_{11}	1.57×10^{-7}	$-\delta V_N$	$-1.57\times10^{-7}\delta\dot{L}$	1
σ_{12}	9.34×10^{-11}	ε_z	$-8.47\times10^{-13}\delta\ddot{\lambda}$	2
σ_{13}	9.76×10^{-19}	$0.96\phi_U+0.27\nabla_x$	不可观	
σ_{14}	9.71×10^{-24}	$-0.27\phi_U+0.95\nabla_x+0.15\nabla_y$	不可观	
σ_{15}	4.78×10^{-25}	$0.1\phi_E+0.15\nabla_x-0.98\nabla_y$	不可观	

5.2.2　基于 SINS/USBL/DG 组合导航的重力测量方法

由 5.2.1 节验证可知，将 USBL 的水平位置和 DG 的深度作为观测量与 SINS 进行组合导航，状态变量的速度误差和位置误差均是可观的，卡尔曼滤波反馈校正能修正 SINS 的姿态误差，因此基于 SINS/USBL/DG 的组合导航算

法可以得到高精度的导航结果，进而可以进行重力异常提取。

在基于 SINS/USBL/DG 组合导航的重力测量方法中，水平位置、速度以及姿态信息由基于 SINS/USBL/DG 的组合导航方法得到，深度信息由 DG 提供，数据处理框图如图 5.13 所示。其具体步骤如下。

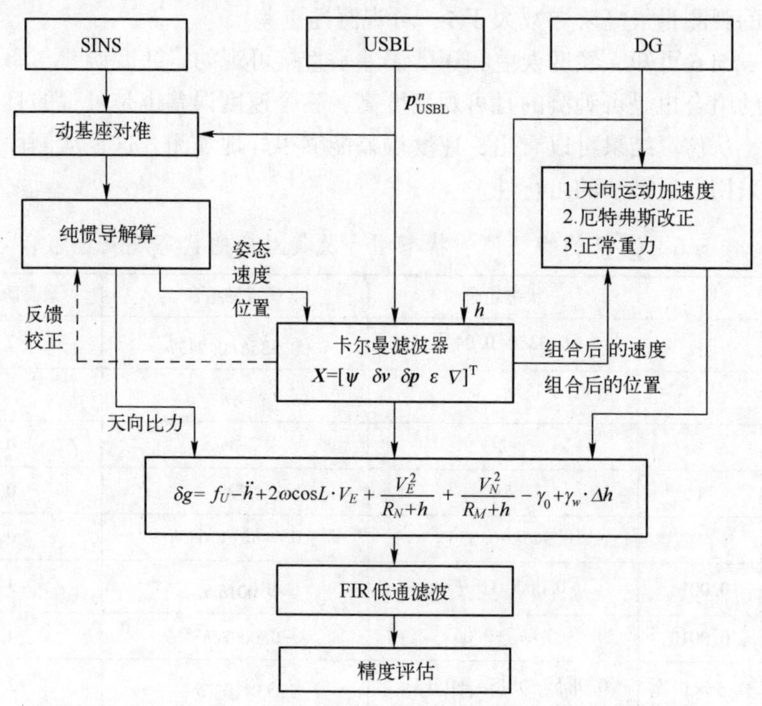

图 5.13　基于 SINS/USBL/DG 组合导航的重力测量方法框图

（1）SINS 通过 USBL 的位置信息辅助进行动基座对准，确定重力仪的初始姿态角、位置以及速度信息。

（2）初始对准完成后，SINS 进行纯惯导解算，同时利用 USBL 的水平位置信息以及 DG 的深度信息作为观测量进行卡尔曼滤波，得到组合后的速度、姿态以及位置信息。组合导航信息对 SINS 进行反馈校正，从而抑制 SINS 的导航结果发散。

（3）利用组合导航后的速度、位置信息计算厄特弗斯改正以及正常重力值；利用 DG 的深度信息计算天向运动加速度改正；利用 SINS 的姿态矩阵和加速度计数值计算精确的天向比力。

（4）通过式（2.5）计算得到原始的重力异常结果，由于原始重力异常结果含有大量高频噪声，需对其进行 FIR 低通滤波得到有效的重力异常结果。

（5）精度评估根据 2.4 节的内符合精度评估公式或者外符合精度评估公

式进行重力数据评估。

在卡尔曼滤波器中，同样选择 SINS 的 15 维误差向量作为系统状态量，如式（3.2）所示，状态方程如式（3.3）所示。

选取 USBL 的水平位置和 DG 的深度作为观测量，观测方程为

$$\begin{cases} \boldsymbol{Z}=\boldsymbol{HX}+\boldsymbol{V} \\ \boldsymbol{Z}=[\delta\boldsymbol{p}^n_{\text{hori}} \quad \delta h] \\ \boldsymbol{H}=[\boldsymbol{0}_{3\times6} \quad \boldsymbol{I}_{3\times3} \quad \boldsymbol{0}_{3\times6}] \end{cases} \tag{5.6}$$

式中：$\delta\boldsymbol{p}^n_{\text{hori}}$ 为水平位置误差。

求得卡尔曼滤波器的状态方程和量测方程后，按照图 5.13 的数据处理框图，即可计算有效的重力异常值。

5.2.3 试验验证

试验采用 2018 年 11 月的南海某海域试验数据，数据处理仅采用 SINS、USBL 以及 DG 的数据。以测线 ML1 为例，采用基于 SINS/USBL/DG 组合导航的重力测量方法得到速度曲线，如图 5.14 和图 5.15 所示。

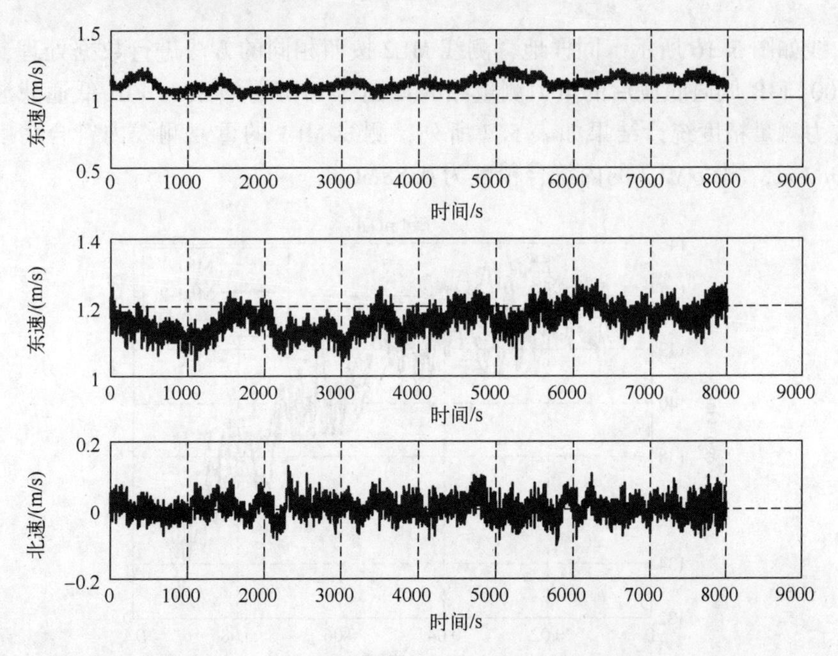

图 5.14 测线 ML1-1 组合导航后的速度曲线

由速度曲线可知，探测拖体在测线上基本保持匀速直线运动。按照图 5.13 的方法框图进行数据处理，得到测线 ML1 200s FIR 低通滤波后的重力测量结

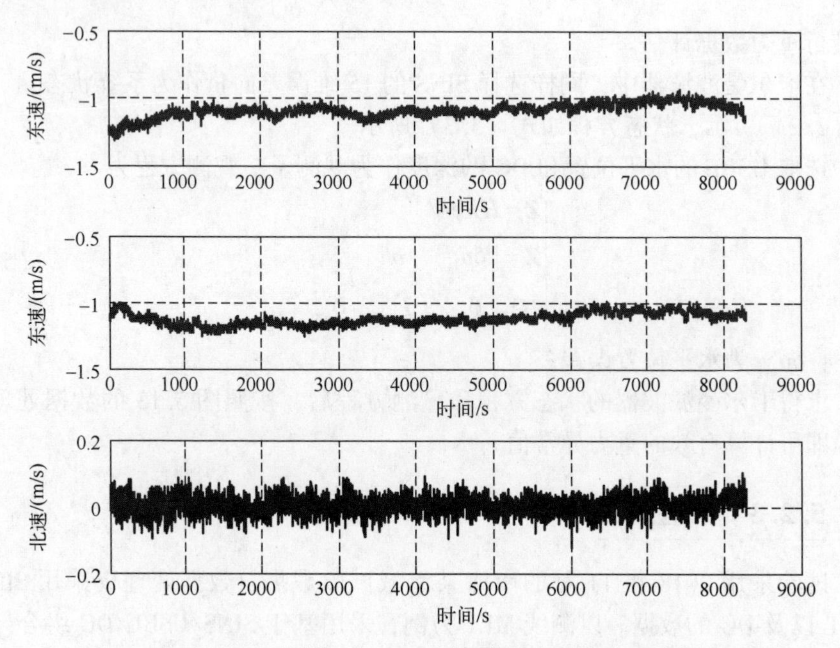

图 5.15 测线 ML1-2 组合导航后的速度曲线

果曲线如图 5.16 所示。同样地，测线 ML2 按照相同的方法进行数据处理，得到 200s FIR 低通滤波后的重力测量结果如图 5.17 所示。200s FIR 低通滤波后的重力测量精度统计结果如表 5.7 所列，测线 ML1 的重复测线内符合精度为 1.00mGal，测线 ML2 的内符合精度为 0.88mGal。

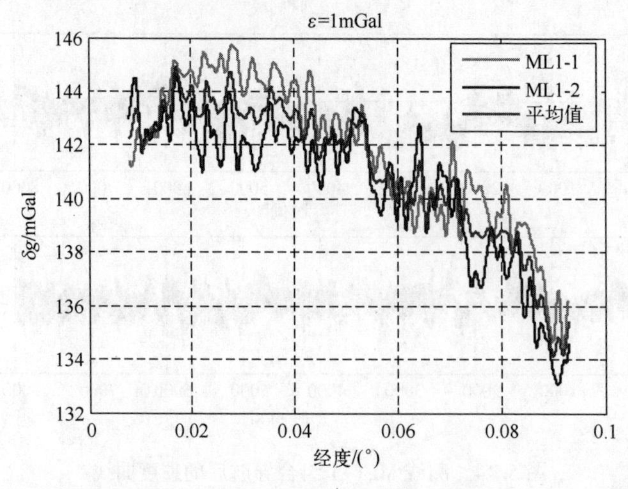

图 5.16 测线 ML1 的基于 SINS/USBL/DG 组合导航方法的重力测量结果（200s FIR 低通滤波）

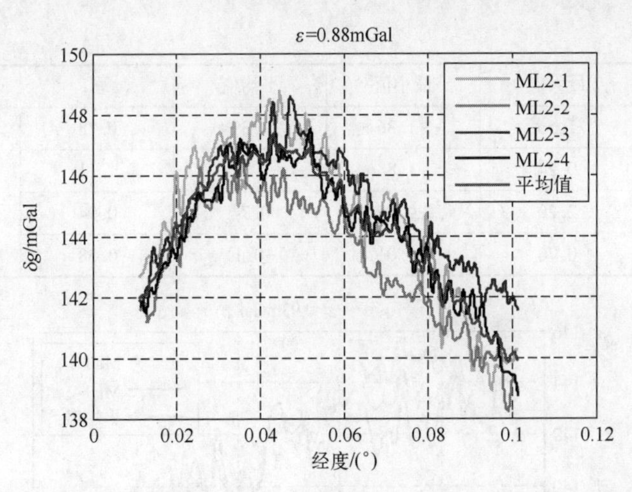

图 5.17　测线 ML2 的基于 SINS/USBL/DG 组合导航方法的重力测量结果（200s FIR 低通滤波）

表 5.7　基于 SINS/USBL/DG 组合导航的重力测量精度统计（200s FIR 低通滤波）

单位：mGal

测线	最大值	最小值	平均值	ε_j	ε
ML1	2.21	−1.47	0.61	1.00	1.00
	1.47	−2.21	−0.61	1.00	
ML2	1.85	−1.56	0.39	0.84	0.88
	0.48	−2.08	−1.02	1.13	
	2.40	−0.54	0.72	0.92	
	0.88	−1.33	−0.21	0.51	

测线 ML1 300s 低通滤波后的重力测量结果曲线如图 5.18 所示；测线 ML2 300s FIR 低通滤波后的重力测量结果如图 5.19 所示。采用基于 SINS/USBL/DG 组合导航的水下重力测量方法得到的 300s 低通滤波后的重力测量精度统计结果如表 5.8 所列，测线 ML1 的重复测线内符合精度为 0.93mGal，测线 ML2 的内符合精度为 0.85mGal。

表 5.8　基于 SINS/USBL/DG 组合导航的重力测量精度统计（300s 低通滤波）

单位：mGal

测线	最大值	最小值	平均值	ε_j	ε
ML1	1.85	−1.33	0.61	0.93	0.93
	1.33	−1.85	−0.61	0.93	

续表

测线	最大值	最小值	平均值	ε_j	ε
ML2	1.56	−1.36	0.39	0.78	0.85
	0.24	−1.88	−1.02	1.11	
	2.20	−0.35	0.74	0.94	
	0.76	−1.01	−0.11	0.38	

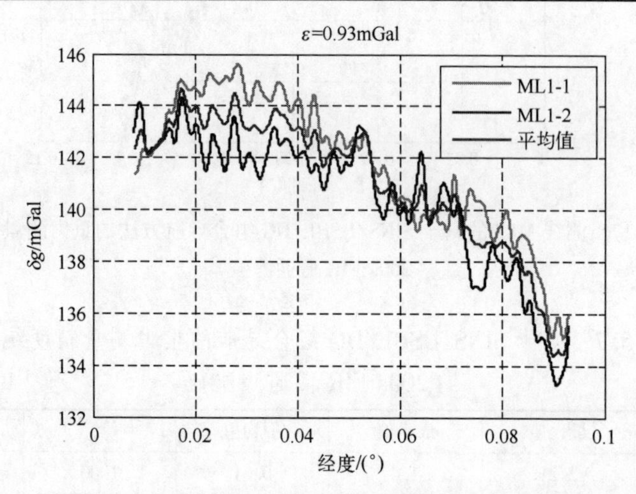

图 5.18 测线 ML1 的基于 SINS/USBL/DG 组合导航方法的重力测量结果（300s 低通滤波）

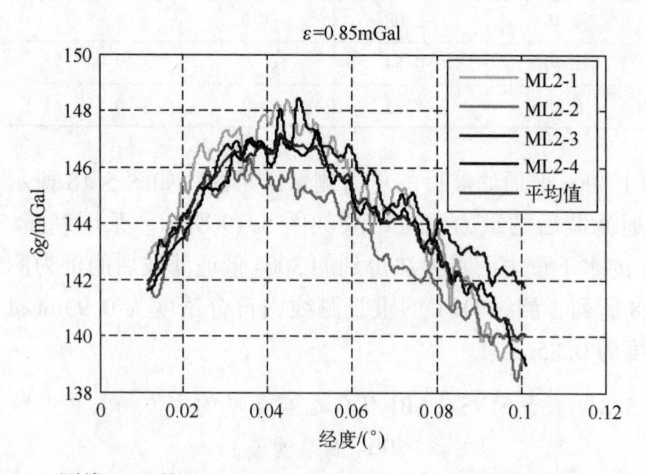

图 5.19 测线 ML2 的基于 SINS/USBL/DG 组合导航方法的重力测量结果（300s 低通滤波）

5.2.4 算法小结

针对 DVL 数据输出不稳定的问题，本节在不使用 DVL 数据的前提下提出了基于 SINS/USBL/DG 组合导航的水下重力测量方法。通过基于奇异值分解的可观测性分析，验证了在仅有位置观测的情况下速度误差是可观的，从而间接验证了基于 SINS/USBL/DG 组合导航的水下重力测量方法的可行性。

同样以完备数据集下采用基于 SINS/DVL/USBL/DG 的集中式滤波方法得到的数据结果为标准，根据附录 A 的试验验证，将集中式滤波方法得到的重力测量结果与基于 SINS/USBL/DG 的重力测量方法的结果进行对比，如表 5.9 所列。

表 5.9　集中式滤波方法与基于 SINS/USBL/DG 的重力测量方法的精度对比统计结果

单位：mGal

类型	测线	集中式滤波方法	基于 SINS/USBL/DG 的重力测量方法
200s 滤波	ML1	1.00	1.00
	ML2	0.87	0.88
300s 滤波	ML1	0.93	0.93
	ML2	0.84	0.85

由表 5.9 看出，采用本节方法获得测线 ML1 的内符合精度为 1mGal（200s 滤波）以及 0.93mGal（300s 滤波），测线 ML2 的内符合精度为 0.88mGal（200s 滤波）以及 0.85mGal（300s 滤波），重力测量精度与使用基于 SINS/DVL/USBL/DG 集中式卡尔曼滤波的重力测量方法得到的精度统计结果基本一致。采用基于 SINS/USBL/DG 的重力测量方法得到的数据质量要高于采用基于 SINS/DVL/DG 的重力测量方法得到的结果，这是因为基于 SINS/DVL/DG 组合导航得到的水平位置误差缓慢发散，从而影响最终的重力测量结果；而基于 SINS/USBL/DG 组合导航得到的高精度速度、位置信息都是稳定的，导航结果与完备数据集下得到的导航结果是一致的，重力测量结果也会与完备数据集下得到的结果相差无几。

5.3 利用轨迹拟合的 SINS/DG 重力测量方法

由 5.1 节和 5.2 节可知，水下传感器如 USBL 和 DVL 受水下恶劣环境影响均会出现数据不稳定的现象，从而影响重力数据处理的可靠性和精度。由水下重力测量的误差模型可知，水平位置误差对重力测量精度几乎没有影响；可观测性分析表明在仅有位置观测的情况下速度误差也能很好地估计。在此基础上，本节拟研究在不使用 USBL 和 DVL 数据的情况下，仅使用 SINS 和 DG 数据实现水下重力测量。

5.3.1 算法原理

由于重力仪都是沿着测线做匀速直线运动，本节拟将重力仪在测线上的轨迹拟合成一条直线。在基于轨迹约束的 SINS/DG 重力测量方法中，将拟合后的轨迹的水平位置信息和 DG 的深度信息作为卡尔曼滤波器的观测量，用于抑制 SINS 导航信息的发散；随后将组合导航后的导航结果和 DG 的深度用于重力异常提取。数据处理方法框图如图 5.20 所示，具体步骤如下。

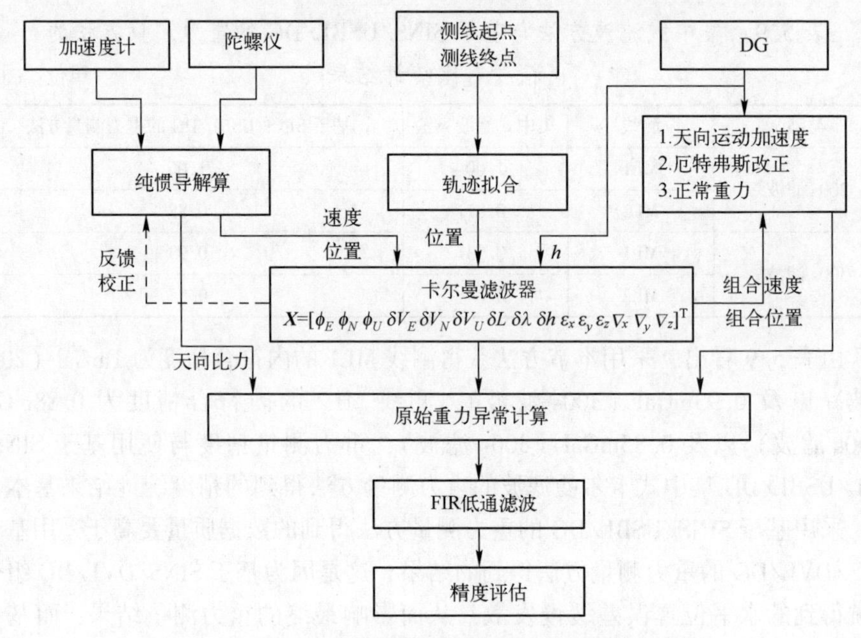

图 5.20 基于轨迹约束的 SINS/DG 重力测量方法框图

（1）已知每条测线起点和终点的位置，将重力仪在测线上的轨迹拟合成一条直线。由于重力仪在测线上近似做匀速直线运动，本书根据式（5.7）将拟合后的直线轨迹平均分成若干个点，轨迹点的频率与 SINS 原始数据的输出频率一致，有

$$
\begin{cases}
k=(\mathrm{Lat1}-\mathrm{Lat0})/(\mathrm{Lon1}-\mathrm{Lon0})\\
x=\mathrm{Lon0}:\dfrac{\mathrm{Lon1}-\mathrm{Lon0}}{(t_1-t_0)\cdot f}:\mathrm{Lon1}\\
y=k\cdot x+\mathrm{Lat0}-k\cdot \mathrm{Lon0}
\end{cases}
\tag{5.7}
$$

式中：f 为 SINS 原始数据的输出频率；Lat1、Lon1 分别为测线终点的纬度和经度；Lat0、Lon0 分别为测线起点的纬度和经度；t_0、t_1 分别为测线的开始时间和结束时间（s）；x、y 分别为拟合轨迹点的经度和纬度。

（2）SINS 进行纯惯导解算，同时利用拟合轨迹点的水平位置和 DG 的深度作为观测量以 1s 的周期进行卡尔曼滤波。状态变量同样选用 SINS 15 维的误差向量，状态方程如式（3.3）所示，量测方程与式（5.6）相同，但是水平位置观测量变为拟合轨迹点的经度和纬度。

（3）组合导航后的东速、北速以及纬度用于计算厄特弗斯改正和正常重力；天向运动加速度通过 DG 的深度二次差分得到。

（4）原始重力测量结果通过式（2.5）计算得到，有效的重力异常结果经过低通滤波后从原始重力数据中提取出来。

（5）精度评估采用重复测线内符合精度评估公式进行评估，如式（2.27）所示。

5.3.2　试验验证

5.3.2.1　试验验证一

试验验证采用附录 A 的海试数据，将 USBL 的水平位置作为真实轨迹，将测线 ML1-1 的轨迹进行拟合得到如图 5.21 所示的直线轨迹。拟合轨迹的水平位置误差曲线如图 5.22 所示，水平位置误差最大为 46m，完全能满足重力测量需求。

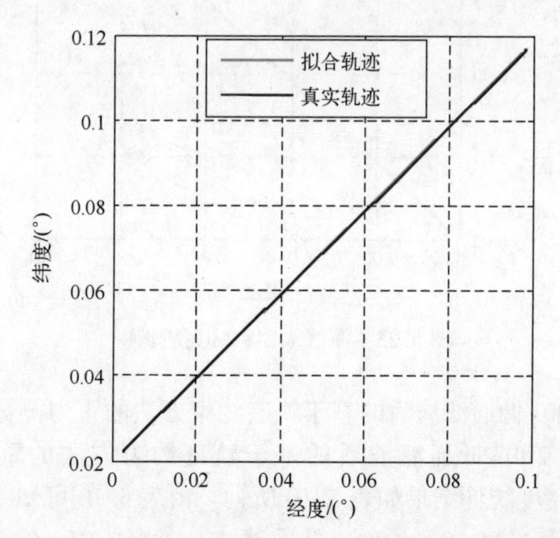

图 5.21　测线 ML1-1 拟合轨迹

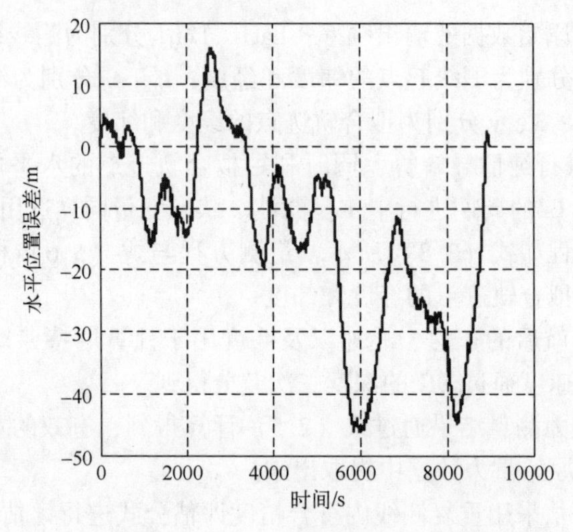

图 5.22 测线 ML1-1 拟合轨迹的水平位置误差曲线

测线 ML1-2 拟合轨迹如图 5.23 所示，其水平位置误差曲线如图 5.24 所示，最大水平位置误差为 114m。

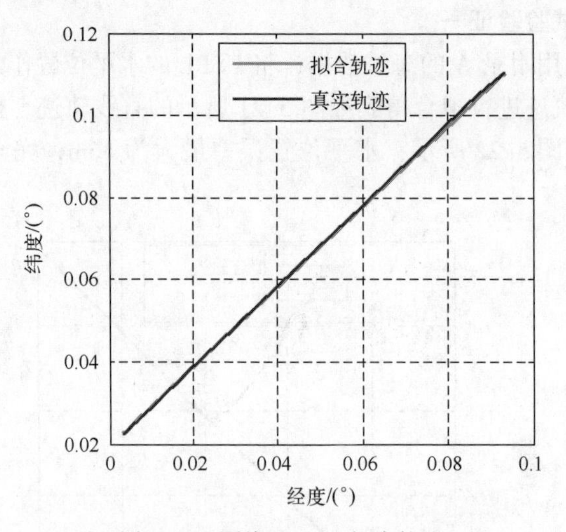

图 5.23 测线 ML1-2 拟合轨迹

测线 ML1 200s 低通滤波后的基于轨迹约束方法的重力测量结果如图 5.25 所示，测线 ML2 200s 低通滤波后的基于轨迹约束方法的重力测量结果如图 5.26 所示，精度统计结果如表 5.10 所列。由表 5.10 可知，测线 ML1 重复测线内符合精度为 1.11mGal（200s 低通滤波），测线 ML2 的重复测线内符合精度为 1.09mGal（200s FIR 低通滤波）。

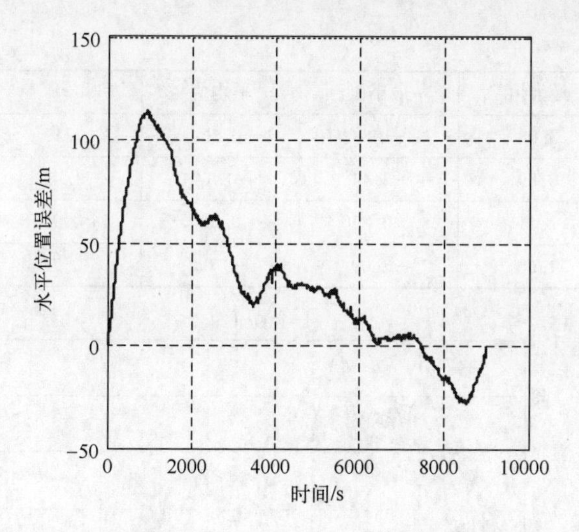

图 5.24　测线 ML1-2 拟合轨迹的水平位置误差曲线

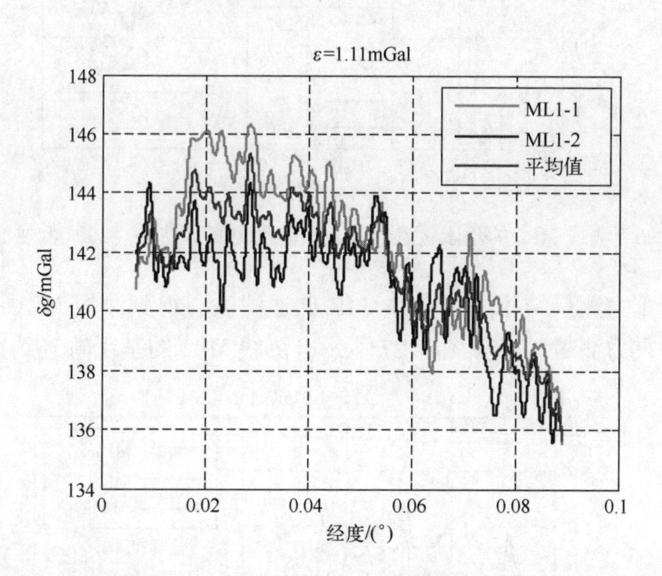

图 5.25　测线 ML1 的基于轨迹约束方法的重力测量结果（200s 低通滤波）

表 5.10　基于轨迹约束的 SINS/DG 重力测量精度统计结果（200s FIR 低通滤波）

单位：mGal

测线	最大值	最小值	平均值	ε_j	ε
ML1	3.03	−1.86	0.65	1.11	1.11
	1.86	−3.03	−0.65	1.11	

续表

测线	最大值	最小值	平均值	ε_j	ε
ML2	3.08	−1.88	0.56	1.13	1.09
	0.89	−3.44	−1.14	1.45	
	2.11	−0.82	0.66	0.90	
	1.60	−2.09	−0.08	0.77	

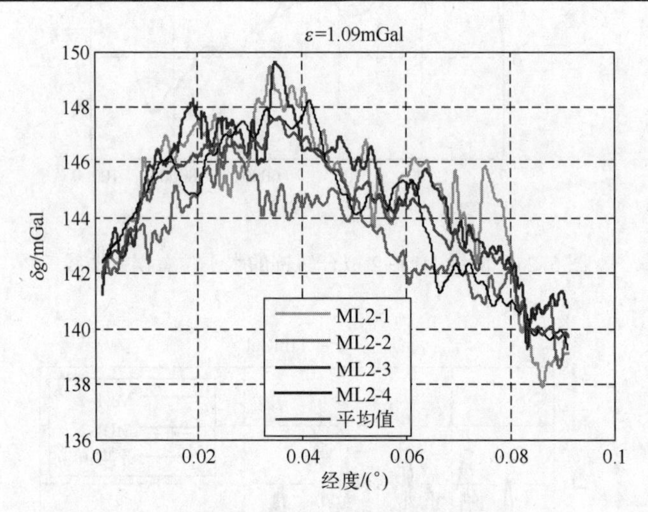

图 5.26　测线 ML2 的基于轨迹约束方法的重力测量结果（200s 低通滤波）

对原始重力测量结果进行 300s FIR 低通滤波，得到测线 ML1 的基于轨迹约束方法的重力测量结果如图 5.27 所示，测线 ML2 的基于轨迹约束方法的重

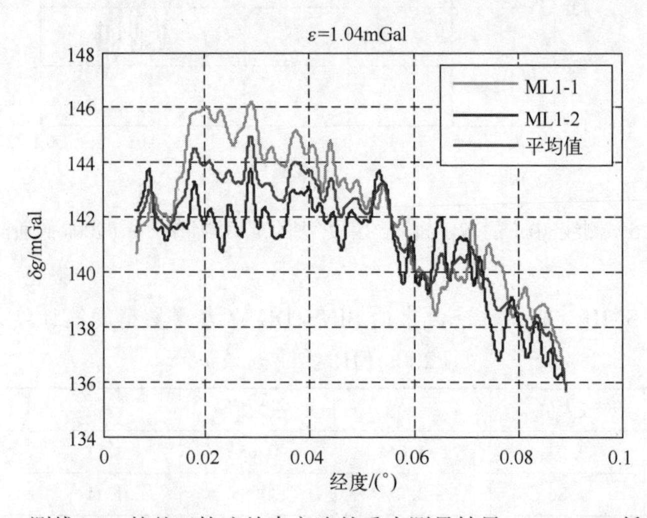

图 5.27　测线 ML1 的基于轨迹约束方法的重力测量结果（300s FIR 低通滤波）

力测量结果如图 5.28 所示。由表 5.11 的精度统计结果可知，测线 ML1 300s 低通滤波后的重复测线内符合精度为 1.04mGal，测线 ML2 300s 低通滤波后的重复测线内符合精度为 1.07mGal。

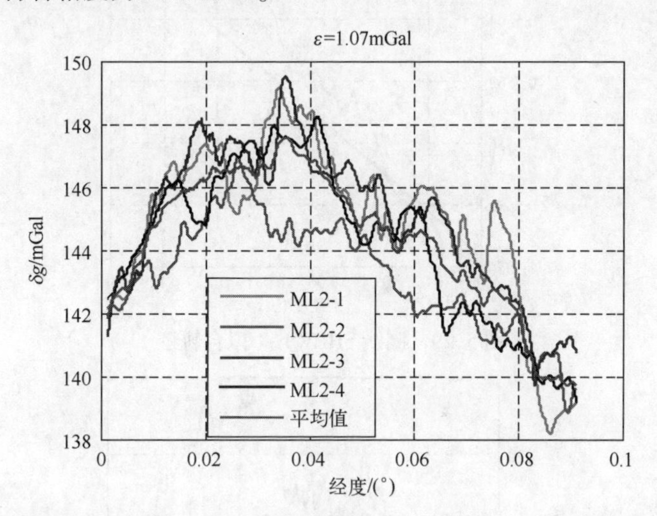

图 5.28　测线 ML2 的基于轨迹约束方法的重力测量结果（300s FIR 低通滤波）

表 5.11　基于轨迹约束的 SINS/DG 重力测量精度统计结果（300s FIR 低通滤波）

单位：mGal

测线	最大值	最小值	平均值	ε_j	ε
ML1	2.57	−1.54	0.65	1.04	1.04
	1.54	−2.57	−0.65	1.04	
ML2	2.83	−1.70	0.56	1.08	1.07
	0.79	−3.24	−1.14	1.43	
	1.96	−0.67	0.66	0.87	
	1.55	−2.06	−0.08	0.76	

5.3.2.2　试验验证二

试验采用附录 B 南海某深海域的海试数据，同样将 USBL 的数据作为真实轨迹，测线 SHEW1-1 拟合轨迹及其水平位置误差曲线分别如图 5.29 和图 5.30 所示，测线 SHEW1-1 拟合轨迹的水平位置误差最大为 28m。测线 SHEW1-2 拟合轨迹及其水平位置误差曲线分别如图 5.31 和图 5.32 所示，最大水平位置误差为 270m。由此得出，与测线 SHEW1-2 相比，测线 SHEW1-1 拟合轨迹更接近真实轨迹。

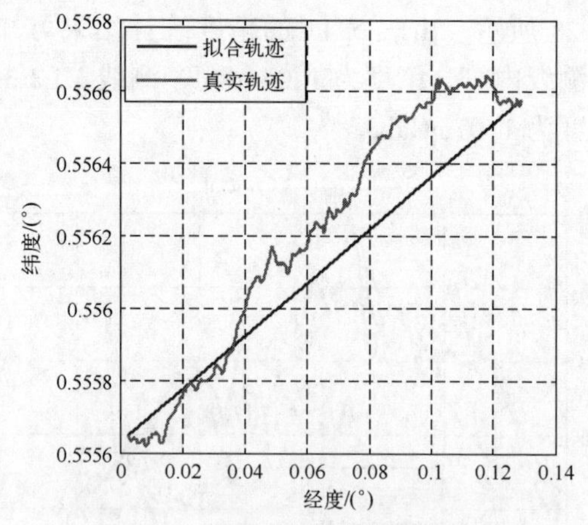

图 5.29　测线 SHEW1-1 拟合轨迹

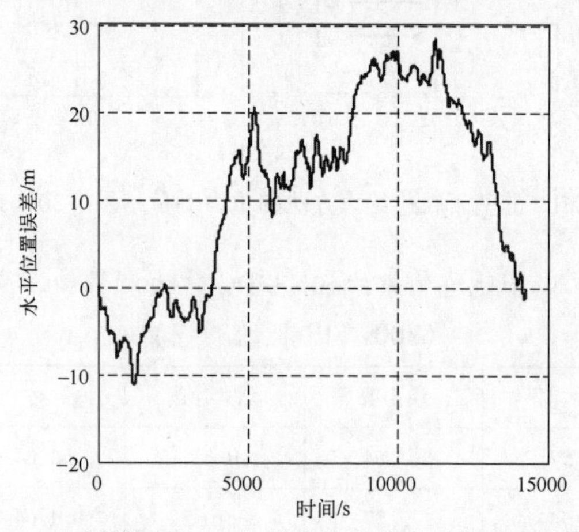

图 5.30　测线 SHEW1-1 拟合轨迹的水平位置误差曲线

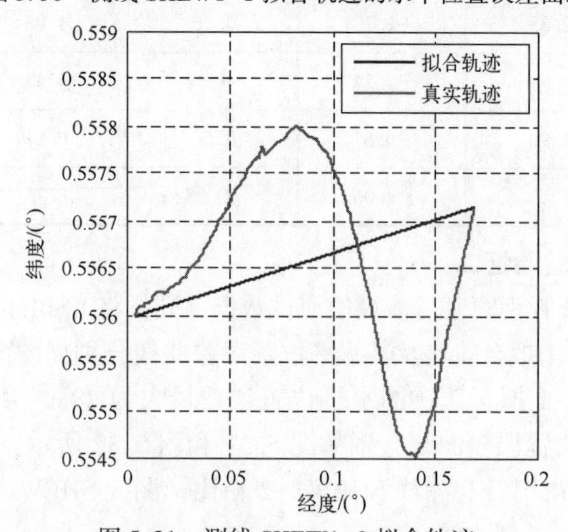

图 5.31　测线 SHEW1-2 拟合轨迹

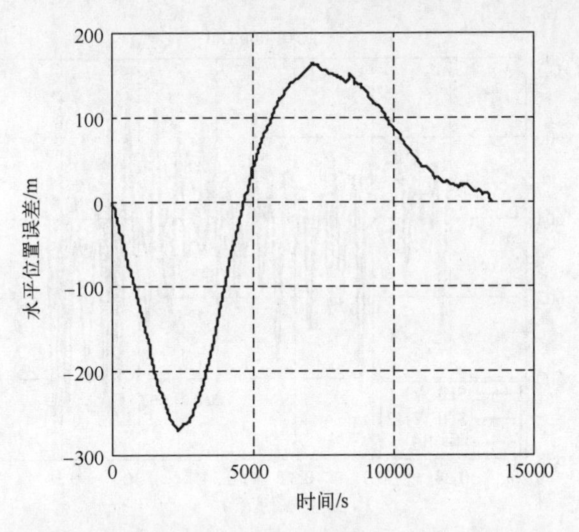

图 5.32 测线 SHEW1-2 拟合轨迹的水平位置误差曲线

采用基于轨迹约束的 SINS/DG 水下重力测量方法进行数据处理，得到测线 SHEW1 300s 低通滤波后的重力测量结果如图 5.33 所示。作为对比，图 5.34 为采用基于 SINS/DVL/USBL/DG 集中式滤波方法得到的测线 SHEW1 重力测量结果。可知，采用本节提出的方法和基于 SINS/DVL/USBL/DG 集中式滤波方法得到的测线 SHEW1 的内符合精度分别为 1.24mGal 和 1.06mGal，采用两种方法得到的重力测量精度水平相当。

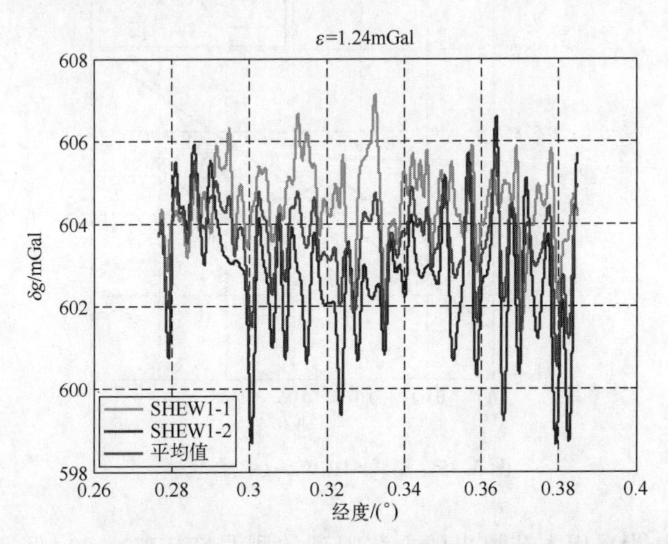

图 5.33 采用基于轨迹约束的 SINS/DG 水下重力测量方法得到的测线 SHEW1 重力测量结果（300s 滤波）

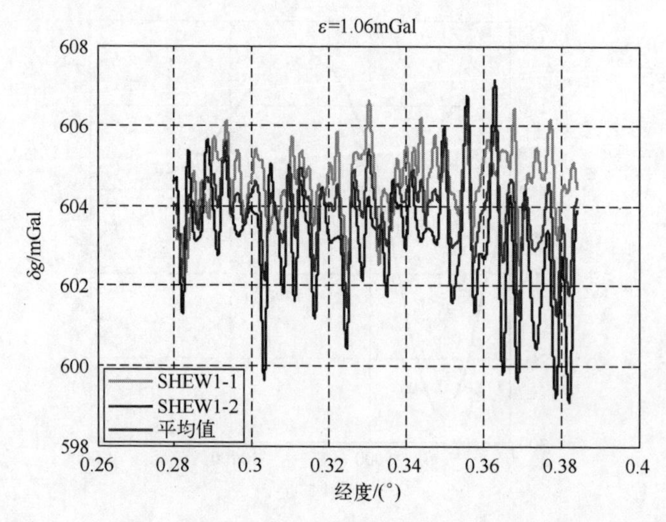

图 5.34 采用基于 SINS/DVL/USBL/DG 集中式滤波方法得到的测线 SHEW1 重力测量结果（300s 滤波）

测线 SHEW2-1 拟合轨迹及其水平位置误差曲线分别如图 5.35 和图 5.36 所示，水平位置误差最大为 29m；测线 SHEW2-2 拟合轨迹及其水平位置误差曲线分别如图 5.37 和图 5.38 所示，水平位置误差最大为 160m。

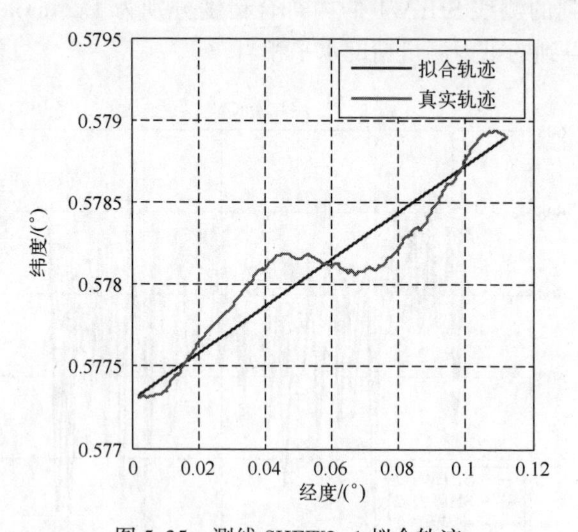

图 5.35 测线 SHEW2-1 拟合轨迹

图 5.39 为采用本节提出的方法得到的测线 SHEW2 300s 低通滤波后的重力测量结果；图 5.40 为采用基于 SINS/DVL/USBL/DG 集中式滤波的重力测量方法得到的结果。可知，采用本节提出的方法和基于 SINS/DVL/USBL/

DG 集中式滤波方法得到的测线 SHEW2 的内符合精度分别为 2.03mGal 和 1.15mGal。在测线 SHEW2-2 的测量过程中，由于不断收放缆防止拖体离底太近，因此其深度变化出现两个尖峰，载体动态性差，测线 SHEW2-2 的重力测量结果也有两个尖峰，采用本节提出的方法使重力测量结果曲线的尖峰更明显，动态性引起的重力测量误差进一步被放大。载体动态性差引起的重力测量误差可以通过 4.3 节基于相关性分析的水下重力测量误差补偿方法进行补偿。

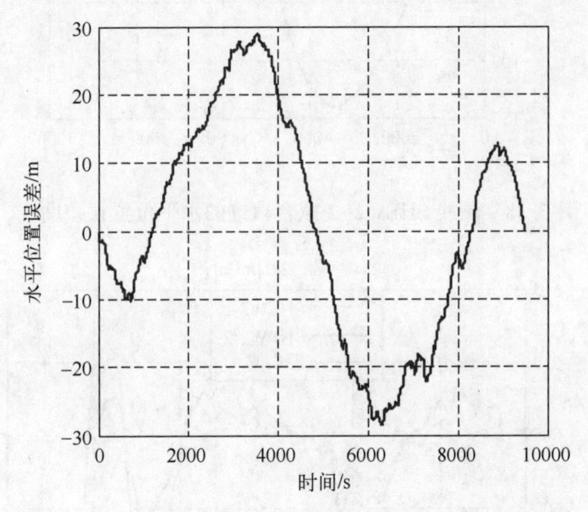

图 5.36　测线 SHEW2-1 拟合轨迹的水平位置误差曲线

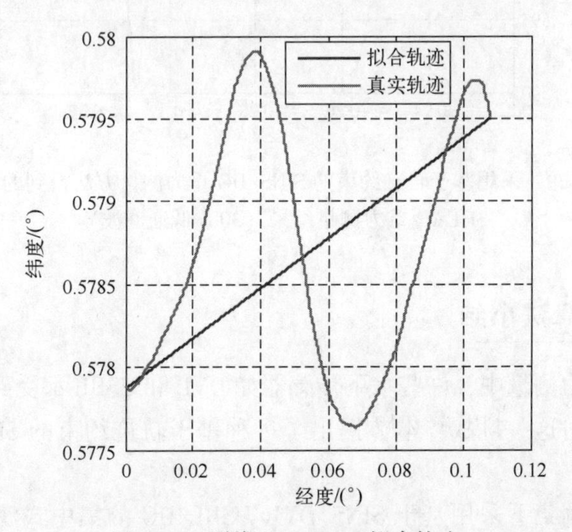

图 5.37　测线 SHEW2-2 拟合轨迹

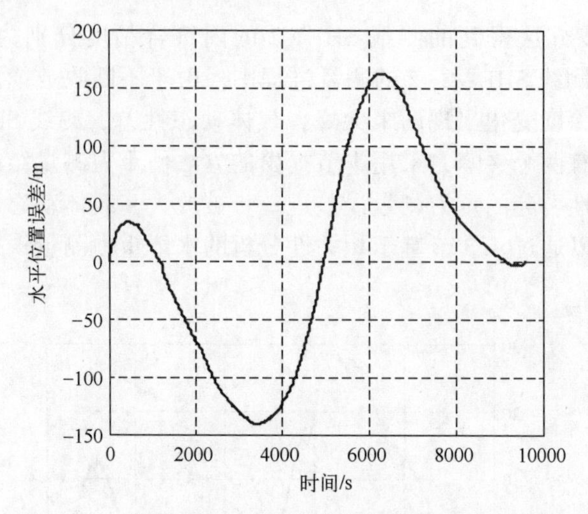

图 5.38 测线 SHEW2-2 拟合轨迹的水平位置误差曲线

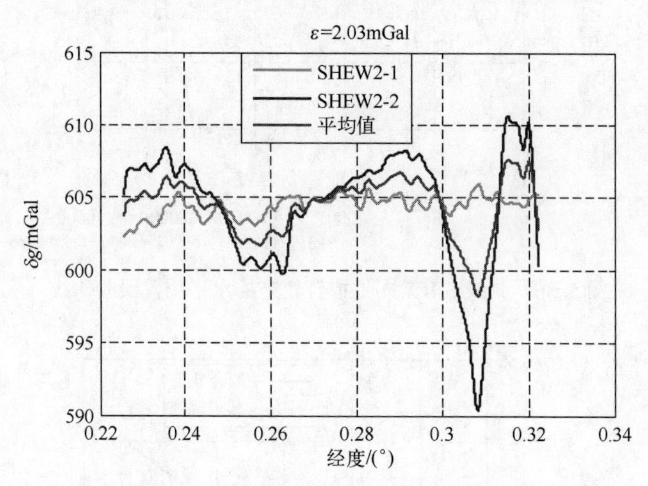

图 5.39 采用基于轨迹约束的 SINS/DG 重力测量方法得到的测线 SHEW2 重力测量结果（300s 低通滤波）

5.3.3 算法小结

在水下重力测量中，一些水下传感器如 DVL 和 USBL 都受到了水下恶劣环境的挑战。针对这一挑战，本节提出了一种基于轨迹约束的 SINS/DG 水下重力测量新方法。

以完备数据集下采用基于 SINS/DVL/USBL/DG 的集中式滤波方法得到的数据结果为标准，以附录 A 的试验数据为例，将集中式滤波方法得到的重力测量结果与基于轨迹约束的 SINS/DG 重力测量方法的结果进行对比，如

表5.12所列。由表5.12看出，采用新方法获得测线ML1的内符合精度为1.11mGal（200s滤波）以及1.04mGal（300s滤波），测线ML2的内符合精度为1.09mGal（200s滤波）以及1.07mGal（300s滤波）。

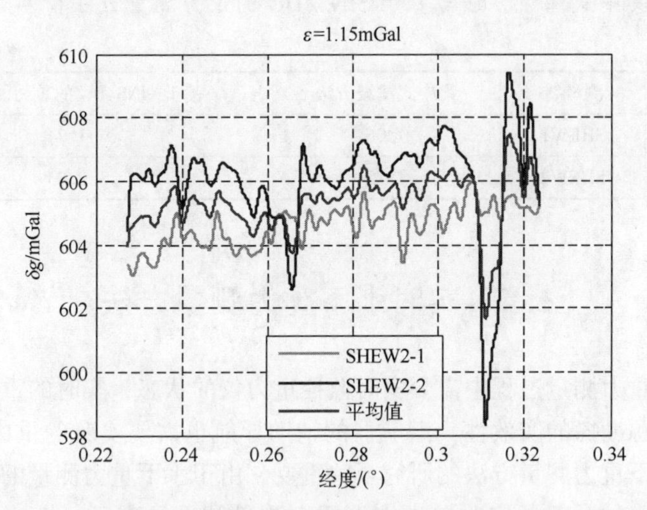

图5.40　采用基于SINS/DVL/USBL/DG集中式滤波方法得到的测线SHEW2重力测量结果（300s低通滤波）

表5.12　集中式滤波方法与基于SINS/DG的重力测量方法精度对比统计1

单位：mGal

类　型	测　线	集中式滤波方法	基于SINS/DG的重力测量方法
200s滤波	ML1	1.00	1.11
	ML2	0.87	1.09
300s滤波	ML1	0.93	1.04
	ML2	0.84	1.07

采用新方法得到的重力测量精度要差于使用基于SINS/DVL/USBL/DG集中式滤波方法得到的精度。与基于SINS/USBL/DG的重力测量方法以及基于SINS/DVL/DG的重力测量方法相比，采用基于轨迹约束的SINS/DG重力测量方法得到的重力测量数据质量均变差，这是由于基于SINS/DG的组合导航缺乏有效可靠的速度和水平位置观测信息，导致其导航结果精度较差，从而间接影响重力数据质量。

附录B的实测数据验证结果表明，在300s FIR低通滤波条件下，采用新方法获得测线SHEW1和SHEW2的内符合精度分别为1.24mGal和2.03mGal，采用基于SINS/DVL/USBL/DG的集中式滤波方法获得测线SHEW1和SHEW2的内符合精度分别为1.06mGal和1.15mGal（表5.13）。虽然采用新方法获得的重力测量精度要差于集中式滤波方法，但是也能满足水下资源勘探和油气探测的需求。

表 5.13　集中式滤波方法与基于 SINS/DG 的重力测量方法精度对比统计 2

单位：mGal

类　型	测　线	集中式滤波方法	基于 SINS/DG 的重力测量方法
300s 滤波	SHEW1	1.06	1.24
	SHEW2	1.15	2.03

5.4　实时水下重力测量方法

在水下重力测量过程中需要实时监控重力仪的状态，实时的重力异常数据可以提高资源勘探的实效性，潜航器的辅助导航也需要实时的重力测量结果，因此实时水下重力测量方法的研究至关重要。由于水下重力测量的传感器数据都是实时输出的，因此实时输出水下重力测量结果具有可行性。在实际应用中，水下传感器如 DVL、USBL 以及 DG 的数据输出频率是不一致的，没法通过基于 SINS/DVL/USBL/DG 组合导航的重力测量方法进行数据处理。本节探索实时水下重力测量方法，在保证数据处理精度的同时满足实际工程应用需求。

5.4.1　实时数据处理算法

由于在实际测量过程中，USBL、DVL 以及 DG 的数据偶尔会出现野值，因此在数据处理过程中需进行传感器实时精度评估。本书采用信息判别法，通过判断观测量与 SINS 解算的导航信息的差值来实时判别观测量的有效性，以便保证实时数据处理的可靠性。实时重力数据处理以组合导航为核心，涉及基于 SINS/DVL 的组合导航、基于 SINS/USBL 的组合导航以及基于 SINS/DG 的组合导航三种组合导航模式，组合导航又以卡尔曼滤波为基础，根据实际传感器数据输入的情况选择不同的组合导航模式进行导航解算。实时水下重力测量方法流程如图 5.41 所示，具体步骤如下。

（1）若没有检测到水下传感器数据输入或者检测到的水下传感器数据为野值，则 SINS 进行纯惯导解算得到速度、位置以及姿态信息。转至步骤（5）执行下一步。

（2）当检测到水下传感器数据输入时，判断是否为 USBL 数据。若为 USBL 数据，则判断 USBL 的测量值与 SINS 解算的位置之差是否超过阈值。若超过，则回到步骤（1）执行；若没超过，则进行基于 SINS/USBL 的组合导航得到速度、位置以及姿态信息。卡尔曼滤波器的状态变量和状态方程如式（3.2）和式（3.3）所示，量测方程如式（3.23）所示。之后转至步骤（5）执行下一步。

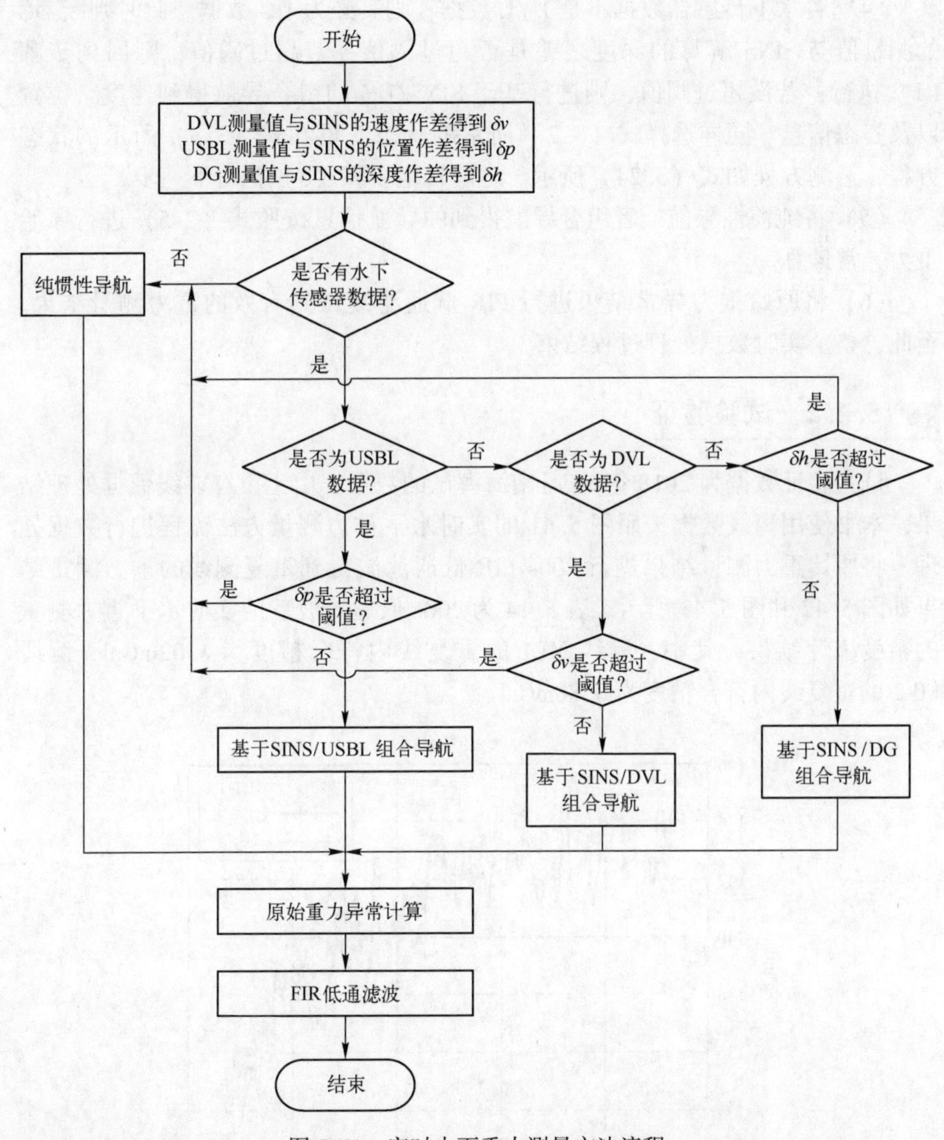

图 5.41　实时水下重力测量方法流程

（3）若水下传感器数据不是 USBL 数据，则判断是否为 DVL 数据。当水下传感器数据为 DVL 数据时，判断 DVL 在 n 系下的测量值与 SINS 解算的速度之差是否超过阈值。若超过阈值，则回到步骤（1）执行；若没超过阈值，则进行基于 SINS/DVL 的组合导航得到速度、位置以及姿态角。组合导航卡尔曼滤波器的状态变量和状态方程分别如式（3.2）和式（3.3）所示，量测方程如式（3.22）所示。之后转至步骤（5）执行下一步。

（4）若水下传感器数据不是 DVL 数据，则其必为 DG 数据。此时判断 DG 的测量值与 SINS 解算的深度之差是否超过阈值，若超过阈值，则回到步骤（1）执行；若没超过阈值，则进行基于 SINS/DG 的组合导航得到速度、位置以及姿态信息。同样选择式（3.2）所示的状态变量和式（3.3）所示的状态方程，量测方程如式（3.24）所示。之后转至步骤（5）执行下一步。

（5）将纯惯性导航或者组合导航得到的导航信息按照式（2.5）进行原始重力异常计算。

（6）将原始重力异常结果进行 FIR 低通滤波得到有效的重力测量结果。至此，整个实时数据处理过程结束。

5.4.2 试验验证

试验验证数据为 2018 年 11 月南海海试的数据。由于没有在线数据处理结果，本书使用离线数据按照图 5.41 的实时水下重力测量方法流程进行数据处理。将原始重力测量结果进行 200s FIR 低通滤波得到重复测线的重力测量结果如图 5.42 和图 5.43 所示。表 5.14 为 200s 低通滤波后的实时水下重力测量的精度统计结果，其中，测线 ML1 的重复线内符合精度为 1.02mGal，测线 ML2 的重复线内符合精度为 0.88mGal。

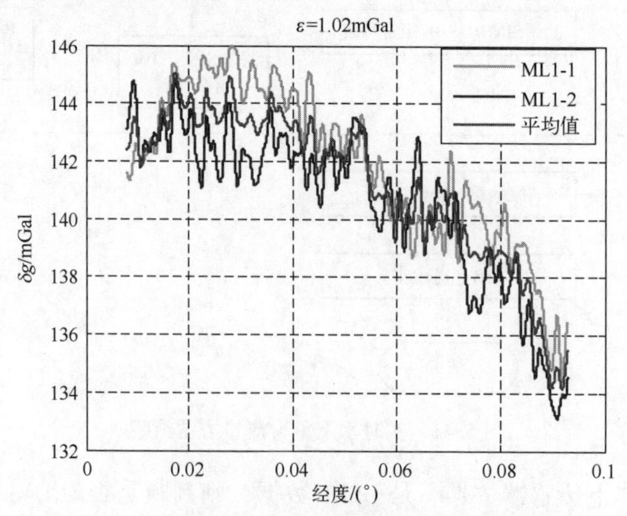

图 5.42　采用实时水下重力测量方法得到的测线 ML1 重力测量结果（200s FIR 低通滤波）

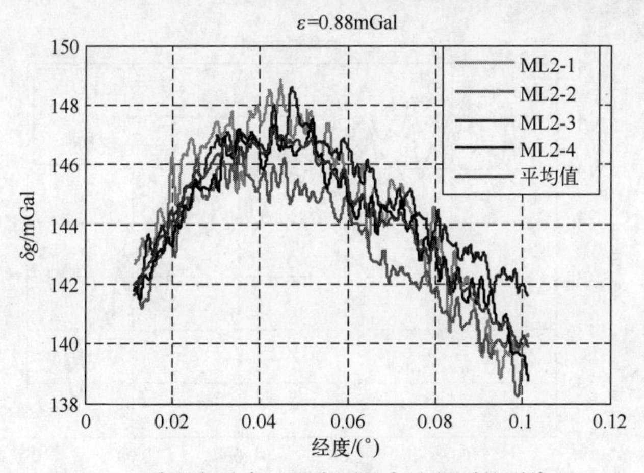

图 5.43　采用实时水下重力测量方法得到的测线 ML2
重力测量结果（200s FIR 低通滤波）

表 5.14　实时水下重力测量的精度统计结果（200s FIR 低通滤波）

单位：mGal

测线	最大值	最小值	平均值	ε_j	ε
ML1	2.29	−1.52	0.62	1.02	1.02
	1.52	−2.29	−0.62	1.02	
ML2	1.92	−1.60	0.38	0.84	0.88
	0.46	−2.11	−1.02	1.14	
	2.36	−0.48	0.74	0.95	
	1.11	−1.22	−0.10	0.44	

采用 300s 低通滤波得到的重力测量结果如图 5.44 和图 5.45 所示。测线 ML1 300s 低通滤波后的内符合精度为 0.95mGal，测线 ML2 300s 低通滤波后的重复线内符合精度为 0.85mGal（表 5.15）。

表 5.15　实时水下重力测量的精度统计结果（300s 低通滤波）

单位：mGal

测线	最大值	最小值	平均值	ε_j	ε
ML1	1.91	−1.38	0.62	0.95	0.95
	1.38	−1.91	−0.62	0.95	
ML2	1.65	−1.41	0.38	0.79	0.85
	0.22	−1.89	−1.02	1.11	
	2.16	−0.37	0.74	0.94	
	0.78	−0.99	−0.10	0.38	

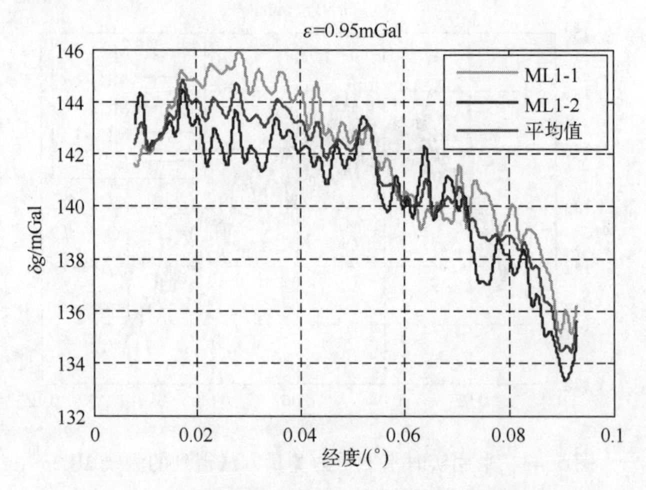

图 5.44　采用实时重力测量方法得到的测线 ML1 重力测量结果（300s 低通滤波）

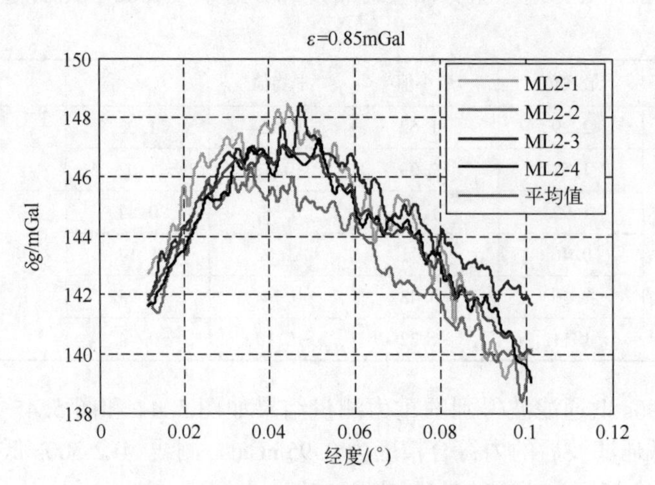

图 5.45　采用实时重力测量方法得到的测线 ML2 重力测量结果（300s 低通滤波）

5.4.3　算法小结

针对资源勘探和潜航器辅助导航对水下实时重力测量的需求，本节提出了水下实时重力测量数据处理方法，通过三种组合导航模式的切换实时输出重力测量结果。采用附录 A 的试验数据对实时水下重力测量方法进行验证，通过对原始重力测量结果进行 200s FIR 低通滤波，得到测线 ML1 的重复测线内符合精度为 1.02mGal，测线 ML2 的内符合精度为 0.88mGal。将原始重力测量结果进行 300s 低通滤波，得到测线 ML1 的内符合精度为 0.95mGal，测线 ML2 的内符合精度为0.85mGal。试验结果表明，实时水下重力测量方法能够实时输出有效的重力测量结果，并且获得不错的数据处理精度。

5.5 小　结

本章在水下传感器数据不齐全的情况下，研究了非完备数据集下的水下重力测量方法。首先本章对基于SINS/DVL/DG组合导航的重力测量方法以及基于SINS/USBL/DG组合导航的重力测量方法进行研究，获得了较高精度的重力测量结果；其次在水下传感器中，USBL和DVL受水下环境干扰数据可靠性差，而DG的数据相对稳定，本章在不使用USBL和DVL数据的前提下，研究了基于轨迹约束的SINS/DG重力测量方法，实测数据验证结果表明，采用此方法获得的重力测量数据质量要略差于采用基于SINS/DVL/USBL/DG集中式滤波方法得到的重力测量结果，但是也能满足水下资源勘探的需求；最后本章研究了水下实时重力测量方法，采用实测的离线数据进行验证，结果表明水下实时重力测量方法可以在获得有效重力测量结果的同时，保证重力数据处理精度，从而节省了后续数据处理的人力成本，提高了测量效率。

第6章　研究结论与展望

相较于卫星、航空以及船载重力测量，水下重力测量由于更靠近重力场源，可以探测到更强的重力异常信号，也可以观测到重力的更多细节变化。水下重力场的精确测定对于地球物理研究、资源勘探、油气渗透监测、水下辅助导航等领域发展具有十分重要的意义。但是由于水下无卫星信号的复杂环境，水下重力测量面临着与航空、船载重力测量截然不同的困难和挑战，对水下重力测量的关键技术进行研究，将为丰富重力测量手段和精细化重力场模型提供理论依据。

本书主要对水下动态重力测量的相关技术展开研究，研究工作主要包括水下重力测量的多源数据融合方法、水下重力测量的误差补偿方法以及非完备数据集下的重力测量方法。实现高精度的水下重力测量是一个系统性工程，不仅涉及理论方面的工作，工程实践方面的工作对测量结果影响也较大，因此还有许多理论和工程问题有待进一步深入研究与解决。后续的研究工作主要包括以下几个方面。

(1) 传统的船载重力测量可以在码头进行静态前后校和基点比对，即在航次开始前和结束后分别停靠在码头进行比对观测，通过前后观测值的差值与时间的比值得到漂移率。水下重力仪工作于甲板和水下两种状态，在水下无法保持静止状态，需研究动态前后校和基点传递技术，将船载重力仪的基准值传递至水下重力仪，同时在水下重力仪完成动态测量后估计出其线性漂移关系。

(2) 因子图优化算法可以采集每个时刻的状态转移矩阵和量测矩阵，进行全局优化得到状态变量的最优估计。水下多传感器数据融合方法可以研究因子图优化算法，进一步提高水下重力数据处理精度。

(3) 水下重力测量无法获得完全重复的重复测线或者交叉点，采用重复测线或者交叉点内符合精度评估办法无法有效评估水下重力测量精度。因此需探索新的精度评估办法，提出适用于水下重力测量的质量评估技术和方法，为水下重力测量工程化应用奠定技术基础。

(4) 本书提出的考虑未知洋流流速的 SINS/DVL 组合导航方法认为洋流流速在短时间内是恒定的，但实际的洋流流速是不断变化的，需研究考虑变化洋流流速的 SINS/DVL 组合导航方法，提高导航方法的适用性。

（5）基于相关性分析的水下重力测量误差补偿方法建立的是一次项和二次项的误差模型，无法精确表达重力测量误差与影响因子之间的关系，需研究使用机器学习的方法建立精确的误差模型，提高动态性相关的重力测量误差补偿效果。

（6）水下重力测量是一项复杂的工程测量任务，涉及甲板和水下两种工作模式，需总结出一套适用于水下重力测量的操作流程和技术规范，以便为科研人员和测量人员提供技术指导和实践依据。

参考文献

[1] 熊盛青，周锡华，郭志宏，等．航空重力勘探理论方法及应用［M］．北京：地质出版社，2010.

[2] 黄谟涛，翟国君，管铮，等．海洋重力场测定及其应用［M］．北京：测绘出版社，2005.

[3] 曾华霖．重力场与重力勘探［M］．北京：地质出版社，2005.

[4] 胡平华，赵明，黄鹤，等．航空/海洋重力测量仪器发展综述［J］．导航定位与授时，2017，4（4）：10-19.

[5] WANG W，LUO C，XUE Z，et al. Progress in the Development of Laser Strapdown Airborne Gravimeter in China［J］. Gyroscopy & Navigation，2015，6（4）：271-277.

[6] 张子山．GDP-1型重力仪船载试验介绍［C］．重庆：惯性技术发展动态发展方向研讨会文集，2014：65-69.

[7] 张开东．基于SINS/DGPS的航空重力测量方法研究［D］．长沙：国防科技大学，2007.

[8] 宁津生，黄谟涛，欧阳永忠，等．海空重力测量技术进展［J］．海洋测绘，2014，34（3）：67-72.

[9] RIDGWAY J R，ZUMBERGE M A. Deep-Towed Gravity Surveys in the Southern California Continental Borderland［J］. Geophysics，2002，67（3）：777-787.

[10] 潘国伟，曹聚亮，吴美平，等．水下重力测量技术进展［J］．测绘通报，2019，2：1-5.

[11] SASAGAWA G S，CRAWFORD W，EIKEN O，et al. A New Sea-floor Gravimeter［J］. Geophysics，2003，68（2）：544-553.

[12] KINSEY J C，TIVEY M A，YOERGER D R. Dynamics and Navigation of Autonomous Underwater Vehicles for Submarine Gravity Surveying［J］. Geophysics，2013，78（3）：G55-G68.

[13] SHINOHARA M，YAMADA T，ISHIHARA T，et al. Development of an underwater gravity measurement system using autonomous underwater vehicle for exploration of seafloor deposits［C］. Genoa：Oceans. IEEE，2015：1-7.

[14] COCHRAN J R，FORNARI D J，COAKLEY B J，et al. Continuous Near-bottom Gravity measurements made with a BGM-3 gravimeter in DSV Alvin on the East Pacific Rise crest near 9°31′N and 9°50′N［J］. Journal of Geophysical Research Solid Earth，1999，104（B5）：10841-10861.

[15] 于旭东．二频机抖激光陀螺单轴旋转惯性导航系统若干关键技术研究［D］．长沙：国防科技大学，2011.

[16] 胡平华，黄鹤，赵明，等．轻小型高精度惯性稳定平台式航空/海洋重力仪研究［C］．武汉：中国惯性技术学会第七届学术年会论文集，2015：6.

[17] 黄谟涛，翟国君，欧阳永忠，等．海洋磁场重力场信息军事应用研究现状与展望［J］．海洋测绘，2011，31（1）：71-76.

[18] 刘敏，黄谟涛，欧阳永忠，等．海空重力测量及应用技术研究进展与展望（二）：传感器与测量规划设计技术［J］．海洋测绘，2017，37（3）：1-11.

[19] PEPPER T B. The Gulf Underwater Gravimeter［J］. Geophysics，1941，6（1）：34-44.

[20] FROWE J R. A Diving Bell for Underwater Gravimeter Operation［J］. Geophysics，1947，12：1-12.

[21] BEYER L A，VON HUENE R E，MCCULLOH T H，et al. Measuring gravity on the sea floor in deep wa-

ter [J]. Journal of Geophysical Research, 1966, 71 (8): 2091-2100.

[22] HILDEBRAND J A, STEVENSON J M, HAMMER P T C, et al. A seafloor and sea surface gravity survey of Axial Volcano [J]. Journal of Geophysical Research: Solid Earth, 1990, 95 (B8): 12751-12763.

[23] STEVENSON J M, HILDEBRAND J A, ZUMBERGE M A, et al. An ocean bottom gravity study of the Southern Juan de Fuca Ridge [J]. Journal of Geophysical Research Solid Earth, 1994, 99 (B3): 4875-4888.

[24] LUYENDYK B P. On-bottom gravity profile across the East Pacific Rise crest at 21 north [J]. Geophysics, 1984, 49 (12): 2166-2177.

[25] HOLMES M L, JOHNSON H P. Upper crustal densities derived from sea floor gravity measurements: Northern Juan de Fuca Ridge [J]. Geophysical Research Letters, 1993, 20 (17): 1871-1874.

[26] EVANS R L. A seafloor gravity profile across the TAG Hydrothermal Mound [J]. Geophysical Research Letters, 1996, 23 (23): 3447-3450.

[27] PRUIS M J, JOHNSON H P. Porosity of very young oceanic crust from sea floor gravity measurements [J]. Geophysical Research Letters, 1998, 25 (11): 1959-1962.

[28] PRUIS M J, JOHNSON H P. Age dependent porosity of young upper oceanic crust: Insights from seafloor gravity studies of recent volcanic eruptions [J]. Geophysical Research Letters, 2002, 29 (5): 1-4.

[29] NOONER S L, SASAGAWA G S, BLACKMAN D K, et al. Structure of oceanic core complexes: Constraints from seafloor gravity measurements made at the Atlantis Massif [J]. Geophysical Research Letters, 2003, 30 (8): 516-528.

[30] GILBERT L A, JOHNSON H P. Direct measurements of oceanic crustal density at the Northern Juan de Fuca Ridge [J]. Geophysical Research Letters, 1999, 26 (24): 3633-3636.

[31] GILBERT L A, MCDUFF R E, PAUL J H. Porosity of the upper edifice of Axial Seamount [J]. Geology, 2007, 35 (1): 49-52.

[32] ZUMBERGE M, ALNES H, EIKEŇ O, et al. Precision of seafloor gravity and pressure measurements for reservoir monitoring [J]. Geophysics, 2008, 73 (6): WA133-WA141.

[33] AFTALION M, MIDDLEMISS R, BRAMSIEPE S, et al. Low-cost MEMS Gravimeters for Underwater Gravimetry and Submarine Detection [C]. Washington, D. C.: AGU Fall Meeting, 2018: 10-14.

[34] ZUMBERGE M A, RIDGWAY J R, HILDEBRAND J A. A towed marine gravity meter for near-bottom surveys [J]. Geophysics, 1997, 62 (5): 1386-1393.

[35] FUJIMOTO H, KOIZUMI K, WATANABE M, et al. Underwater gravimeter on board the R-One robot [C]// Tokyo: International Symposium on Underwater Technology. IEEE, 2000: 297-300.

[36] FUJIMOTO H, KOIZUMI K I, OSADA Y, et al. Development of instruments for seafloor geodesy [J]. Earth Planets and Space, 1998, 50 (11): 905-911.

[37] FUJIMOTO H, KANAZAWA T, SHINOHARA M, et al. Development of a hybrid gravimeter system onboard an underwater vehicle [C]//Tokyo: IEEE Symposium on Underwater Technology, 2011: 1-3.

[38] ISHIHARA T, SHINOHARA M, ARAYA A, et al. Development of an underwater gravity measurement system with autonomous underwater vehicle for marine mineral exploration [C]//Kobe: IEEE Techno-Ocean, 2017.

[39] SHINOHARA M, ISHIHARA T, ARAYA A, et al. Mapping of seafloor gravity anomalies by underwater gravity measurement system using autonomous underwater vehicle for exploration of seafloor deposits [C]// Anchorage: Oceans. IEEE, 2017.

[40] SHINOHARA M, YAMADA T, KANAZAWA T, et al. Development of an underwater gravimeter and the

first observation by using autonomous underwater vehicle [C]// Tokyo: IEEE International Underwater Technology Symposium, 2013: 1-6.

[41] SHINOHARA M, KANAZAWA T, FUJIMOTO H, et al. Development of a High-Resolution Underwater Gravity Measurement System Installed on an Autonomous Underwater Vehicle [J]. IEEE Geoscience and Remote Sensing Letters, 2018, 15 (12): 1937-1941.

[42] ISHIHARA T, SHINOHARA M, FUJIMOTO H, et al. High-resolution gravity measurement aboard an autonomous underwater vehicle [J]. Geophysics, 2018, 83 (6): G119-G135.

[43] 许厚泽, 王谦身, 陈益惠. 中国重力测量与研究的进展 [J]. 地球物理学报, 1994 (a1): 339-352.

[44] 范时清, 沈剑平. 渤海基底倒形结构形成机制 [J]. 海洋地质研究, 1981 (1): 31-38.

[45] 罗壮伟, 刘文锦. 海底高精度重力测量系统及方法技术研究和应用 [J]. 海洋技术, 1995, 14 (1): 38-51.

[46] 卢景奇. 提高浅海重力测量观测精度的方法技术 [J]. 物探化探计算技术, 2007, 29 (3): 29-31.

[47] 朱丹丹. 水下重力测量系统关键技术研究 [D]. 南京: 东南大学, 2018.

[48] 李显. 航空重力测量中运动加速度的高精度估计方法研究 [D]. 长沙: 国防科技大学, 2013.

[49] 李万里. 惯性/多普勒组合导航回溯算法研究 [D]. 长沙: 国防科技大学, 2013.

[50] 铁俊波. 速度位置信息辅助下惯性导航行进中快速自对准算法研究 [D]. 长沙: 国防科技大学, 2013.

[51] 潘国伟. 水下重力测量中的高精度组合导航技术研究 [D]. 长沙: 国防科技大学, 2018.

[52] LI W, WU W, WANG J, et al. A Fast SINS Initial Alignment Scheme for Underwater Vehicle Applications [J]. Journal of Navigation, 2013, 66 (2): 181-198.

[53] 郭志宏, 熊盛青, 周坚鑫, 等. 航空重力重复线测试数据质量评价方法研究 [J]. 地球物理学报, 2008, 51 (5): 1538-1543.

[54] CAI S, ZHANG K, WU M, et al. An iterative method for the accurate determination of airborne gravity horizontal components using strapdown inertial navigation system/global navigation satellite system [J]. Geophysics, 2015, 80 (6): G119-G129.

[55] 蔡劭琨. 航空重力矢量测量及误差分离方法研究 [D]. 长沙: 国防科技大学, 2014.

[56] 于瑞航. 捷联式车载重力测量关键技术研究 [D]. 长沙: 国防科技大学, 2017.

[57] WANG W, GAO J Y, LI D M, et al. Measurements and accuracy evaluation of a strapdown marine gravimeter based on inertial navigation [J]. Sensors, 2018, 18 (11): 3902.

[58] CARLSON N A. Federated filter for fault-tolerant integrated navigation systems [C]// Orlando: IEEE Position Location and Navigation Symposium, 1988: 110-119.

[59] CARLSON N A, BERARDUCCI M P. Federated Kalman Filter Simulation Results [J]. Navigation, 1994, 41 (3): 297-322.

[60] 徐天河, 杨元喜. 改进的Sage自适应滤波方法 [J]. 测绘科学, 2000, 25 (3): 22-24.

[61] 周晶, 黄显高. 一种改进的Sage-Husa自适应滤波算法 [J]. 仪器仪表用户, 2009, 16 (3): 71-73.

[62] ITO K, XIONG K Q. Gaussian filters for nonlinear filtering problems [J]. IEEE Transactions on Automatic Control, 2000, 45 (5): 910-927.

[63] WU Y, HU D, WU M, et al. A Numerical-Integration Perspective on Gaussian Filters [J]. IEEE Transactions on Signal Processing, 2006, 54 (8): 2910-2921.

[64] 武元新．对偶四元数导航算法与非线性高斯滤波研究［D］．长沙：国防科技大学，2005.
[65] JULIER S J. Unscented filtering and nonlinear estimation［J］. Proceedings of the IEEE，2004，92（3）：401-422.
[66] MERWE R，WAN E. Sigma-Point Kalman Filters for Probabilistic Inference in Dynamic State-Space Models［C］// Hong Kong：IEEE International Conference on Acoustics，Speech，and Signal Processing，2003.
[67] 唐李军．Cubature 卡尔曼滤波及其在导航中的应用研究［D］．哈尔滨：哈尔滨工程大学，2012.
[68] ARASARATNAM I，HAYKIN S. Cubature Kalman Filters［J］. IEEE Transactions on Automatic Control，2009，54（6）：1254-1269.
[69] 王明皓．捷联式重力仪测量数据质量控制方法研究［D］．长沙：国防科技大学，2019.
[70] FOFONOFF N P，MILLARD R C. Algorithms for computation of fundamental properties of seawater［J］. Unesco Tech. rep. pap. in Mar. sci，1983.
[71] LI Y，LI Y，RIZOS C，et al. Observability Analysis of SINS/GPS During In-motion Alignment Using Singular Value Decomposition［J］. Advanced Materials Research，2012，433-440：5918-5923.
[72] HAM F M，BROWN R G. Observability，Eigenvalues，and Kalman Filtering［J］. IEEE Transactions on Aerospace & Electronic Systems，1983，AES-19（2）：269-273.
[73] 杨晓霞，阴玉梅．可观测度的探讨及其在捷联惯导系统可观测性分析中的应用［J］．中国惯性技术学报，2012，20（4）：405-409.
[74] 吴美平，胡小平．捷联惯导系统误差状态可观性分析［J］．宇航学报，2002，20（2）：54-57.
[75] 程向红，万德钧．捷联惯导系统的可观测性和可观测度研究［J］．东南大学学报（自然科学版），1997，27（6）：6-11.
[76] 秦永元，张洪钺，王叔华．卡尔曼滤波与组合导航原理［M］．西安：西北工业大学出版社，2012.
[77] 孟兆海，于浩，李凤婷，等．移动式重力仪研制与应用［C］．北京：中国地球科学联合学术年会，2017：1756.
[78] 琼斯．海洋地球物理［M］．金翔龙，等译．北京：海洋出版社，2009.
[79] GOODACRE A K. A shipborne gravimeter testing range near Halifax，Nova Scotia［J］. Journal of Geophysical Research，1964，69（24）：5373-5381.
[80] LACOSTE L J B. Measurement of gravity at sea and in the air［J］. Reviews of Geophysics，1967，5（4）：477-526.
[81] 刘敏，黄谟涛，欧阳永忠，等．海空重力测量及应用技术研究进展与展望（三）：数据处理与精度评估技术［J］．海洋测绘，2017，37（4）：1-10.
[82] KINSEY J C，TIVEY M A，YOERGER D R. Toward high-spatial resolution gravity surveying of the mid-ocean ridges with autonomous underwater vehicles［C］// Proceedings of IEEE. MTS Oceans Conference，2008：1-10.
[83] YANG Y，YAO H Q，DENG X G. Application of gravity and magnetic methods in exploration of seafloor hydrothermal sulfide［J］. Journal of Central South University，2011，42：127-134.
[84] YOERGER D R，COCHRAN J R，FORNARI D J，et al. Near-bottom，underway gravity survey of the small overlapping spreading center at 9°37′N on the East Pacific Rise crest［C］//Eos Trans AGU Fall Meet，2000.
[85] KINSEY J C，WHITCOMB L L. Model-Based Nonlinear Observers for Underwater Vehicle Navigation：Theory and Preliminary Experiments［C］//Roma：Proceedings IEEE International Conference on Robotics and Automation，2007：4251-4256.

[86] ROSAT S, ESCOT B, HINDERER J, et al. Analyses of a 426-Day Record of Seafloor Gravity and Pressure Time Series in the North Sea [J]. Pure & Applied Geophysics, 2017, 175 (8): 1-12.
[87] 杨永, 姚会强, 邓希光. 重磁方法在海底热液硫化物勘探中的应用研究 [J]. 中南大学学报 (自然科学版), 2011, 42 (2): 127-134.
[88] 熊浩. 海洋重力辅助激光陀螺姿态测量算法研究 [D]. 长沙: 国防科技大学, 2014.
[89] 李亮. SINS/DVL 组合导航技术研究 [D]. 哈尔滨: 哈尔滨工程大学, 2009.
[90] 孙东磊, 赵俊生, 柯泽贤, 等. 当前水下定位技术应用研究 [C]. 成都: 第二十一届海洋测绘综合性学术研讨会, 2009: 178-181.
[91] 尹伟伟, 郭士荦. 非卫星水下导航定位技术综述 [J]. 舰船电子工程, 2017, 37 (3): 8-11.
[92] 黄谟涛, 刘敏, 邓凯亮, 等. 利用重复测线校正海空重力仪格值及试验验证 [J]. 地球物理学报, 2018, 61 (8): 3160-3169.
[93] 王林. 水下 INS/DVL 组合导航与动基快速对准的自适应滤波算法研究 [D]. 长沙: 国防科技大学, 2013.
[94] 徐博, 郝芮, 王超, 等. 水下潜航器的惯导/超短基线/多普勒测速信息融合及容错验证 [J]. 光学精密工程, 2017, 25 (9): 2508-2515.
[95] 王淑炜, 张延顺. 基于罗经/DVL/水声定位系统的水下组合导航方法研究 [J]. 海洋技术学报, 2014, 33 (1): 19-23.
[96] 李守军, 陶春辉, 包更生. 基于卡尔曼滤波的 INS/USBL 水下导航系统模型研究 [J]. 海洋技术学报, 2008, 27 (3): 47-50.
[97] 何东旭. AUV 水下导航系统关键技术研究 [D]. 哈尔滨: 哈尔滨工程大学, 2013.
[98] LARSEN M B. High performance Doppler-inertial navigation-experimental results [C]. Providence: IEEE Conference and Exhibition, 2000, 2: 1449-1456.
[99] MARCO D B, HEALEY A J. Command, control, and navigation experimental results with the NPS ARIES AUV [J]. IEEE Journal of Oceanic Engineering, 2001, 26 (4): 466-476.
[100] 郭玉胜, 付梦印, 邓志红, 等. 考虑洋流影响的 SINS/DVL 组合导航算法 [J]. 中国惯性技术学报, 2017, 25 (6): 738-742.
[101] 张福斌, 鲍鸿杰, 段小伟, 等. 一种考虑洋流影响的 AUV 组合导航算法 [J]. 计算机测量与控制, 2012, 20 (2): 513-515.
[102] 杨元喜. 动态系统的抗差 Kalman 滤波 [J]. 测绘科学技术学报, 1997, 14 (2): 79-84.
[103] 李佩娟, 徐晓苏, 张涛. 信息融合技术在水下组合导航系统中的应用 [J]. 中国惯性技术学报, 2009, 17 (3): 344-349.
[104] 张涛, 徐晓苏, 刘锡祥, 等. 一种水下潜器用捷联惯性组合导航系统容错组合方法 [P]. 中国专利: 201110090823.4, 2011-4-12.
[105] 张亚文, 莫明岗, 马小艳, 等. 一种基于集中滤波的 SINS/DVL/USBL 水下组合导航算法 [J]. 导航定位与授时, 2017, 4 (1): 31-37.
[106] CAI S, ZHANG K, WU M. Improving airborne strapdown vector gravimetry using stabilized horizontal components [J]. Journal of Applied Geophysics, 2013, 98 (3): 79-89.
[107] BOEDECKER G, STÜRZE A. SAGS4-StrapDown Airborne Gravimetry System Analysis [J]. Observation of the Earth System from Space, 2006: 463-478.
[108] CARVALHO H, MORAL P D. Optimal Nonlinear Filtering in GPS/INS Integration [J]. IEEE Transactions on Aerospace and Electronic Systems, 1997, 33 (3): 835-849.
[109] CAO J, WANG M, CAI S, et al. Optimized Design of the SGA-WZ Strapdown Airborne Gravimeter

Temperature Control System [J]. Sensors, 2015, 15 (12): 29984-29996.

[110] 于玖成，何昆鹏，王晓雪．SINS/DVL 组合导航系统的标定 [J]．智能系统学报，2015，10 (1)：143-148.

[111] 吕志刚．基于 SINS/DVL/GPS 的 AUV 组合导航标定方法的研究及其误差分析 [J]．舰船电子工程，2018，38 (6)：33-36.

[112] 吴太旗，王克平，金际航，等．水下实测重力数据归算 [J]．中国惯性技术学报，2009，17 (3)：324-327.

[113] 张潞怡．深拖系统中缆运动的力学特性 [J]．上海交通大学学报，1997，31 (11)：65-69.

[114] 裴轶群．深海拖曳系统运动性能分析与定高控制研究 [D]．上海：上海交通大学，2011.

[115] 王其，徐晓苏．多传感器信息融合技术在水下组合导航系统中的应用 [J]．中国惯性技术学报，2007，15 (6)：667-672.

[116] 吕召鹏．SINS/DVL 组合导航技术研究 [D]．长沙：国防科技大学，2011.

[117] HERNANDEZ J, ISTENIC K, GRACIAS N, et al. Autonomous Underwater Navigation and Optical Mapping in Unknown Natural Environments [J]. Sensors, 2016, 16 (8): 1174.

[118] LEE C M, LEE P M, HONG S W, et al. Underwater Navigation System Based on Inertial Sensor and Doppler Velocity Log Using Indirect Feedback Kalman Filter [J]. International Journal of Offshore & Polar Engineering, 2005, 15 (2): 88-95.

[119] MILLER P A, FARRELL J A, ZHAO Y, et al. Autonomous Underwater Vehicle Navigation. IEEE Journal of Oceanic Engineering. 2010, 35 (3): 663-678.

[120] BOYER F, LEBASTARD V, CHEVALLEREAU C, et al. Underwater navigation based on passive electric sense: New perspectives for underwater docking [J]. The International Journal of Robotics Research, 2015, 34 (9): 1228-1250.

[121] SENET C M, SEEMANN J, ZIEMER F. The near-surface current velocity determined from image sequences of the sea surface [J]. IEEE Transactions on Geoscience and Remote Sensing, 2001, 39 (3): 492-505.

[122] MORGADO M, OLIVEIRA P, SILVESTRE C, et al. Embedded Vehicle Dynamics Aiding for USBL/INS Underwater Navigation System [J]. IEEE Transactions on Control Systems Technology, 2014, 22 (1): 322-330.

[123] WU L, MA J, TIAN J. A Self-adaptive Unscented Kalman Filtering for Underwater Gravity Aided Navigation [C]// Indian Wells: Position Location & Navigation Symposium. IEEE, 2010.

[124] YUAN X, MARTINEZ-ORTEGA J, FERNANDEZ J, et al. AEKF-SLAM: A New Algorithm for Robotic Underwater Navigation [J]. Sensors, 2017, 17 (5): 1174.

[125] RIVEROS G A, MAHMOUD H, LOZANO C M. Fatigue repair of underwater navigation steel structures using Carbon Fiber Reinforced Polymer (CFRP) [J]. Engineering Structures, 2018, 173 (OCT. 15): 718-728.

[126] MCEWEN R, THOMAS H, WEBER D, et al. Performance of an AUV navigation system at Arctic latitudes [J]. IEEE Journal of Oceanic Engineering, 2005, 30 (2): 443-454.

[127] DAVARI N, GHOLAMI A. An Asynchronous Adaptive Direct Kalman Filter Algorithm to Improve Underwater Navigation System Performance [J]. IEEE Sensors Journal, 2017, 17 (4): 1061-1068.

[128] DAI D, WANG X, ZHAN D, et al. Dynamic measurement of high-frequency deflections of the vertical based on the observation of INS/GNSS integration attitude error [J]. Journal of Applied Geophysics, 2015, 119: 89-98.

[129] HAN Y, WANG B, DENG Z, et al. A Matching Algorithm based on Nonlinear Filter and Similarity Transformation for Gravity Aided Underwater Navigation [J]. IEEE/ASME Transactions on Mechatronics, 2018, 23 (2): 646-654.

[130] ZHAO L, GAO W. The experimental study on GPS/INS/DVL integration for AUV [J]. Position Location and Navigation Symposium, Monterey, CA, USA, 2004: 337-340.

[131] LIU P, WANG B, DENG Z, et al. INS/DVL/PS Tightly Coupled Underwater Navigation Method with Limited DVL Measurements [J]. IEEE Sensors Journal, 2018, 18 (7): 2994-3002.

[132] HEGRENAES O, HALLINGSTAD O. Model-Aided INS with Sea Current Estimation for Robust Underwater Navigation [J]. IEEE Journal of Oceanic Engineering, 2011, 36 (2): 316-337.

[133] ROSE R C, NASH R A. Direct Recovery of Deflections of the Vertical Using an Inertial Navigator [J]. Geoence Electronics IEEE Transactions on, 1972, 10 (2): 85-92.

[134] TAL A, KLEIN I, KATZ R. Inertial Navigation System/Doppler Velocity Log (INS/DVL) Fusion with Partial DVL Measurements [J]. Sensors, 2017, 17 (2): 415.

[135] SENOBARI M S. New results in airborne vector gravimetry using strapdown INS/DGPS [J]. Journal of Geodesy, 2010, 84: 277-291.

[136] LI X. Comparing the Kalman filter with a Monte Carlo-based artificial neural network in the INS/GPS vector gravimetric system [J]. Journal of Geodesy, 2009, 83 (9): 797-804.

[137] ZHANG K D, WU M P, CAO J L. The Status of Strapdown Airborne Gravimeter SGA-WZ [C]// Nanjing: Proceedings of 2010 International Symposium on Inertial Technology and Navigation, 2010: 176-181.

[138] VALERIANO-MEDINA Y, MARTINEZ A, HERNANDEZ L, et al. Dynamic model for an autonomous underwater vehicle based on experimental data [J]. Mathematical and Computer Modelling of Dynamical Systems, 2013, 19 (2): 175-200.

[139] CHANG L, HU B, LI Y. Backtracking Integration for Fast Attitude Determination-Based Initial Alignment [J]. IEEE Transactions on Instrumentation & Measurement, 2015, 64 (3): 795-803.

[140] 严恭敏，严卫生，徐德民. 逆向导航算法及其在捷联罗经动基座初始对准中的应用 [C]. 西安：中国控制会议，2008：724-729.

[141] GLEASON D M. Extracting gravity vectors from the integration of global positioning system and inertial navigation system data [J]. Journal of Geophysical Research Solid Earth, 1992, 97 (B6): 8853-8864.

[142] LIU H, NASSAR S, EL-SHEIMY N. Two-Filter Smoothing for Accurate INS/GPS Land-Vehicle Navigation in Urban Centers [J]. IEEE Transactions on Vehicular Technology, 2010, 59 (9): 4256-4267.

[143] ZHANG X, ZHU F, TAO X, et al. New optimal smoothing scheme for improving relative and absolute accuracy of tightly coupled GNSS/SINS integration [J]. GPS Solutions, 2017, 21 (3): 861-872.

[144] ZHANG C, GUO C, CHEN J, et al. EGM 2008 and Its Application Analysis in Chinese Mainland [J]. Acta Geodaetica et Cartographica Sinica, 2009, 38 (4): 283-289.

[145] LEE P M, JEON B H, KIM S M, et al. An integrated navigation system for autonomous underwater vehicles with two range sonars, inertial sensors and Doppler velocity log [C]// Kobe: IEEE Techno-Ocean'04, 2004: 1586-1593.

[146] BRUTON A M, HAMMADA Y, FERGUSON S, et al. A Comparison of Inertial Platform, Damped 2-axis Platform and Strapdown Airborne Gravimetry [J]. Proceedings of the International Symposium on Kinematic Systems in Geodesy Geomatics & Navigation the Banff, 2001: 5-8.

[147] KWON J H, JEKELI C. A new approach for airborne vector gravimetry using GPS/INS [J]. Journal of Geodesy, 2001, 74 (10): 690-700.

[148] LI X. Moving base INS/GPS vector gravimetry on a land vehicle [D]. Ohio: The Ohio State University, 2007.

[149] BRUTON A M. Improving the Accuracy and Resolution of SINS/DGPS Airborne Gravimetry [D]. Calgary: University of Calgary, 2000.

[150] KENNEDY S L. Acceleration Estimation from GPS Carrier Phases for Airborne Gravimetry [D]. Calgary: University of Calgary, 2002.

[151] LIN C A, CHIANG K W, KUO C Y. Development of INS/GNSS UAV-Borne Vector Gravimetry System [J]. IEEE Geoscience and Remote Sensing Letters, 2017, 14 (5): 759-763.

[152] HUANG Y, VESTERGAARD OLESEN A, WU M, et al. SGA-WZ: A New Strapdown Airborne Gravimeter [J]. Sensors, 2012, 12 (7): 9336-9348.

[153] ZHAO L, WU M, RENÉ F, et al. Airborne Gravity Data Denoising Based on Empirical Mode Decomposition: A Case Study for SGA-WZ Greenland Test Data [J]. ISPRS International Journal of Geo-Information, 2016, 4 (4): 2205-2218.

[154] ZHAO L, RENÉ F, WU M, et al. A Flight Test of the Strapdown Airborne Gravimeter SGA-WZ in Greenland [J]. Sensors, 2015, 15 (6): 13258-13269.

[155] BOLOTIN Y V, POPELENSKY M Y. Accuracy analysis of airborne gravity when gravimeter parameters are identified in flight [J]. Journal of Mathematical Ences, 2007, 146 (3): 5911-5919.

[156] BOLOTIN Y V, YURIST S S. Suboptimal smoothing filter for the marine gravimeter GT-2M [J]. Gyroscopy & Navigation, 2011, 2 (3): 152-155.

[157] BOLOTIN Y V, VYAZMIN V S. Gravity anomaly estimation by airborne gravimetry data using LSE and minimax optimization and spherical wavelet expansion [J]. Gyroscopy & Navigation, 2015, 6 (4): 310-317.

[158] 徐鹏. 基于动力学模型辅助的 AUV 组合导航方法研究 [D]. 北京: 北京工业大学, 2014.

[159] 郑彤. 国外水下导航技术现状分析 [J]. 舰船电子工程, 2016, 36 (10): 8-10.

[160] 朱忠军. 未知海底环境下 AUV 组合导航技术研究 [D]. 哈尔滨: 哈尔滨工程大学, 2013.

[161] 张爱军. 水下潜器组合导航定位及数据融合技术研究 [D]. 南京: 南京理工大学, 2009.

[162] ZHANG T, CHEN L P, LI Y. AUV Underwater Positioning Algorithm Based on Interactive Assistance of SINS and LBL [J]. Sensors, 2015, 16 (1): 42.

[163] 张志强. 水下移动重力测量理论方法及应用研究 [D]. 武汉: 武汉大学, 2020.

附录A　南海某海域水下重力测量试验

在完成水下动态重力仪的集成后，项目组于2018年11月开展首次水下动态重力测量试验，主要目的是开展基于两级拖体的水下重力测量系统多传感器联调，对水下动态重力仪进行功能性和环境适应性测试，并评估仪器精度。

功能性试验在500m水深的海域进行，试验轨迹如图A.1所示，一共测量了4条15km长的测线，包含两条主测线（ML1和ML2）和两条交叉线（CL1和CL2）。探测拖体以3kn的平均速度在300m水深处进行测量。测线的具体信息如表A.1所列，其中主测线ML1往返测量了一次产生两条重复测线ML1-1和ML1-2，主测线ML2往返测量了两次产生4条重复测线ML2-1、ML2-2、ML2-3和ML2-4，交叉测线CL1和CL2均只测量了一次。图A.2和图A.3分别为释放定深拖体和释放探测拖体。整个试验过程重力仪一直正常工作，ML1两条重复线内符合精度为1mGal/150m和0.93mGal/230m；ML2 4条重复线内符合精度为0.87mGal/150m和0.84mGal/230m。

环境适应性和耐压试验在2200m水深海域进行，重力仪最大下潜至水下2000m且全程工作正常，通过了耐压测试。

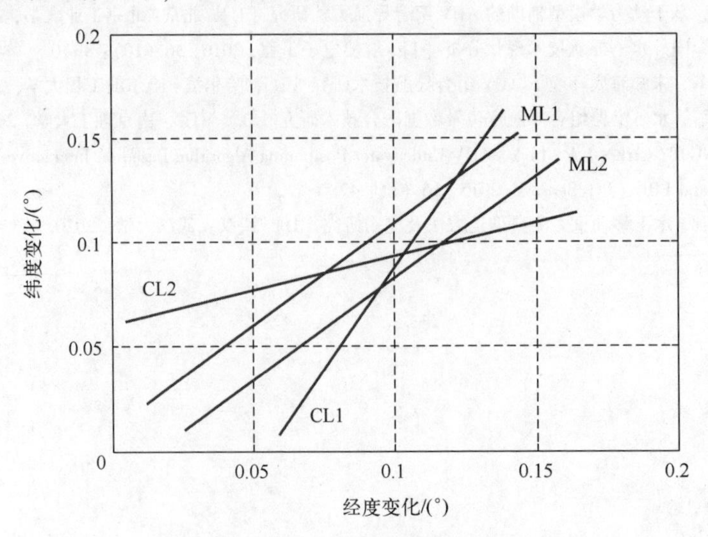

图A.1　500m水深海域的试验轨迹

表 A.1　测线的具体信息

总测线/条	主重复测线		交叉测线
8	ML1-1	ML2-1	CL1
		ML2-2	
	ML1-2	ML2-3	CL2
		ML2-4	

图 A.2　释放定深拖体

图 A.3　释放探测拖体

附录 B　南海深海域水下重力测量试验

2019 年 11 月底，项目组在南海某深海域进行了水下重力测量试验。由地形特点看出，该区域具备各种地形地貌特征，包括大陆架平坦海底地形、深海盆地平原、陡坡地形、缓坡地形以及海槽区域等。此次海试的性质：对拖曳系统及安装在拖体上的水下动态重力测量系统的性能及技术指标进行检验，检验产品化设计样机海上测量特性，并对仪器现场环境适应性进行考察。本次海试的目的是检验深水重磁勘探拖曳系统在 2000m 近海底是否工作正常，能否采集到有效数据。需要对拖曳系统、水下动态重力测量系统进行功能性指标测试和性能指标测试，并评估测量的作业流程和仪器精度。

为了满足甲板上的工作需求，项目组对捷联式水下重力仪的外温控进行改进。改进的捷联式水下重力仪外观图如图 B. 1 所示，增加了制冷水管以提高其在空气中的散热能力。本次试验的真实轨迹分布图如图 B. 2 所示，一共测量了 6 条 10km 长的测线，包括 4 条东西测线和 2 条南北测线。

图 B. 1　改进的捷联式水下重力仪外观图

测区水深约为 2200m，水下重力仪以 2. 5kn 的平均速度在约 2000m 水深处进行重力测量。测线 SHEW1 往返测量了一次产生 2 条重复测线 SHEW1-1 和 SHEW1-2，测线 SHEW2 也进行了一次往返测量产生两条重复测线 SHEW2-1 和 SHEW2-2，南北测线 SHNS1 和 SHNS2 都只测量了一次，没有产生重复测线。试验现场的拖体布放情况如图 B. 3 所示。试验结果表明，SHEW1 两条重复线内符合精度为 1.06mGal/180m；SHEW2 两条重复线内符合精度为 1.15mGal/180m。

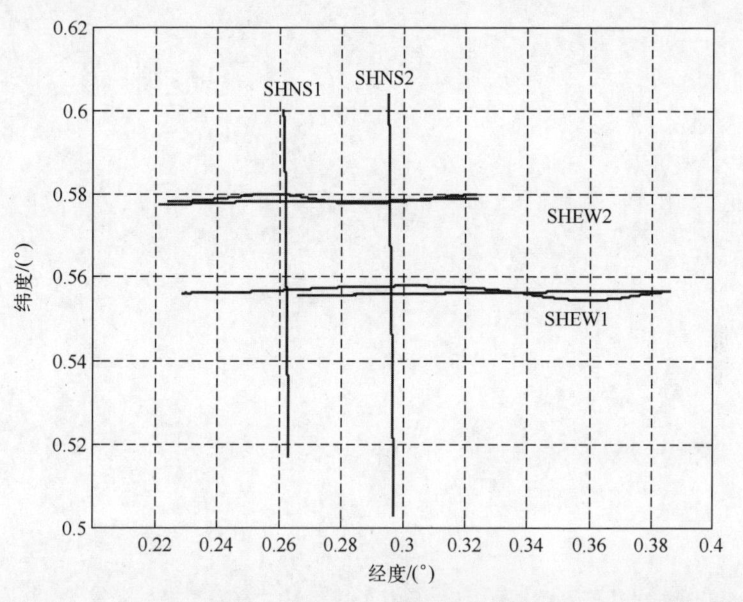

图 B.2　试验的真实轨迹分布图

图 B.3　拖体布放情况

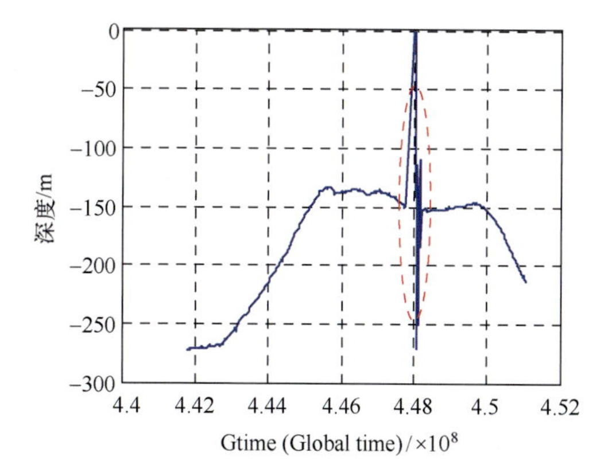

图 2.14　USBL 深度变化曲线

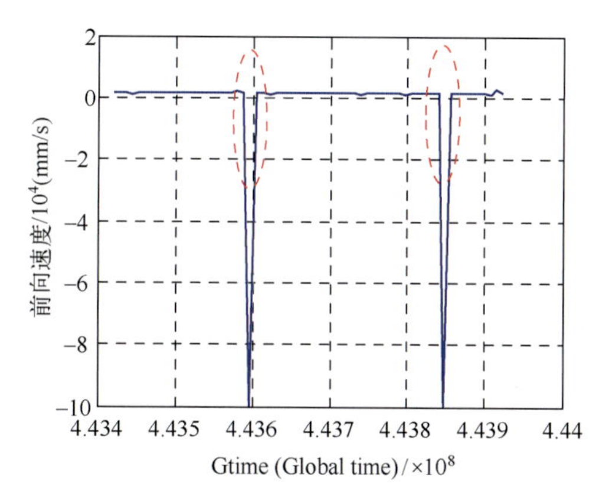

图 2.15　DVL 的前向速度曲线

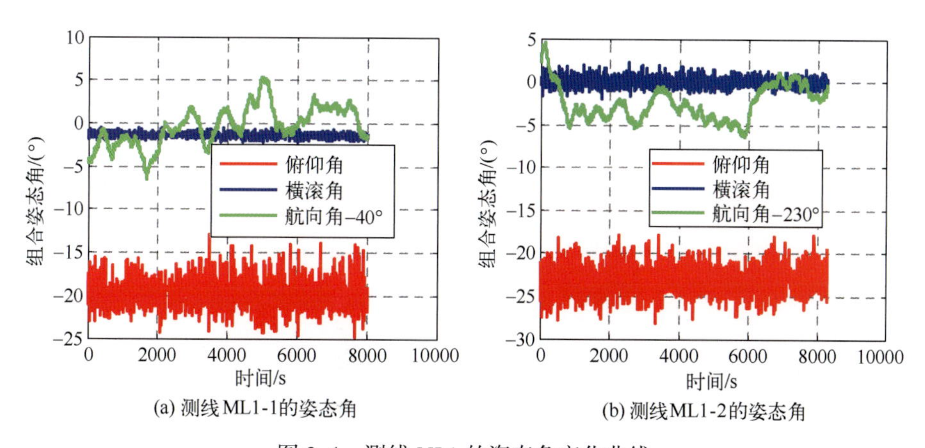

图 3.4　测线 ML1 的姿态角变化曲线

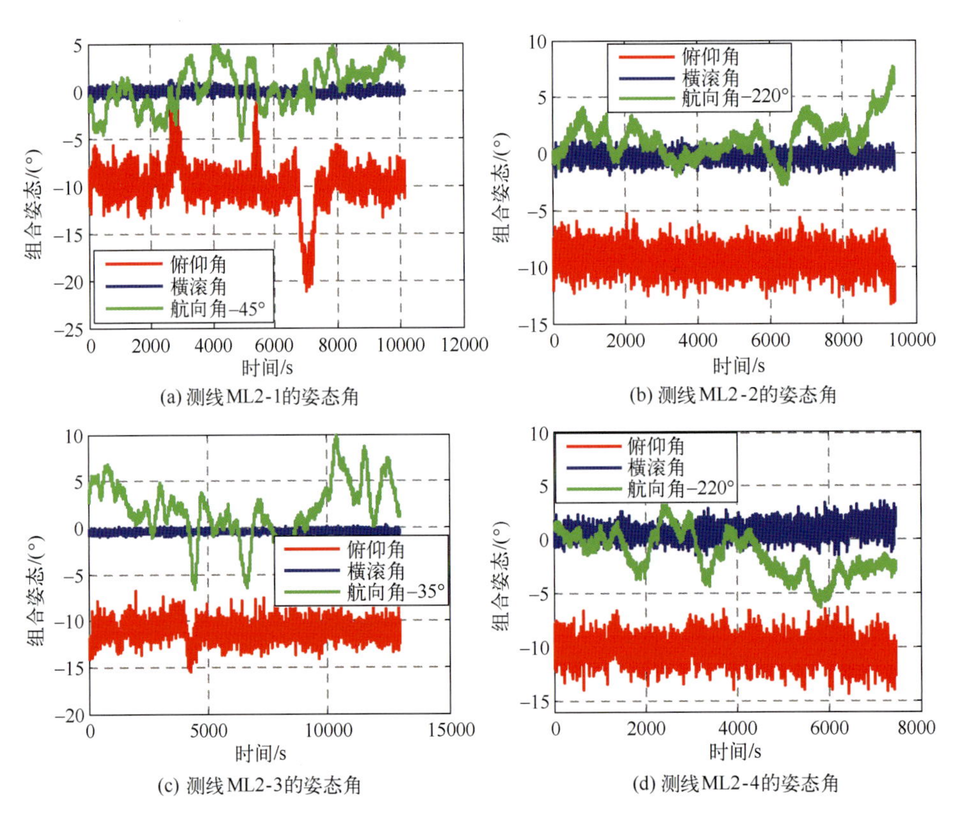

(a) 测线ML2-1的姿态角
(b) 测线ML2-2的姿态角
(c) 测线ML2-3的姿态角
(d) 测线ML2-4的姿态角

图 3.5 测线 ML2 的姿态角变化曲线

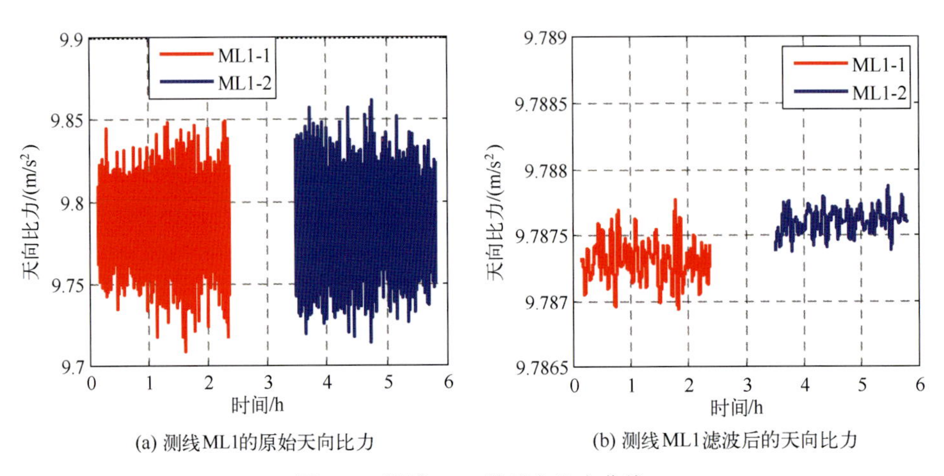

(a) 测线ML1的原始天向比力
(b) 测线ML1滤波后的天向比力

图 3.7 测线 ML1 的天向比力曲线

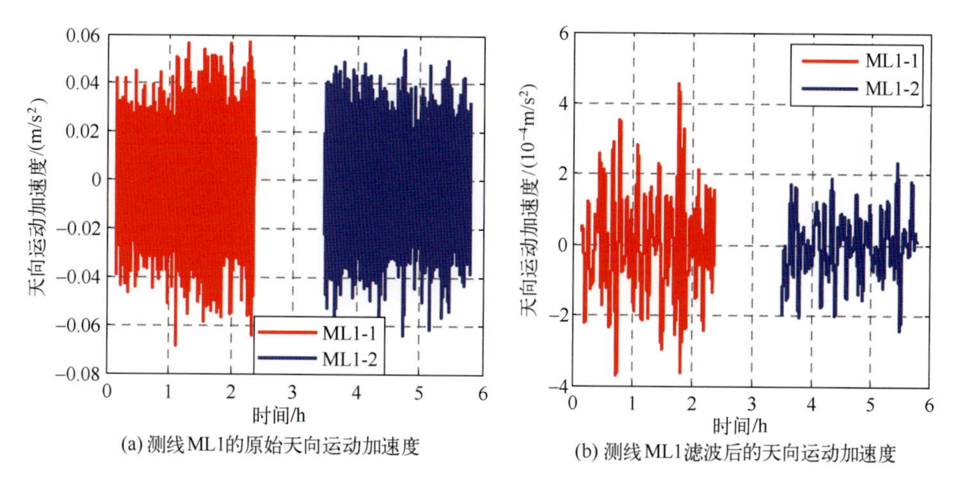

(a) 测线ML1的原始天向运动加速度

(b) 测线ML1滤波后的天向运动加速度

图 3.10 测线 ML1 的天向运动加速度曲线

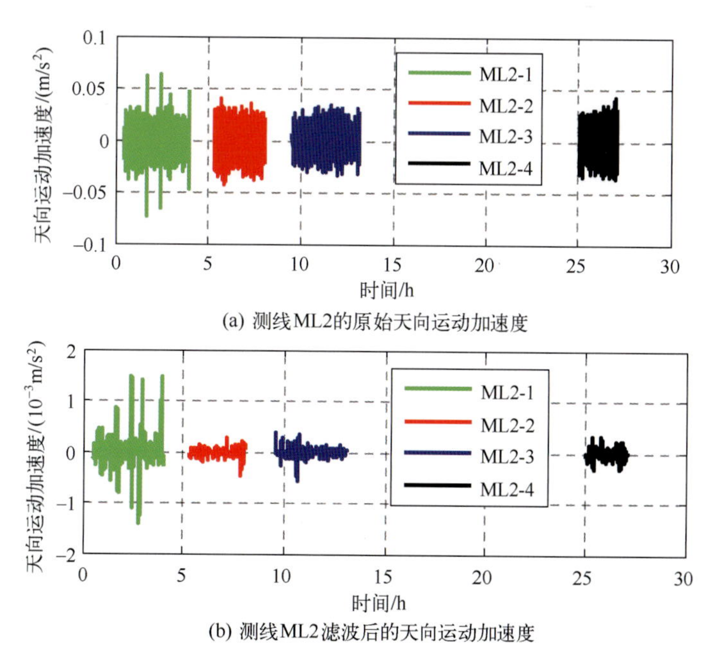

(a) 测线ML2的原始天向运动加速度

(b) 测线ML2滤波后的天向运动加速度

图 3.11 测线 ML2 的天向运动加速度曲线

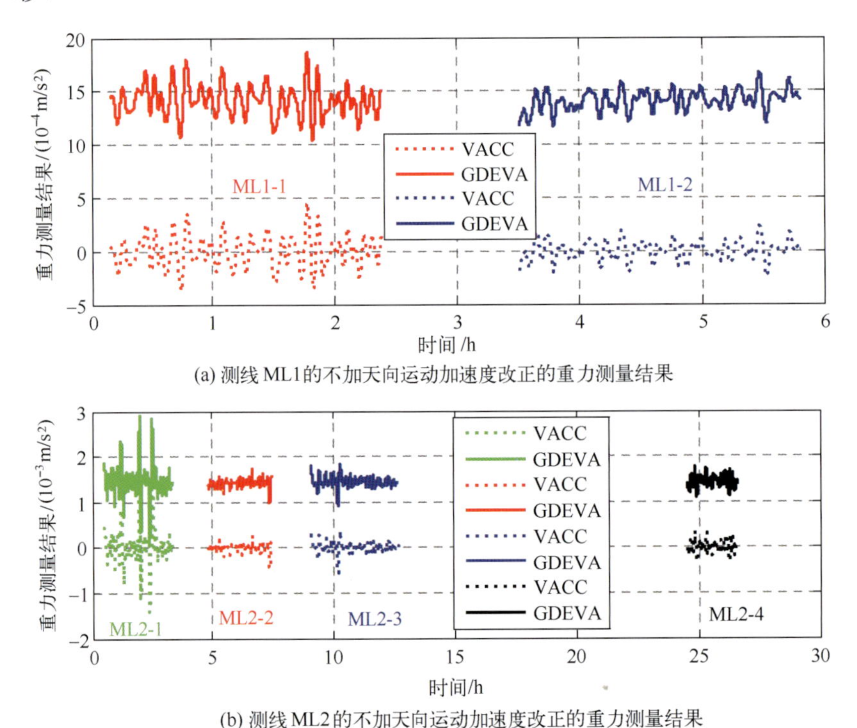

(a) 测线ML1的不加天向运动加速度改正的重力测量结果

(b) 测线ML2的不加天向运动加速度改正的重力测量结果

图3.12　不进行天向运动加速度改正的重力测量结果

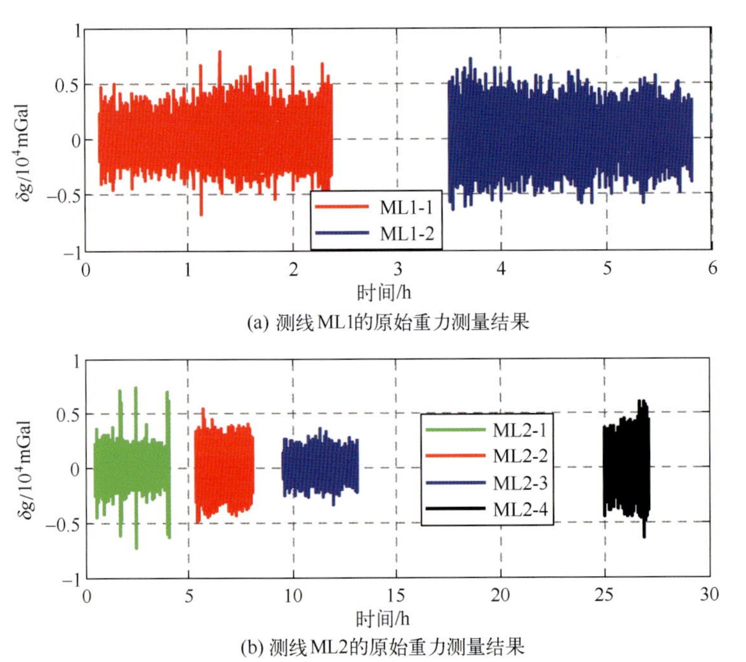

(a) 测线ML1的原始重力测量结果

(b) 测线ML2的原始重力测量结果

图3.13　重复测线的原始重力测量结果

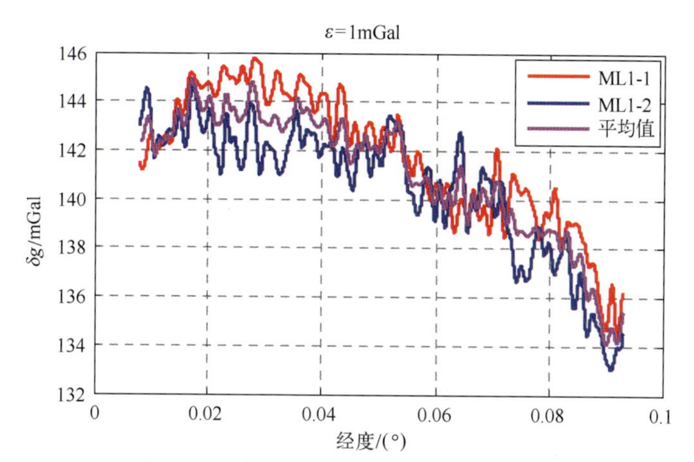

(a) 测线ML1的集中式滤波重力测量结果(200s FIR低通滤波)

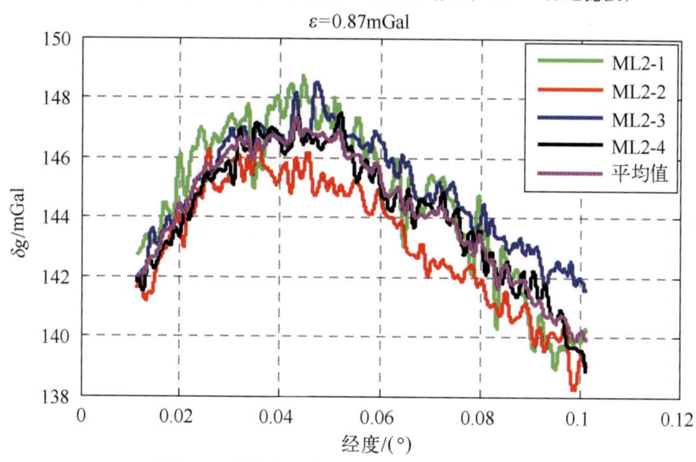

(b) 测线ML2的集中式滤波重力测量结果(200s FIR低通滤波)

图 3.14 重复测线的集中式滤波重力测量结果（200s FIR 低通滤波）

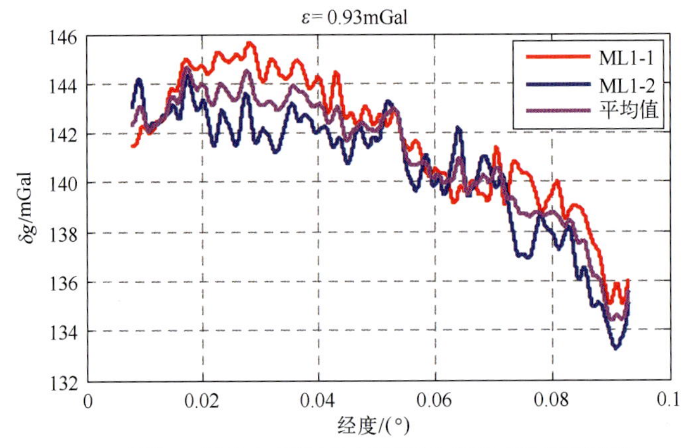

(a) 测线ML1的集中式滤波重力测量结果(300s FIR低通滤波)

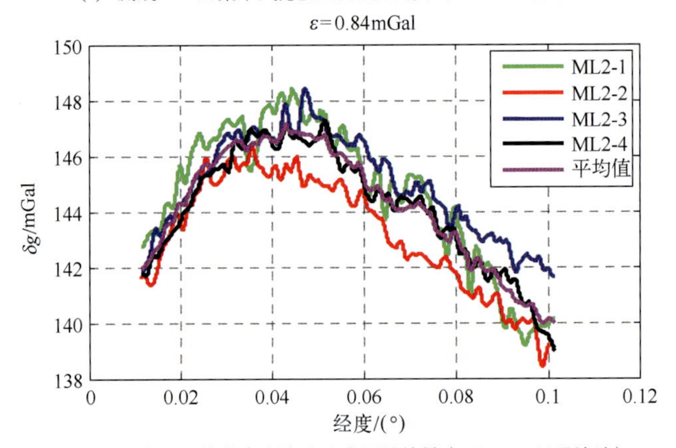

(b) 测线ML2的集中式滤波重力测量结果(300s FIR低通滤波)

图 3.15　重复测线的集中式滤波重力测量结果（300s FIR 低通滤波）

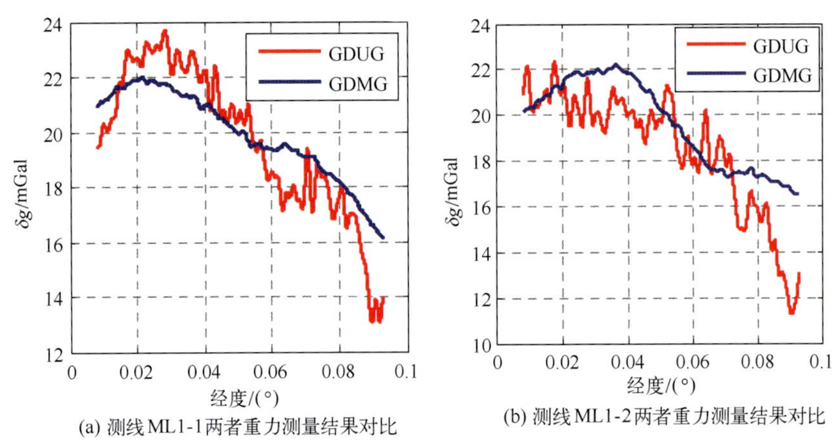

(a) 测线ML1-1两者重力测量结果对比

(b) 测线ML1-2两者重力测量结果对比

图 3.16　测线 ML1 的水下重力测量结果与船载重力测量结果对比（300s FIR 低通滤波）

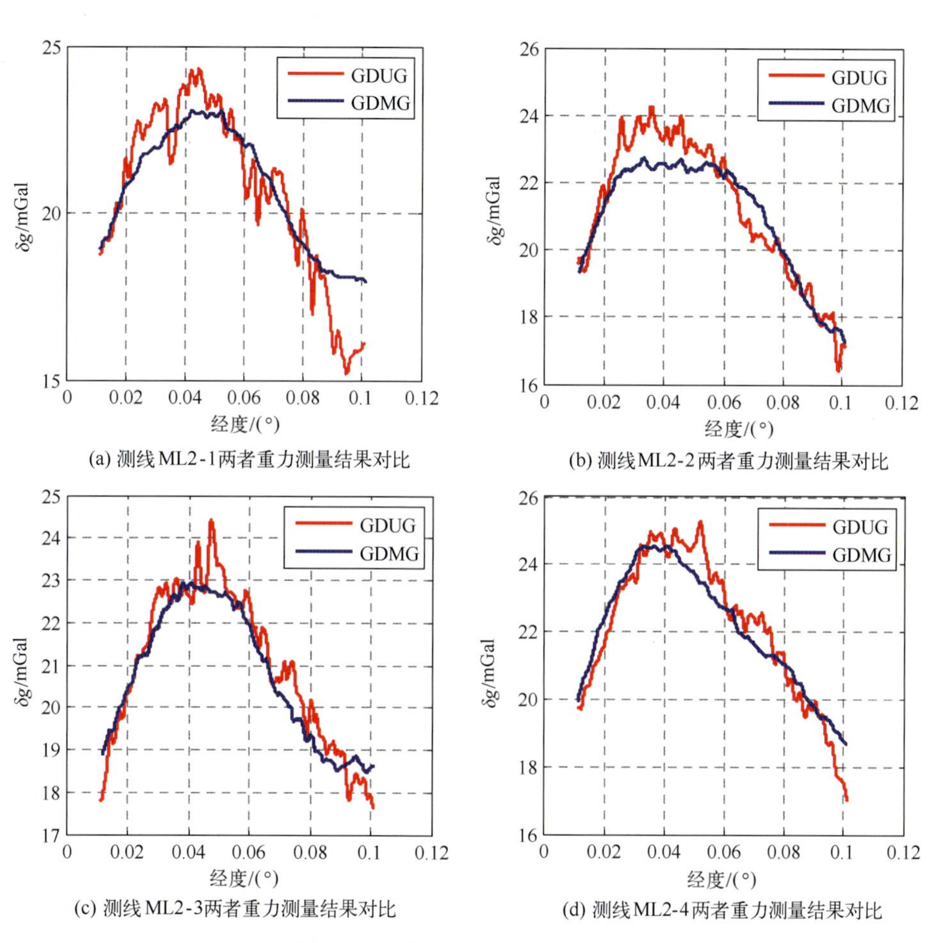

图 3.17　测线 ML2 的水下重力测量结果与船载重力测量结果对比（300s FIR 低通滤波）

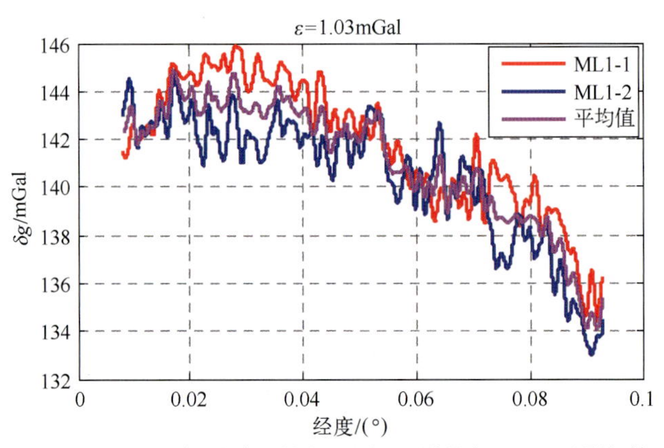

(a) 测线ML1的联邦卡尔曼滤波重力测量结果(200s FIR低通滤波)

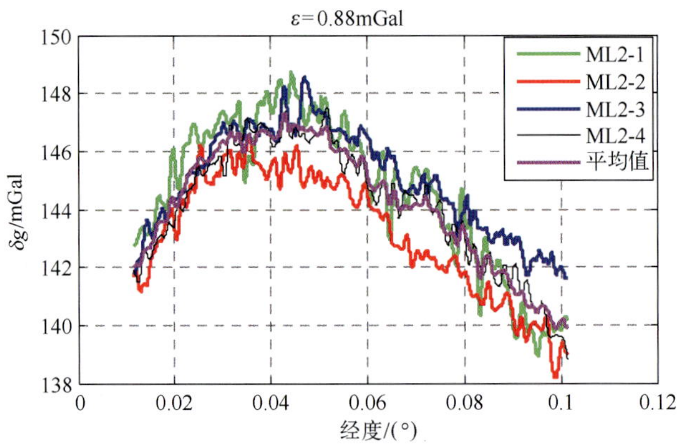

(b) 测线ML2的联邦卡尔曼滤波重力测量结果(200s FIR低通滤波)

图 3.19 重复测线的联邦卡尔曼滤波重力测量结果（200s FIR 低通滤波）

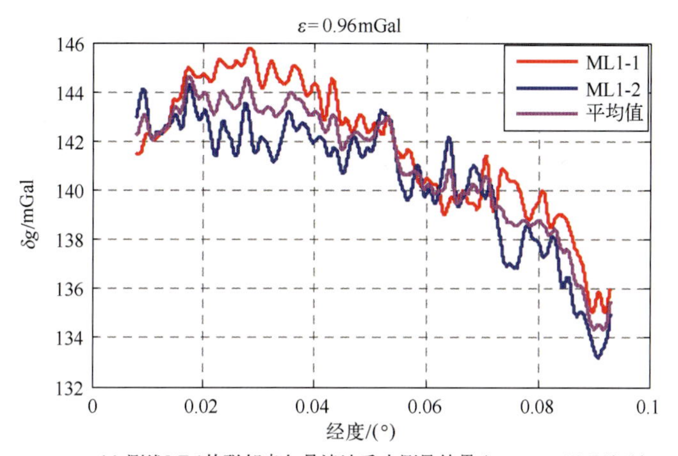

(a) 测线ML1的联邦卡尔曼滤波重力测量结果(300s FIR低通滤波)

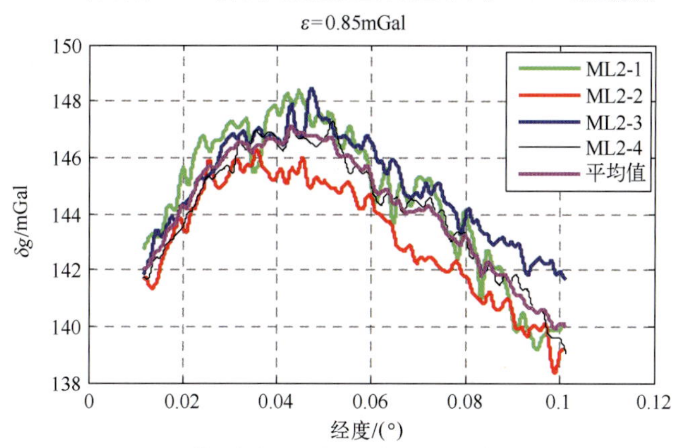

(b) 测线ML2的联邦卡尔曼滤波重力测量结果(300s FIR低通滤波)

图 3.20　重复测线的联邦卡尔曼滤波重力测量结果
(300s FIR 低通滤波)

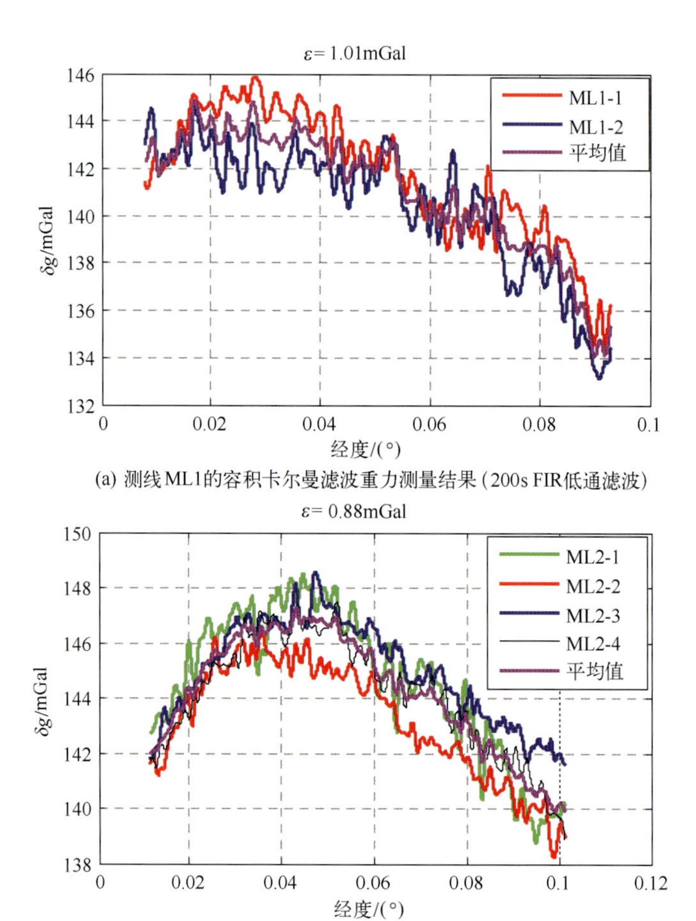

(a) 测线ML1的容积卡尔曼滤波重力测量结果(200s FIR低通滤波)

(b) 测线ML2的容积卡尔曼滤波重力测量结果(200s FIR低通滤波)

图 3.24　重复测线的容积卡尔曼滤波重力测量结果
(200s FIR 低通滤波)

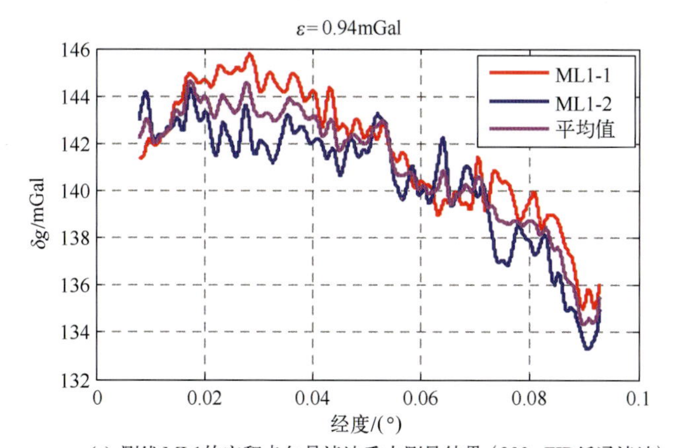

(a) 测线ML1的容积卡尔曼滤波重力测量结果（300s FIR低通滤波）

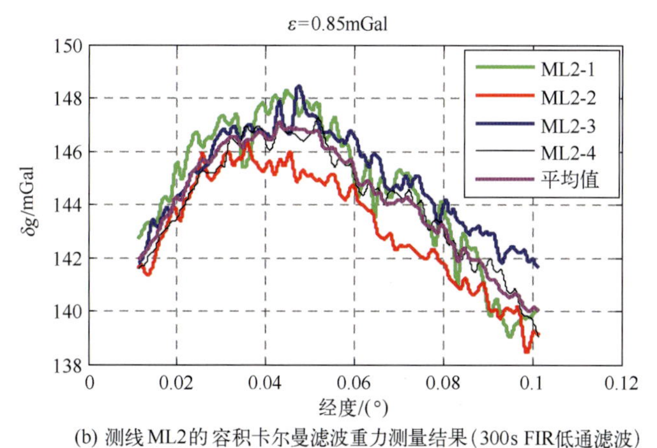

(b) 测线ML2的容积卡尔曼滤波重力测量结果（300s FIR低通滤波）

图 3.25　重复测线的容积卡尔曼滤波重力测量结果（300s FIR 低通滤波）

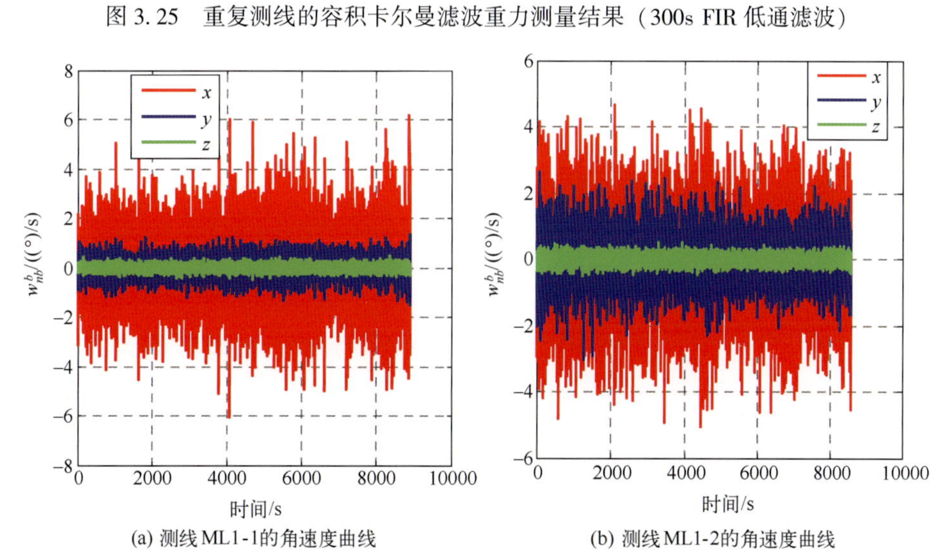

(a) 测线ML1-1的角速度曲线

(b) 测线ML1-2的角速度曲线

图 4.8　测线 ML1 的拖体运动角速度曲线

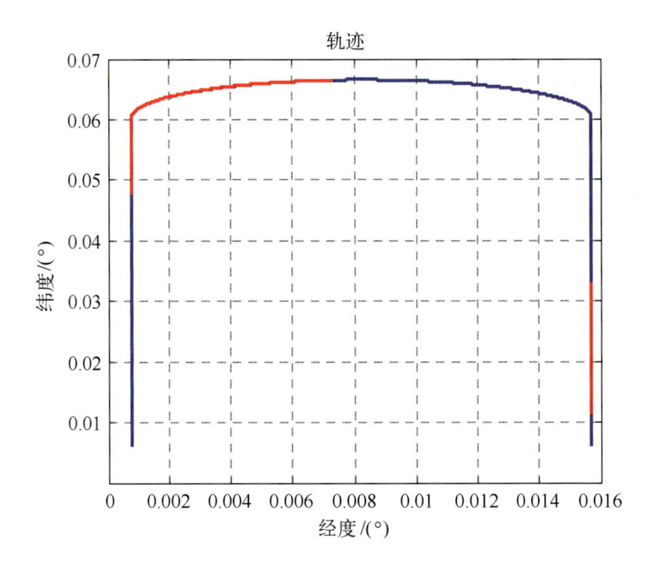

图 4.11　仿真试验轨迹

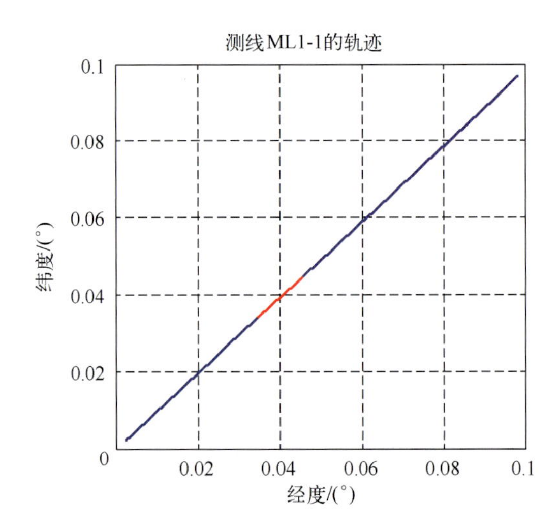

图 4.17　测线 ML1-1 的轨迹图

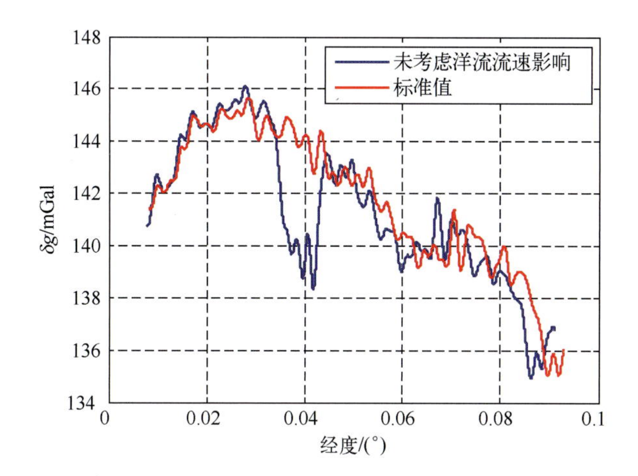

图 4.22　测线 ML1-1 未考虑洋流流速影响的重力测量结果
（300s FIR 低通滤波）

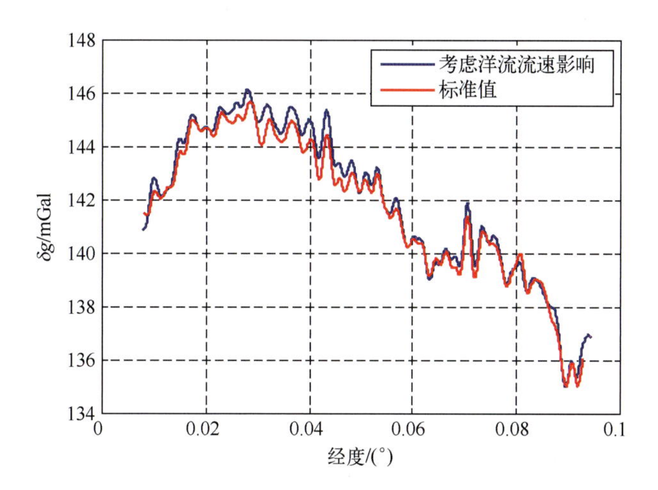

图 4.23　测线 ML1-1 考虑洋流流速影响的重力测量结果
（300s FIR 低通滤波）

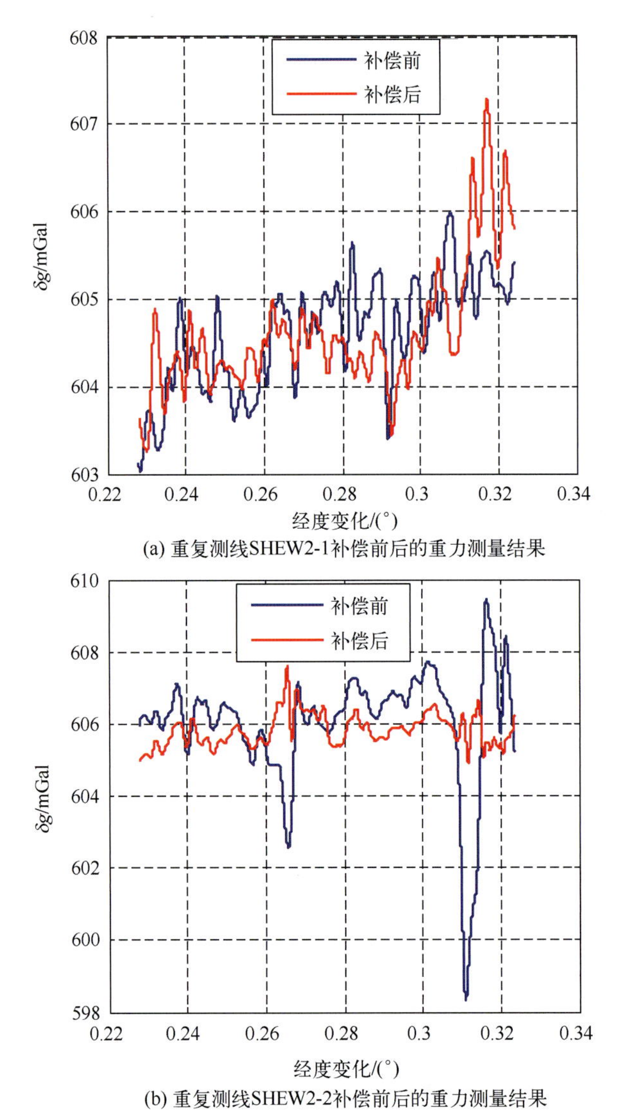

(a) 重复测线SHEW2-1补偿前后的重力测量结果

(b) 重复测线SHEW2-2补偿前后的重力测量结果

图 4.38　重复测线 SHEW2 补偿前后的重力测量结果曲线
(300s 低通滤波)

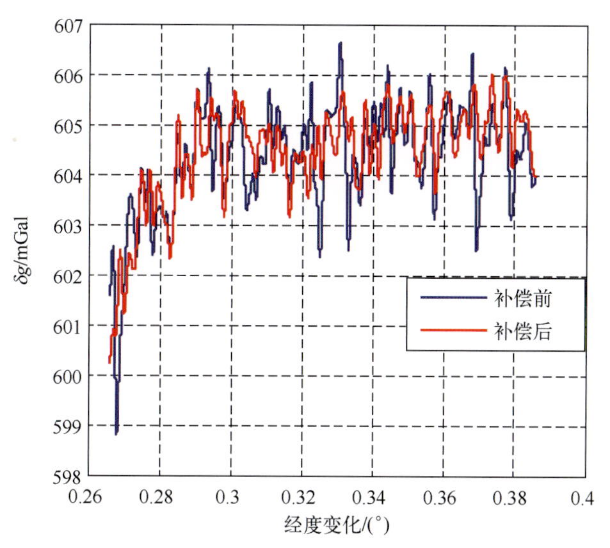

(a) 重复测线SHEW1-1补偿前后的重力测量结果

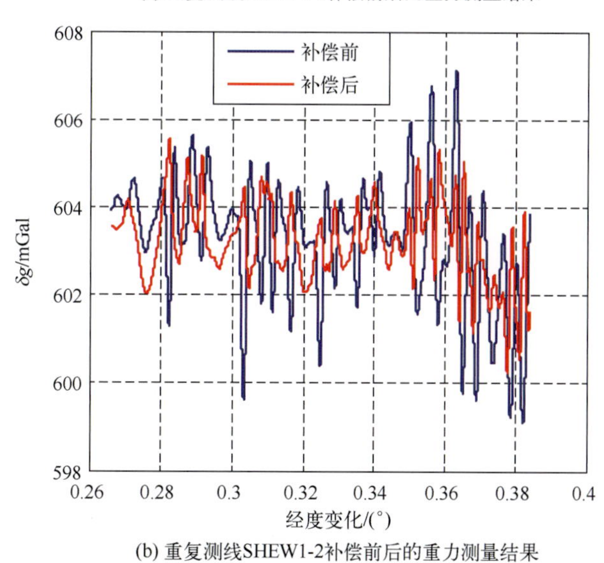

(b) 重复测线SHEW1-2补偿前后的重力测量结果

图 4.39　重复测线 SHEW1 补偿前后的重力测量结果曲线（300s 低通滤波）

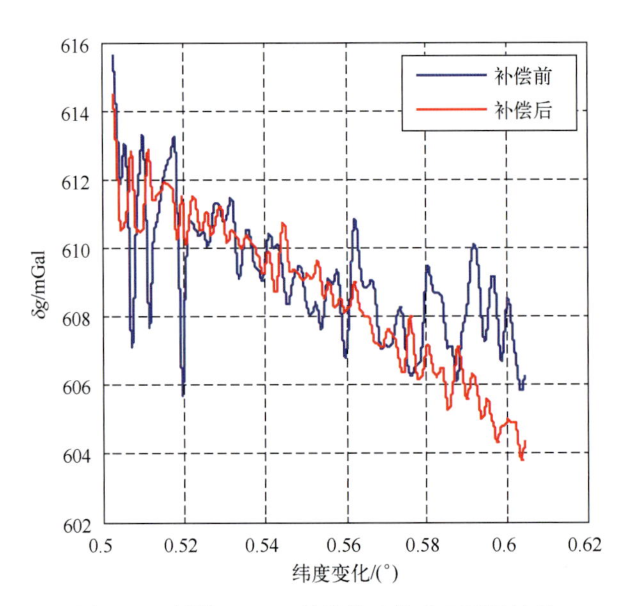

图 4. 41　测线 SHNS2 补偿前后的重力测量结果

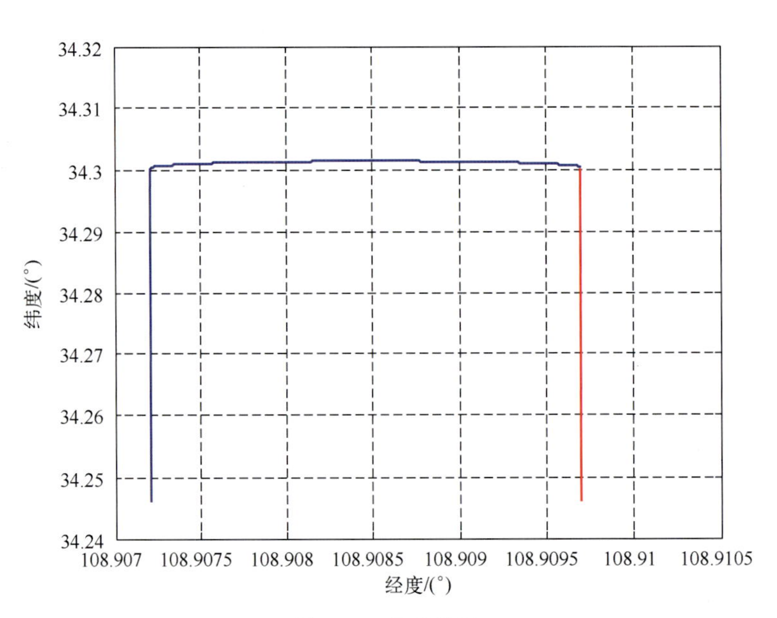

图 5. 12　仿真轨迹